固废资源化利用与节能建材国家重点实验室资助出版

典型金属尾矿绿色化技术研究与案例分析

王长龙　魏浩杰　王肇嘉　杨飞华　著

科 学 出 版 社

北 京

内 容 简 介

本书以工业固体废弃物绿色化为主线，从金属尾矿利用产业发展情况、铁尾矿综合利用绿色化技术研究、有色金属尾矿综合利用绿色化技术研究、铁尾矿及多种固废协同利用绿色化技术研究等方面，系统地阐述了金属尾矿绿色化过程中的理论问题和技术问题，旨在规模化利用尾矿二次资源的同时，缓解我国矿产资源短缺、环境污染加剧的局面，进一步在矿业集中地区构建循环经济产业链，促进固废综合利用向高性能化、高值化良性发展。

本书对建材、矿物加工、冶金、环境及节能等方面具有使用和参考价值，也可以作为大专院校专业教材。

图书在版编目（CIP）数据

典型金属尾矿绿色化技术研究与案例分析 / 王长龙等著. —北京：科学出版社，2021.3

ISBN 978-7-03-068202-4

Ⅰ. ①典…　Ⅱ. ①王…　Ⅲ. ①金属矿－尾矿利用－研究　Ⅳ. ①TD926.4

中国版本图书馆 CIP 数据核字（2021）第 038956 号

责任编辑：张淑晓　付林林 / 责任校对：杜子昂

责任印制：吴兆东 / 封面设计：东方人华

科学出版社 出版

北京东黄城根北街 16 号

邮政编码：100717

http://www.sciencep.com

北京中石油彩色印刷有限责任公司 印刷

科学出版社发行　各地新华书店经销

*

2021 年 3 月第　一　版　开本：720×1000　B5

2021 年 3 月第一次印刷　印张：13 1/2

字数：270 000

定价：108.00 元

（如有印装质量问题，我社负责调换）

前　言

我国是世界矿产大国，矿产资源总量丰富，但人均占有量不足世界平均水平的一半，在 45 种主要矿产资源中，我国人均储量居世界第 80 位，仅为世界平均水平的 58%。而且我国的金属矿产资源贫矿多，富矿少，单一矿种少，复杂共生矿多，选矿难度大，多年来的开采造成了大量尾矿的堆积，通常尾矿被作为固体废料排入河沟或抛置于矿山附近筑有堤坝的尾矿库中，不仅造成了土地资源的巨大浪费，而且带来了严重的环境问题和安全隐患。

但是尾矿中含有一定数量的有用金属和矿物，具有量大、集中、颗粒细小、成本低、可利用性大的特点，尤其是早期排放的铁尾矿中含铁平均品位为 11%，最高达 27%。通过研究和改进尾矿综合利用技术，不但可以大量回收已经丢弃在尾矿和其他固体废弃物中的宝贵金属资源，而且可利用尾矿废弃物制备砂石骨料和建筑材料，减少开山炸石给环境带来的破坏，对缓解局部地区砂石原材料短缺、提高矿山企业的经济环境效益发挥积极作用；因此，如何综合利用尾矿已受到政府、行业及科研部门的高度重视。尾矿作为我国目前产出量最大、堆存量最多的固体废弃物，合理有效地综合利用尾矿资源是解决尾矿大量堆存问题的主要途径，不仅可以降低成本，还可以实现减量化、资源化、节约土地和保护环境。

尾矿整体利用这一方向的研究起步于 20 世纪 60 年代，到 70～80 年代，已在一些国家实现了部分产品大规模工业化生产。欧美等西方工业化发达国家和地区都把无废料矿山作为矿山开发目标，利用率可达 60%以上。德国对包括尾矿在内的各种工业废料的利用率已达 80%以上。俄罗斯、美国、加拿大和日本等国在利用尾矿研制生产建筑材料方面尤为突出，其中，苏联在 60 年代就开始了尾矿建材的研究和生产。

我国利用尾矿制备建材的研究始于 20 世纪 80 年代。那时全国铁尾矿粒径普遍较粗，特别是结晶良好的磁铁石英岩型铁矿的尾矿，该尾矿的主要矿物成分是纯净的石英和少量的长石。但进入 21 世纪以来，由于国内外铁精矿粉的翻番涨价，为进一步提高矿石中铁的回收率，很多矿山采用三段磨矿，甚至把民选精矿再磨再选，导致细尾矿比例快速增加，小于 0.074mm 的尾矿所占比例由 80 年代的 20%左右增加至现今的 80%～95%，并含有大量小于 0.034mm 的尾矿颗粒，这导致了尾矿颗粒表面能、表面缺陷和内部缺陷的巨大变化，给传统的利用尾矿制备免烧砖、砌块、建筑用砂和混凝土细骨料的生产带来更大的挑战。

为解决选矿技术进步带来的尾矿综合利用技术瓶颈问题，促进我国尾矿综合利用行业的发展，本书通过研究铁尾矿、铜尾矿、铅锌尾矿、钼尾矿、钒尾矿及与其他固废协同使用的综合利用技术，并结合国家工业资源综合利用基地的建设实际，分析总结了在我国经济发展进入新常态后，推动固废综合利用为区域绿色发展带来的结构优化、动能转换的典型特征和经验，希望对实现矿业-资源-环境相互协调的可持续发展，建立资源节约型、环境友好型社会产生积极的作用。

本书内容结构设计及统稿工作由王长龙负责，撰写分工如下：第 1 章由魏浩杰完成；第 2 章由王长龙和王肇嘉共同完成；第 3 章由王肇嘉和杨飞华共同完成；第 4 章由王长龙和杨飞华共同完成；第 5 章由魏浩杰完成。

本书提炼了国家重点研发计划（2017YFC0804607）、中国博士后科学基金（2015T80095、2015M580106、2016M602082）、河北省自然科学基金（E2018402119、E2020402079）、固废资源化利用与节能建材国家重点实验室开放基金（SWR-2019-008）、河北省教育厅科研计划（ZD2016014、QN2016115）、陕西省尾矿资源综合利用重点实验室（商洛学院）开放基金（2017SKY-WK008）等项目的研究成果。

由于作者水平有限，书中难免存在不足之处，敬请读者和专家批评指正。

目　录

第 1 章　我国金属尾矿利用产业发展情况

1.1　金属尾矿的性质

金属尾矿是金属矿山开采过程中产生的因有用目标组分含量较低而无法直接用于生产的剩余固体废料。其产生量巨大，可占到我国工业固废产生总量的一半以上。金属尾矿通常作为固体废料排入河沟或抛置于矿山附近筑有堤坝的尾矿库中。因此，金属尾矿是金属矿业开发造成环境污染的重要来源。同时受选矿技术水平、生产设备的制约，金属尾矿的废弃也是矿业开发造成资源损失的常见途径。换言之，金属尾矿具有二次资源与环境污染双重特性[1-3]。

按行业划分，金属尾矿主要包括黑色金属尾矿、有色金属尾矿和稀贵金属尾矿。黑色金属尾矿包括铁尾矿、锰尾矿和铬尾矿。大部分铁尾矿、锰尾矿和铬尾矿都含有可进一步提取的残余铁、锰和铬，其余组分主要是硅酸盐类矿物。部分铁尾矿和锰尾矿还含有可提取的有色、稀有或稀土金属（如四川攀枝花的钒钛磁铁矿型尾矿、内蒙古白云鄂博的多稀土金属伴生型铁尾矿及“锰三角”地区的部分锰尾矿）。铬尾矿是铬的潜在污染源。有色金属尾矿主要包括铜尾矿、铅锌尾矿、镍尾矿、锡尾矿等。有色金属尾矿一般含有多种有色金属，硫化矿物，石英、长石、云母等氧化矿物和硅酸盐类矿物。对于周边环境来说，有色金属尾矿中的有色金属大都是潜在的重金属污染源，尤其是砷、铅污染甚为严重。大部分有色金属尾矿由于含有较多的硫化矿物，所以也是酸性废水的潜在发生源。稀贵金属尾矿主要包括黄金尾矿、银尾矿、钨尾矿、钼尾矿、铌钽尾矿等。稀贵金属尾矿除了含有可以再提取的有价稀贵金属外，还具有与有色金属尾矿相近的矿物组成，即稀贵金属尾矿的主要成分也是石英、长石、云母等矿物。部分稀贵金属尾矿中含有较多的方解石、萤石等矿物，是氟污染的潜在来源。

一些主要类型金属尾矿的化学成分见表 1-1[4]*。

* 本表及全书物料的化学成分其数值均为质量分数。

表 1-1　主要类型金属尾矿的化学成分　（单位：%）

尾矿类型	SiO_2	Al_2O_3	Fe_2O_3	TiO_2	MgO	CaO	Na_2O	K_2O	SO_3	P_2O_5	MnO	LOI
鞍山式铁矿	73.30	4.07	11.60	0.16	4.22	3.04	0.41	0.95	0.25	0.19	0.14	2.18
岩浆型铁矿	37.20	10.35	19.16	7.94	8.50	11.10	1.60	0.10	0.56	0.03	0.24	2.74
火山型铁矿	32.90	7.42	27.51	0.64	3.68	8.51	1.80	0.37	12.46	4.58	0.13	5.52
矽卡岩型铁矿	33.10	4.67	12.22	0.16	7.39	23.0	1.44	0.40	1.88	0.09	0.08	13.50
矽卡岩型钼矿	47.50	8.04	8.57	0.55	4.71	19.80	0.55	2.10	1.55	0.10	0.65	6.46
矽卡岩型金矿	47.90	5.78	5.74	0.24	7.97	20.20	0.90	1.78	—	0.17	6.42	—
斑岩型钼矿	65.30	12.13	5.98	0.84	2.34	3.35	0.60	4.62	1.10	0.28	0.17	2.83
斑岩型铜钼矿	72.20	11.19	1.86	0.38	1.14	2.33	2.14	4.65	2.07	0.11	0.03	2.34
斑岩型铜矿	62.00	17.89	4.48	0.74	1.71	1.48	0.13	4.88	—	—	—	5.94
岩浆型镍矿	36.80	3.64	13.83	—	26.90	4.30	—	—	1.65	—	—	11.30
细脉型钨锡矿	61.20	8.50	4.38	0.34	2.01	7.85	0.02	1.98	2.88	0.14	0.26	6.87
石英脉型稀土矿	81.10	8.79	1.73	0.12	0.01	0.12	0.21	3.62	0.16	0.02	0.02	—
碱性岩型稀土矿	41.40	15.25	13.22	0.94	6.70	13.40	2.58	2.98	—	—	—	1.73

注：LOI 代表烧失量。

1.2　我国金属尾矿产生及利用概况

2011～2017 年，我国尾矿的年产生量在 15.5 亿～16.5 亿 t，2018 年以来，受国内环保力度增大和去产能政策的影响，矿山开采量下降，尾矿产生量也相应有所降低，2018 年尾矿产生量为 13.40 亿 t，2019 年尾矿产生量为 14.58 亿 t，是近十年产生量的最低点。但同期我国尾矿的综合利用率在不断提升，尤其在 2018 年，尾矿综合利用率已超过 26%，是近十年利用率的最高点[5]。

2019 年我国铁矿石、铜矿石等主要矿产资源开采量有所下降，尾矿产生量为 14.58 亿 t，尾矿综合利用量为 3.60 亿 t，综合利用率达到 24.67%。与 2018 年相比，尾矿产生量略有增加，提高了 8.8%，尾矿综合利用量增加了 0.11 亿 t，尾矿综合利用率略有下降。图 1-1 为我国 2011～2019 年尾矿产生及综合利用情况，可以看出，尾矿产生量自 2014 年达到峰值后开始逐年下降，至 2018 年达到最低点后开始回升；而我国尾矿综合利用量稳中有升，2018 年尾矿产生量的下降使得综合利用率有了较大幅度的增长，整个“十三五”期间，尾矿综合利用率基本维持在 25%左右，与“十二五”期间相比，有了较大幅度的提升。

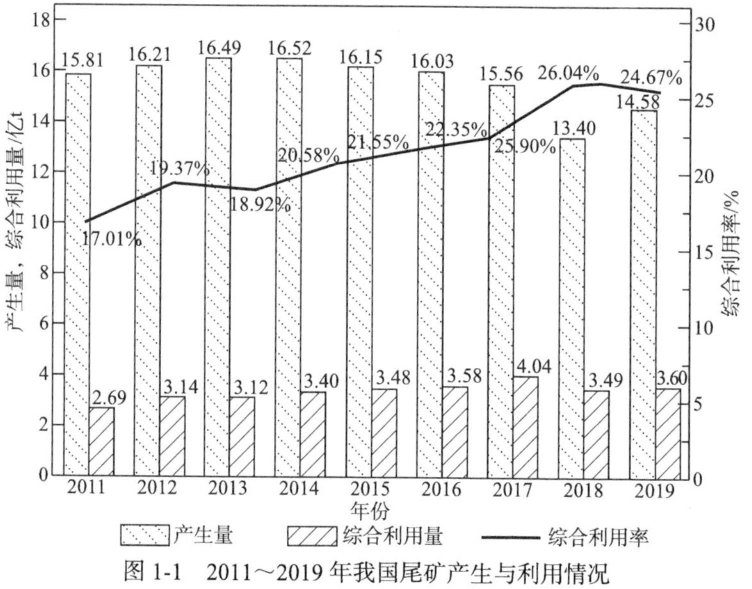

图 1-1　2011～2019 年我国尾矿产生与利用情况

1.3　我国金属尾矿重点区域

1.3.1　铁尾矿

我国铁矿资源主要集中在河北、四川、辽宁、内蒙古、山西、安徽等省区，因此这些省区也是铁尾矿主要产生及利用地区。2018 年，我国铁尾矿产生量居全国前 5 位的省区如表 1-2 所示。可以看出，仅河北、辽宁、四川三省铁尾矿产生量就超过了全国铁尾矿产生总量的 60%。

从目前铁尾矿综合利用情况来看，河北省已开展了大量尾矿综合利用工作，其中承德已取得较好的成绩。承德是我国北方最大的钒钛磁铁矿资源基地，全市共有尾矿库869座，尾矿综合利用取得明显成效。现已建设6个尾矿综合利用产业园区，规划了1个尾矿产品交易市场，尾矿综合利用项目总数超过100个，其中投资在亿元以上项目27个，综合利用总产值达到152亿元。

表 1-2 我国铁尾矿产生主要省区及产量

序号	省区	铁矿石产量/亿 t	尾矿产生量/亿 t	占全国总产生量比例/%
1	河北	2.46	1.53	31.12
2	辽宁	1.32	0.82	16.63
3	四川	1.00	0.63	12.69
4	山西	0.51	0.31	6.38
5	内蒙古	0.25	0.16	3.21

目前，承德已形成了较完善的尾矿综合利用产业链，培育了承德新通源新型环保材料有限公司、北京华富工程有限公司、承德德厦新型建材有限公司等一批尾矿综合利用龙头企业。发起成立了河北睿索固废工程技术研究院有限公司，并依托河北工业大学、河北工程大学等省内相关院校开展了尾矿相关技术研发和推广工作。

1.3.2 铜尾矿

我国铜尾矿主要分布在安徽、湖北、江西、云南等省区。目前铜尾矿的综合利用主要包括提取有价金属元素、井下充填及作为主要硅质原料进行制备蒸压加气混凝土砌块等建材。

云南铜业作为我国铜资源开发的主要企业，高度重视资源综合利用工作，坚持“吃干榨尽、减量化、再利用、资源化、无害化”的资源综合利用总体方针，大力推广资源综合利用新技术，鼓励实施产学研联合开发项目。同时，为进一步推进固体废弃物综合利用，中国云铜集团有限公司（以下简称云铜集团）建立了固体废弃物综合利用管理制度，完善固废污染治理、综合利用的投入激励机制，激发下属企业治理固废污染、综合利用的积极性，建立企业良性生产的产业链，发展后续产业，从源头上减少固体废弃物。目前，云铜集团已完成了滇中有色渣浮选工程项目、赤峰云铜渣浮选扩建项目、玉溪矿业思茅山水大平掌铜矿三选厂技改工程、羊拉铜矿尾砂利用工程四个资源综合回收利用项目的施工建设，并已分别建成投入试生产。

在铜尾矿综合利用方面，云铜集团所属的大红山铜矿、凉山矿业拉拉铜矿等部分矿山尾砂含有铁、钼、钴等有价金属，通过云铜集团的科技攻关或与大专院校、科研单位的合作，研究并优化了适合工业化生产的选矿流程，综合回收了有价元素生产铁精矿、钼精矿、钴精矿。云铜集团所属的迪庆矿业和金沙矿业等企业部分尾砂用于井下充填处理采空区，保障井下开采安全，提高井下采矿回采率，减少地表尾矿排放。此外，根据矿石性质，采用湿法炼铜的迪庆矿业，从尾矿中综合回收硫精矿作为硫酸厂的原料生产硫酸，硫酸又为电铜厂湿法冶炼工艺提供所需酸，焙烧硫精矿产生的炉渣含有铁、铜、金、银等多种金属，为下一步循环利用提供原料；硫酸厂在生产硫酸的过程中产生的蒸汽，通过管道送至电铜厂搅拌浸出工段用于浸出工艺，提高搅浸率，从而实现资源的循环利用。

1.3.3　黄金尾矿

我国黄金尾矿主要产于山东、河南、陕西、黑龙江、内蒙古、新疆等省区，占总量的 80%以上。

山东招远是我国黄金主要产地。目前，招远市在黄金生产方面已形成了“地质勘探—采矿选矿—尾沙充填—废石废渣生产新型建材—氰化冶炼及黄金精炼—多元素回收—硫精矿富硫制酸—硫酸余热发电—有价元素再提取—尾矿库绿化美化—黄金工业游”立体产业链和全面综合利用的循环经济发展新模式，综合利用率得到大幅度提高。

山东招金集团有限公司（以下简称招金集团）是黄金龙头企业，业务涵盖黄金勘探、采选、氰冶、精炼、金银制品加工、销售等全产业链。企业自主研究开发了“含砷难处理金银精矿的催化氧化酸浸湿法冶金新工艺体系及工业开发”项目，使金回收率由传统工艺的 50%左右提高到 94%以上，银回收率提高到 95%以上。建设了氰化尾渣硫铁资源高效利用等多项科研技改项目，不仅使尾矿中的铅、铜、锌等有价金属得到有效的回收，每年还可处理氰化尾渣 24 万 t，年产硫酸 20 万 t，余热蒸汽发电 3300 万 kW·h，使进入企业的原料“吃干榨净”，实现无废料生产。

1.4　金属尾矿综合利用技术现状

1.4.1　金属尾矿综合利用产业链

目前，我国尾矿的综合利用途径主要包括以下几类：①有价元素资源回收；②用于生产混凝土骨料、筑路碎石等建筑材料；③用于充填矿山采空区；④用作土壤改良剂及微量元素肥料；⑤尾矿库复垦及生态修复。其中，利用尾矿作建筑材料和井下充填采空区占尾矿利用量的 90%以上。其特点是利用量较大，但附加值较低[6]。近几年，随着尾矿制取微晶玻璃、陶粒、再造石等技术的成熟，尾矿高附加值利用越来越受到企业的欢迎，并在全球形成技术产业链，如图 1-2 所示。

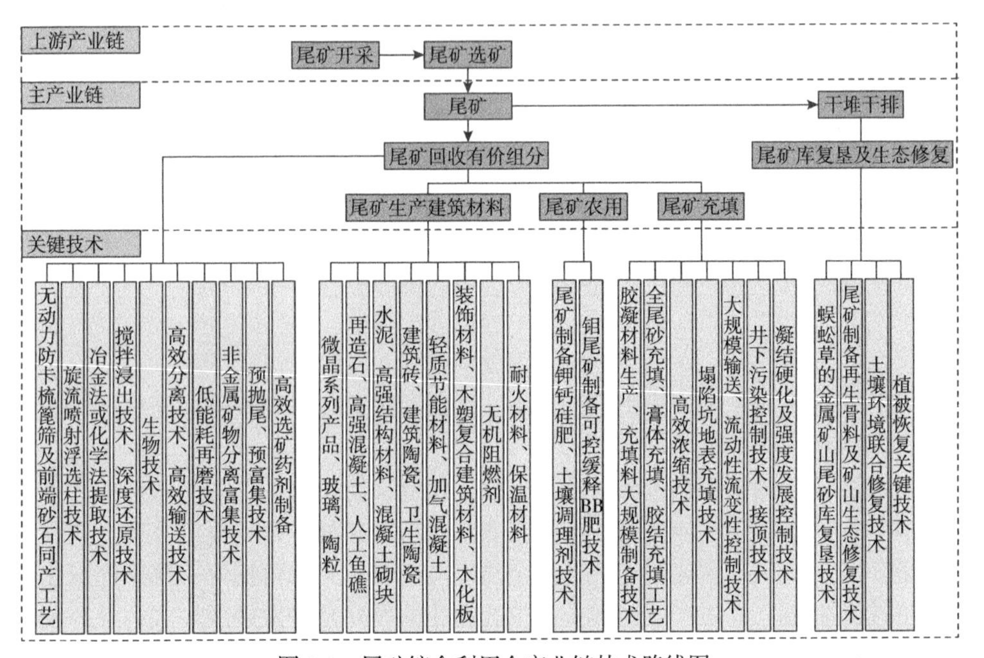

图 1-2 尾矿综合利用全产业链技术路线图

1.4.2 金属尾矿利用常用技术

金属矿山尾矿的物质组成虽千差万别，但其中基本的组分及开发利用途径是有规律可循的。矿物成分、化学成分及其工艺性能这三大要求构成了尾矿利用可行性的基础。磨细的尾矿构成了一种复合矿物原料，加上其中微量元素的作用，具有许多工艺特点。一般来说，尾矿综合利用主要包括尾矿再选技术、尾矿制备建材技术、尾矿农用技术、尾矿充填和生态修复技术。

1. *尾矿再选技术*

1）尾矿库尾砂再选技术

尾砂先经两道高场强磁选机选别，粗精矿进入细磨精选流程，尾矿直接排入尾矿库。细磨精选流程采用两段磨矿、两段选别，产生的尾矿进入粗选系统，充当造浆水，并进行二次回收。

2）尾矿分选石英制备玻璃技术

采用简单的选矿工艺，加捕收剂在常温下浮选尾矿，选出的石英、长石成分符合平板玻璃基本成分要求。磁尾、强磁尾及第一段浮尾可富集大量金属矿，易于再分选，回收率高，成本低。该技术已在金堆城钼业集团有限公司、招金集团等成功制得玻璃及泡沫陶瓷产品，指标优良。

3）旋流喷射浮选柱技术

利用矮柱浮选技术，采用带有导流片的旋流喷嘴在强压给矿下自动吸入空气，使固液气三相充分快速混合接触，改善矿化程度和浮选过程，在稳定而厚实的泡沫层内形成多次富集，从而实现高富集比和高回收率。采用该技术设备，可以进一步开发利用尾矿资源，有效回收有用矿物，从而带来巨大的经济效益。

4）尾矿回收锰矿物技术

采用“高梯度—粗—精—扫—中矿返回—锰精矿弱磁选除铁”流程，关键技术是采用立环脉动高梯度强磁选机回收碳酸锰，锰精矿弱磁选除铁，可获得较高的锰品位及回收率。

5）锡尾矿整体综合利用技术

采用“重-磁-浮”联合工艺处理锡尾矿。重选主要是根据锡、钨、钽、铌、黄玉与长石、石英、云母及其他脉石矿物之间密度的差异，采用螺旋溜槽、摇床等重选设备和重选技术将密度较大的钽、铌、黄玉同其他矿物分离或预富集；磁选是利用钽铌矿与其他矿物之间的磁性差异，将钽铌矿和其他矿物分离；浮选是利用钽、铌、长石、石英、锂云母等矿物浮游性的差异等将这些矿物梯度分离。

6）浮钼尾矿综合回收白钨技术

浮钼尾矿先经浮选柱常温浮选，所得粗精矿经浓缩机浓缩至 65%～80%的浓度后，送入搅拌筒进行加温脱药（即彼得罗夫法），脱药后的矿浆放入 Φ2000mm×2000mm 搅拌筒稀释至 25%～28%浓度，然后进入精选作业，获得品位在 25%～35%的钨精矿。

2. 尾矿制备建材技术

1）利用铅锌尾矿渣生产低碱优质硅酸盐水泥熟料技术

尾矿中的主要组成部分 SiO_2 能够满足硅酸盐水泥生产的需要，而且其中的微量元素具有矿化效果。利用铅锌尾矿渣作为硅质原料进行配料，在回转窑中烧制低碱高阿利特硅酸盐水泥熟料和低碱普通硅酸盐水泥熟料，其中含有的铅、锌及铜等微量元素可以促进熟料烧成，且铅锌尾矿渣的碱含量低，所以可生产低碱优质硅酸盐水泥熟料。每吨水泥中铅锌尾矿渣用量超过 30%，生产出的硅酸盐水泥熟料 28d 抗压强度平均超过 62.6MPa。

2）尾矿生产微晶系列产品技术

首先对铁尾矿进行无害化预处理，回收尾矿中的磁性铁，生产品位为 62%的铁精矿，然后利用经过再选后的尾矿进行加工生产，采用烧结法生产微晶石，高压蒸养工艺生产砌块，辊道窑烧成工艺生产泡沫陶瓷，制成相关产品。目前，已建成一条年综合利用尾矿 37 万 t 的生产线，年产微晶颗粒 2.3 万 t、微晶石板材

40 万 m^2、泡沫陶瓷 60 万 m^2、建筑砌砖 600 万块、异型微晶板材 10 万 m^2、高层外挂装饰复合板材 40 万 m^2。

3）砂岩型磁铁尾矿应用于蒸压加气混凝土生产技术

加气混凝土是由钙质材料（水泥、生石灰等）和硅质材料（石英砂、粉煤灰等）经配料、水化反应形成的人造石。磁铁石英岩型铁尾矿含硅 65%～72%，可以部分取代石英砂（含硅量 90%以上），经过调整粉磨细度及颗粒级配，提高磁铁石英岩型铁尾矿活性，采用适当钙质材料配合比，可生产加气混凝土制品。全国现有加气混凝土厂家 500 多家，总产量 4000 万 m^2 左右。加气混凝土广泛应用于城市公共建筑及居民住宅，具有质量小、保温节能、隔声防火等优点。

4）尾矿制备多孔保温材料技术

以尾矿与炉渣耦合制备矿渣纤维材料，以聚苯乙烯发泡粒子和膨胀珍珠岩为发泡剂，控制相关生产因素，制备高性能多孔材料。多孔保温材料与粉煤灰、增强纤维和外加剂复合可制成轻质墙体材料。产品质量轻、隔音、隔热、防潮、防火，施工简便快速、节约能源，在市场上具有明显的竞争优势。

5）尾矿生产高附加值再造石技术

以尾矿、废石等为原料，制作高附加值再造石装饰制品。该类装饰品曾用于中国国家博物馆、钓鱼台国宾馆、国家大剧院、首都机场 T3 航站楼等几百项重点工程，提供了再造石雕塑和装饰混凝土轻型挂板。

6）尾矿、石渣粉制备人工鱼礁技术

以尾矿和石渣粉为主要原料，制备出抗压强度大于 70MPa 的无粗骨料混凝土，石渣粉掺入量达到 70%，固体废弃物总体利用率在 80%以上，能够适应大高度、大体积、大孔洞率和复杂结构人工鱼礁的建造。该材料中熟料含量低，碱度低，同时具有足够高的强度，是优良的人工鱼礁材料。

7）尾矿制备陶粒、充填胶凝材料技术

利用以粉煤灰与铁尾矿为主要原料生产低密高强陶粒，采用了高效立式紊流搅拌设备，实现全过程自动化集中控制生产，配合比精确度高，人员劳动强度低，运行安全可靠。该技术可用于生产耐热耐火材料、高强度陶粒混凝土、空心砖等产品。目前，已建设了 518 条尾矿利用生产线，利用固体废弃物 1.51 亿 t。

8）尾矿砂制备木化板技术

以精选的碳硅化合物和高分子聚合物为主要原料，添加各种功能填料与各种助剂，经高温高压等数十道工艺制成装饰材料。年处理尾矿砂 13.6t，节约木材纤维产品约 2 万 t。产品生产加工工艺和设备成熟、可靠，产品质量可靠，具有较好的经济、社会效益。

3. 尾矿充填及尾矿复垦技术

1）深井高浓度全尾砂充填技术

矿山充填系统由地表充填料制备系统和井下充填系统两大部分组成，而地表充填料制备系统是充填系统的主体工程。地表膏体制备系统由充填原料制备系统、搅拌系统、泵送系统等6部分组成。井下充填系统包括接力泵站系统、充填管线、放砂池、井下压力传感器。深井高浓度全尾砂充填技术，采用砂仓直接将尾砂沉降高效脱水，具有节能、缓冲、不间断等优点；采用活化造浆及连续放砂技术实现了全尾砂低成本高浓度连续充填。该技术解决了全尾砂低成本脱水难题，减少了尾矿堆存所产生的环境污染和安全隐患，并可以提高采矿回采率。

2）塌陷区尾矿砂高浓度浓缩堆存技术

塌陷区尾矿砂高浓度浓缩堆存技术是解决尾矿堆存和综合治理塌陷区的一项成熟、可靠的技术，属全国首创。采用的工艺流程为“高压深锥浓缩、远程一段输送、陶瓷过滤脱水、干式堆存治患”。实践证明，塌陷区尾矿砂高浓度浓缩堆存技术工艺指标先进、操作稳定、适应性强、技术特色鲜明，实现了以废治患，填补了我国尾矿处理技术和塌陷区综合治理工艺技术的空白，具有显著的社会效益和经济效益。

3）全尾砂充填技术

采用立式砂仓浓缩工艺、高速搅拌装置、专利高压喷嘴装置和专利水隔离泵等装置和工艺技术实现全尾砂充填。充填项目运行后，回采率可提高到95%，减少矿石贫化，尾矿利用率达到70%。

4）尾矿制备钾钙硅肥、土壤调理剂技术

以含钾尾矿、钙镁基化合物为原料，通过热分解钾长石生产弱碱性矿物质肥，该产品富含钾、硅、钙、镁、硫等多种大、中、微量元素，在为土壤提供营养元素的同时，抑制了土壤的酸化、土壤板结、土壤矿物质养分缺失的问题，使用该肥料的土壤平均增产率18.21%，市场潜在需求量很大。

5）钼尾矿制备可控缓释BB肥（复合肥）技术

提取和回收钼尾矿中的有价元素（组分），分离回收尾矿中的石英和部分长石，再通过熔融氧化反应，钝化残留重金属，消除尾矿中含有的有毒、有害选矿添加剂，最后将中、微量元素和有益元素活化成可被植物吸收的枸溶性有效态化合物，调节pH到7.0～7.5，即成为可替代黏土类和轻质碳酸钙生产无机全价元素可控缓释BB肥的原料。

6）基于蜈蚣草的金属矿山尾砂库复垦技术

将筛选出来的砷超富集植物蜈蚣草种植在金属尾矿上，利用其超量吸收尾矿中的砷、铅、锌、铜等金属，并通过定期收割其地上部分，烘干焚烧后从灰分中冶炼回收有价金属。已在云南的金属尾矿中种植 80 亩超富集植物蜈蚣草，每年回收砷最高可达 $23.4kg/hm^2$，铅 $11.3kg/hm^2$，锌 $9.24kg/hm^2$，铜 $2.64kg/hm^2$。

7）尾矿制备再生骨料及矿山生态修复技术

以尾矿及建筑垃圾为原材料，为区域内的下游企业提供再生骨料、预拌砂浆、预拌混凝土等材料，用于城市基础设施和道路的建设。同时，建设每年 100 万 m^3 渣土的回填和 50 万株的山体植树恢复项目，实现建设废弃矿山整治利用创新示范区和国家矿山公园，打造山水田园旅游产业。

1.4.3 尾矿利用技术存在的问题

矿产资源尾矿已成为我国目前产出量最大、堆存量最多的固体废弃物，最新《中华人民共和国环境保护税法》规定：每排放 1t 尾矿，必须缴纳 15 元的环保税。尾矿是放错地方的资源，其综合利用价值还是非常可观的，但是，我国在尾矿综合利用方面的问题却复杂而又紧迫。

1. 尾矿产生量巨大，利用率低

我国目前累计堆存尾矿在 600 亿 t 以上，年产出量达到了 16 亿 t，而尾矿综合利用率不到 20%，绝大多数尾矿尚未被综合利用。随着我国矿产资源开采力度的不断加大，尾矿排出量每年不断递增，加快尾矿的综合利用已经迫在眉睫。

尾矿大量堆存不仅造成了有限的土地资源的巨大浪费，而且带来了严重的环境和安全问题。尾矿所含的重金属离子，甚至砷、汞等污染物质，以及矿石选矿过程中加入的各种化学药剂，部分会随尾矿堆流入附近河流或深入地下，严重污染河流及地下水源，自然干涸后的尾砂，遇大风吹到周边地区，对环境造成危害。

2. 尾矿资源综合利用技术有待突破

在技术方面，国家在尾矿综合利用的前瞻性技术开发方面投入不足，企业缺少投资开发尾矿综合利用重大关键技术的动力和积极性，导致大多数尾矿综合利用工艺只停留在简单易行的技术上，缺乏能够使尾矿高效利用和大宗高值利用的原创性技术研发。此外，尾矿综合利用产业链条薄弱，在区域内尚未形成合理分工，产业集聚效应差。

因此，提高我国尾矿资源的综合利用水平迫切需要先进的科技手段予以支撑，依托重点和骨干企业，开展尾矿综合利用关键技术和装备的研究，突破综合利用过程中的技术瓶颈，提高综合利用过程中决策水平和技术管理水平，从而全面提升尾矿资源的综合利用水平。

3. 基础工作薄弱，缺乏数据支撑

在我国经济发展统计体系中还没有关于资源综合利用的技术数据统计，更没有关于尾矿综合利用的数据统计。这样很不利于提出科学的政策措施，更不利于根据实际情况对政策措施做出实时调整。而已经进行的少量统计工作中，统计数据不完整、方法不统一，基础数据匮乏，信息交流不畅，难以作为宏观调控的基础材料，不能针对实际情况提出有效的利用和处理方法。

因此，迫切需要建立基础数据收录和统计体系，并对我国尾矿综合利用整体情况进行摸底、搜集、分类和整理，最终确立尾矿资源评价标准、产品技术标准、产品检测和认证体系。

4. 资源意识、环境意识不高

尾矿利用基础管理薄弱，很多管理部门和相关企业对尾矿综合利用的重要性和紧迫性认识不足，地区间、行业间、企业间尾矿综合利用的发展不平衡。在经济发展比较落后的地区和一些民营企业，浪费资源、污染环境的现象仍然很严重。由于我国长期以来对矿业的粗放式经营，矿山企业盲目开采，过分关注主矿产品的价值，而忽视其伴生组分，缺乏综合利用的意识。应提高公共至少是相关企业和主管部门对尾矿及其综合利用价值的认识，将尾矿的综合利用重视起来。

5. 政策支持力度欠缺

尽管我国在资源综合利用方面已经出台了一些税收优惠和鼓励政策，但是由于尾矿资源品位低，与原矿采选相比，利用的成本较高，经济效益较差，且其综合利用的技术更为复杂，而现有资源综合利用的政策缺乏针对性，支持力度不够，导致大多数企业利用尾矿的积极性不高。

目前尾矿综合利用还没有作为一项重大的技术经济政策纳入法制管理的轨道，许多工作还无法可依，有关政策也还没有完善。

虽然国家发布了一系列鼓励企业开展尾矿综合利用的规范性文件，但现有政策的连续性及政策的支持力度还不能适应形势发展的需要。一些资源型产品的价格形成机制还不能充分反映资源稀缺程度、环境损害成本和供求关系，一些地区还存在政策落实难、执行力不足等问题。

总体来说，目前我国相关政策体系和法律规范还不完整，经济激励力度相对较弱，尚且没有形成尾矿综合利用的长效激励机制，矿产资源尾矿综合利用任重而道远。

1.4.4 近年来我国尾矿技术专利授权情况

2011～2019 年，我国尾矿相关专利申请数量共计 11256 项。2019 年，我国尾矿相关专利申请数量达到 1979 项。在“十三五”期间，由于我国加大了对资源综合利用领域的政策支持力度，2016～2019 年，尾矿相关专利申请数量明显增加，2019 年全年申请尾矿相关专利数量是 2015 年的 1.4 倍以上（图 1-3）。

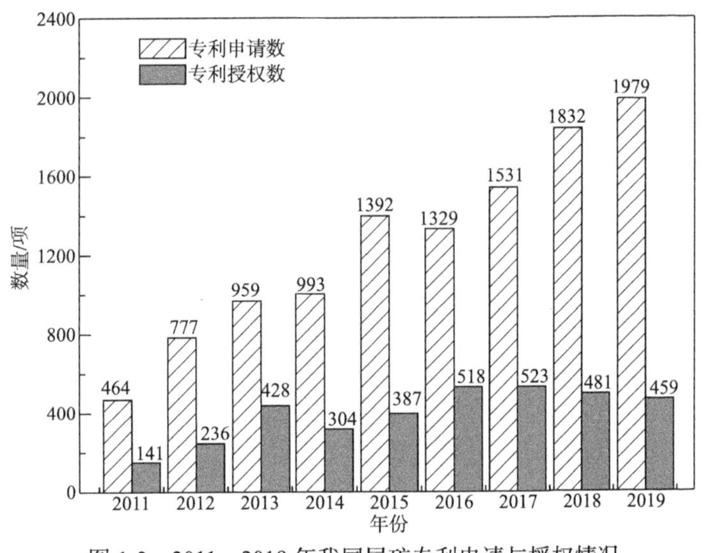

图 1-3　2011～2019 年我国尾矿专利申请与授权情况

2010～2019 年年底，我国尾矿相关专利共授权 3477 项，在已经授权的专利中，尾矿的处理方式主要涉及制备水泥、混凝土等建筑材料，回收有价组分，无害化处置，用于农业、充填及其他用途。

参 考 文 献

[1] Jha M K, Kumar V, Singh R J. Review of hydrometallurgical recovery of zinc from industrial wastes[J]. Resources Conservation and Recycling, 2001, 33(1): 1-22.

[2] 刘本甫，盖建功. 我国工业固废现状及综合利用建议[J]. 中国资源综合利用，2018(6): 92-96.

[3] 赵丽娜，姚芝茂，武雪芳，等. 我国工业固体废物的产生特征及控制对策[J]. 环境工程，2013(1): 464-469.

[4] 中国资源综合利用协会. 2010～2011 年度大宗工业固废废物综合利用发展报告[M]. 北京: 中国轻工业出版社, 2012.

[5] 魏浩杰，彭犇，龙凤，等. 我国大宗工业固废综合利用发展状况分析[J]. 中国资源综合利用, 2019(11): 56-58.

第 2 章　铁尾矿综合利用绿色化技术研究

2.1　铁尾矿深度还原回收铁技术研究

随着我国钢铁工业的快速发展，铁矿资源大量开发利用，富矿越来越少，多数大型钢铁企业不得不花费高价外汇从海外购买大量的铁矿石进行高炉冶炼[1,2]。铁矿石需求的增大及对于铁矿石进口依赖程度的提高，已经成为我国钢铁业中经济安全的重大隐患。因此，在世界各国重视二次资源尾矿利用的同时[3-5]，我国也迫切需要依靠生产技术的进步来发展和利用现有的铁尾矿资源，这对我国钢铁工业的发展具有重要的战略意义。

由于铁尾矿中富含硅酸盐矿物，铁矿物嵌布粒径极细，采用常规选矿方法很难获得好的选别指标。在开发铁尾矿方面[6-8]，虽然国内科研院校及厂矿对常规选矿工艺进行了大量研究，但是整体铁回收率低。现有的焙烧还原研究多集中在难选铁矿石方面，其原理是通过焙烧工艺将铁矿石中的铁转变为磁铁矿[9]或金属铁[10,11]，使铁的微观形态由微细粒结构转变为粗大的粒状结构，从而为铁的分选回收创造条件，而对铁尾矿焙烧还原回收铁的研究鲜见报道。本节研究的高硅铁尾矿原矿为鞍山式磁铁石英岩型铁矿，是我国主要的铁矿石矿床类型，因此对该类型的铁尾矿进行提铁研究具有代表性的现实意义。

目前，还原工艺按还原剂分类主要有气基法和煤基法两种，但是气基法中使用的天然气属于稀缺资源，且利用率只有 65%；而煤基法是使用非焦炭作为还原剂，且我国是煤炭大国，煤资源品种齐全，分布广泛，尤其是一些地区有丰富的铁尾矿资源和煤炭资源。但由于这些尾矿属于难处理类型，均未得到充分的利用。所以，大力发展煤基还原具有广阔的前景，也符合我国国情[12,13]。

本节以含铁量为 14.51%的山西灵丘豪洋矿业有限公司铁尾矿为研究对象，在对尾矿矿物学特性研究的基础上，采用煤基深度还原法提铁，研究了焙烧过程中不同煤种还原剂、助熔剂用量、焙烧温度和焙烧时间等因素对铁还原性的规律。结合 X 射线衍射（XRD）、扫描电子显微镜（SEM）及能量色散 X 射线谱（EDS）等测试手段对磁选铁精矿中铁矿物的存在形式进行了分析。目标是以高硅酸铁的铁尾矿为原料，获得高铁品位的铁精矿产品，为这类尾矿作为长远潜在的铁资源进行利用奠定了基础。我国含硅酸铁矿物资源储量巨大，因此本研究也为满足我国对铁资源的长远战略要求奠定了初步的技术基础。

2.1.1　试验原料及方法

1. 原料性质

1）铁尾矿

试验用矿样为均匀采取的存放在尾矿坝中的铁尾矿，属磁铁矿型尾矿，其化学组成见表 2-1。从表 2-1 中可以看出，该尾矿铁品位仅为 14.51%，SiO_2 含量高达 54.14%，杂质元素磷的含量不高，仅为 0.048%，硫含量较高，为 0.63%，除了铁以外无其他可以回收的金属元素。为了进行铁元素的回收，需要对尾矿中铁的赋存状态进行铁化学相分析，由分析结果（详见表 2-2）可以看出，铁尾矿中铁主要以硅酸铁（"其他铁"）的形式存在，分布率为 81.39%；其次是磁性铁及碳酸铁，分布率分别为 7.37%和 3.38%，所以研究所用的铁尾矿为高硅酸铁型铁尾矿。

表 2-1　铁尾矿化学成分　　（单位：%）

化学组分	TFe	P	S	C	SiO_2	Al_2O_3	MgO	CaO	K_2O	LOI
含量	14.51	0.048	0.63	0.051	54.41	7.99	5.75	5.06	0.43	2.90

注：TFe 代表总铁的质量分数，LOI 代表烧失量。

表 2-2　铁尾矿化学物相分析　　（单位：%）

相别	磁铁矿中铁	磁黄铁矿中铁	碳酸铁中铁	硫化铁中铁	赤褐铁矿中铁	其他铁	总铁
铁含量	1.07	0.35	0.49	0.39	0.40	11.81	14.51
铁分布	7.37	2.41	3.38	2.69	2.76	81.39	100

通过在电子显微镜及扫描电子显微镜下对该尾矿岩相进行鉴定，同时利用 X 射线衍射数据（图 2-1）对各矿物进行半定量分析。结果表明，铁尾矿中主要矿物为石英、铁闪石、斜长石、绿泥石、黑云母、普通角闪石、白云石。铁尾矿中各矿物相含量（质量分数）分别为：石英 43%、普通角闪石 21%、铁闪石 21%、斜长石 11%、白云石 2%、黑云母 1%、绿泥石 1%。其中，铁闪石 $Fe_7Si_8O_{22}(OH)_2$ 中铁含量为 39.03%，普通角闪石 $Al_{3.2}Ca_{3.4}Fe_{4.02}K_{0.6}Mg_6NaSi_{12.8}O_{44}(OH)_4$ 中铁含量为 12.73%。铁尾矿中角闪石的含铁量合计为 10.87%，由铁尾矿中硅酸铁的含量为 11.81%，可以得出铁尾矿中的铁大部分存在于闪石，少量存在于黑云母和绿泥石。因此，采用传统选矿方法回收铁尾矿中的铁比较困难。

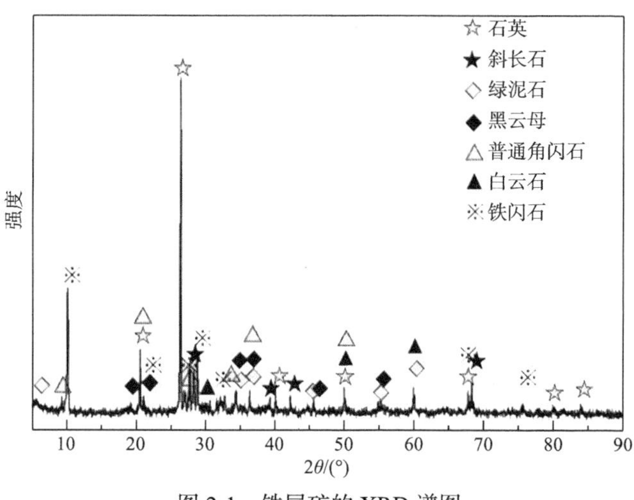

图 2-1　铁尾矿的 XRD 谱图

2）还原剂

试验选用了 3 种性质相差较大的煤种：石煤、无烟煤和褐煤作为还原剂，其工业分析结果见表 2-3。由表 2-3 可以看出，选用的 3 种煤的水分和挥发分差别不是很大，有害元素硫含量较低，但三者的灰分和固定碳有很大差别，无烟煤的固定碳含量相对较高，而其灰分含量则相对较低。

表 2-3　煤的工业分析　（单位：%）

煤种	水分	灰分	挥发分	固定碳	全硫
石煤	12.68	8.01	49.66	45.84	0.11
无烟煤	1.40	7.99	11.34	78.79	0.41
褐煤	10.75	18.93	27.31	53.64	2.01

2. *研究方法*

将破碎粒径小于 2mm（通常表示为“−2mm”的形式）的煤、铁尾矿和助熔剂 CaO（分析纯）按一定比例混匀后放进石墨坩埚中，将装有混合样的石墨坩埚置入 CD-1400X 型马弗炉中进行还原焙烧，为防止焙烧矿再被氧化，将焙烧后的产物水淬冷却至室温后进行破碎、磨矿、磁选。磨矿设备为实验室所用的 XMB-70 型棒磨机，磨矿浓度为 60%，磁选设备使用 0～200kA/m 型弱磁选管。磨矿磁选流程采用一段磨矿一段磁选，首先将焙烧后的物料进行湿磨（湿磨后的物料粒径小于 0.074mm 的颗粒占 92.58%），再将湿磨后的物料进行磁选，磁选时磁场强度设置为 111.5kA/m。煤和助熔剂 CaO 的用量是指所添加的煤或 CaO 占铁尾矿的质量百分比。选择性还原效果以铁精矿中铁品位、铁回收率为评价指标。

采用 SUPRA™ 55 场发射扫描电子显微镜（FE-SEM）对焙烧产物的微观形貌进行分析；采用 Rigaku D/MAX-RC 12KW 旋转阳极衍射仪对所得焙烧产物中矿物成分的变化情况进行分析，衍射仪采用 Cu 靶，波长 1.5406nm，工作电流 150mA，工作电压 40kV，扫描范围 5°～90°。

2.1.2 铁尾矿煤基还原提铁机理

由于铁尾矿中的铁多以硅酸铁的形式存在，以及少量的磁铁矿、赤褐铁矿等（表 2-2），采用传统选矿工艺无法实现铁的富集，因此本节试验采用以煤为还原剂的深度还原方法进行铁尾矿提铁研究。

由于铁氧化物的还原相当复杂，尤其是以煤作为还原剂，过程不仅包括铁尾矿颗粒和煤颗粒接触面上发生的固-固相反应（深度还原），还包括 CO 与铁氧化物之间发生的气-固相反应（间接还原），整个还原过程以间接反应为主要反应。在实际生产中，高温下还原反应进行得相当剧烈，也证明了气-固相反应是主要反应，实践和理论已经表明，铁氧化物的还原是从高价态氧化物向低价态氧化物逐级进行，当采用温度低于 570℃时，铁氧化物按照 $Fe_2O_3 \rightarrow Fe_3O_4 \rightarrow Fe$ 的顺序被还原，当采用温度高于 570℃时，铁氧化物以 $Fe_2O_3 \rightarrow Fe_3O_4 \rightarrow FeO \rightarrow Fe$ 的顺序被还原。由于铁尾矿中的铁主要以硅酸铁形式存在，以及少量的磁铁矿、赤铁矿和褐铁矿等，因此在添加助熔剂的条件下，深度还原焙烧过程中还原剂可能发生的固-固相反应和气-固相反应主要有

$$3Fe_2O_3+C \longrightarrow 2Fe_3O_4+CO \tag{2-1}$$

$$Fe_3O_4+C \longrightarrow 3FeO+CO \tag{2-2}$$

$$3Fe_2O_3+CO \longrightarrow 2Fe_3O_4+CO_2 \tag{2-3}$$

$$Fe_3O_4+CO \longrightarrow 3FeO+CO_2 \tag{2-4}$$

$$FeO+CO \longrightarrow Fe+CO_2 \tag{2-5}$$

$$FeO+C \longrightarrow Fe+CO \tag{2-6}$$

所以煤中固定碳的含量在深度还原中起到显著作用。由煤的反应特性可知，通常煤在 1000℃以上的高温下气化生成煤焦，而它在高温特性温度（1000℃以上）下的存在与灰分熔融有关。可以认为，在煤焦表面上熔融过程产生灰分是由不黏附（固相）→黏附（熔渣状）→黏附（液相）3 个转化状态组成[14]。还原焙烧反

应初期煤焦中灰分相对含量较低，对还原影响不甚明显；但是随着煤气化反应的进行，灰分所占比例增大，而生成的灰分又黏附于未反应碳元素和物料表面，熔渣状灰分引起物料和煤焦内部细孔堵塞，使有效内表面积减少，并随着温度的升高在还原物料的表面形成液相，以至于未反应物料和碳元素被黏附的灰分包裹，孔隙率下降，阻碍还原气氛向物料内部扩散，使铁尾矿的还原效果受到影响，还原铁粉指标降低。

2.1.3　无烟煤作还原剂条件试验

1. 助熔剂用量的试验

前面的试验研究表明，采用助熔剂时，试验得到的优化指标为铁品位 64.01%，铁回收率 78.37%。为进一步提高铁精矿的品位和回收率，在无烟煤用量为 7.5%条件下，研究助熔剂 CaO 用量对直接还原焙烧过程的影响。在 CaO 用量分别为 5.4%、16.2%、21.6%、32.4%和 43.2%条件下，研究其他条件与不同煤种对铁选择性还原效果的影响，结果如图 2-2 所示。

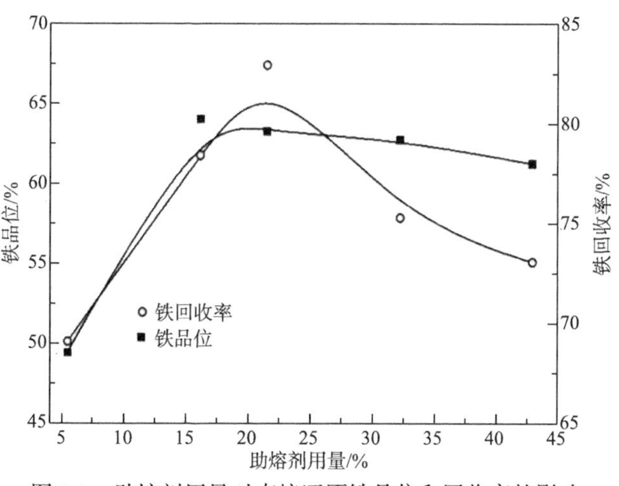

图 2-2　助熔剂用量对直接还原铁品位和回收率的影响

由图 2-2 可知，随助熔剂用量的增加，铁精矿的品位先上升而后越来越平缓，而回收率总体呈现出先上升后下降的趋势，当助熔剂用量为 21.6%时，铁品位为 63.23%，回收率达到 82.93%，继续增加助熔剂的用量，铁精矿各项指标开始下降。配合料在马弗炉内焙烧过程中，加入助熔剂 CaO 和无烟煤时，铁尾矿主要可能先发生式（2-7）～式（2-10）反应，而后发生式（2-5）和式（2-6）的反应：

$$Fe_7Si_8O_{22}(OH)_2 \xrightarrow{T>300℃} Fe_7Si_8O_{23}+H_2O \tag{2-7}$$

$$Fe_7Si_8O_{23}+CaO \xrightarrow{T>1000℃} (Fe_x, Ca_y)Si_8O_{23}+FeO_{(x+y)} \tag{2-8}$$

$$Al_{3.2}Ca_{3.4}Fe_{4.02}K_{0.6}Mg_6NaSi_{12.8}O_{44}(OH)_4 \xrightarrow{T>300℃} Al_{3.2}Ca_{3.4}Fe_{4.02}K_{0.6}Mg_6NaSi_{12.8}O_{46}+2H_2O\uparrow \tag{2-9}$$

$$Al_{3.2}Ca_{3.4}Fe_{4.02}K_{0.6}Mg_6NaSi_{12.8}O_{46}+xCaO \xrightarrow{T>1000℃} xFeO+Al_{3.2}Ca_{3.4+x}Fe_{4.02-x}K_{0.6}Mg_6NaSi_{12.8}O_{46} \tag{2-10}$$

铁闪石和普通角闪石是铁尾矿中主要含铁矿物，从矿物的组成特点来看，二者属于单斜晶系的双链状硅酸盐矿物，其中 Fe^{2+}以充填于链状孔隙中的形式存在，难以直接被还原剂 C 还原，要实现 Fe^{2+}还原，首先要实现 Fe^{2+}以游离状态存在。试验中加入助熔剂 CaO，通过 CaO 与闪石的置换反应[式（2-8）和式（2-10）]，大量 FeO 能够以游离状态存在，而自由状态的 FeO 活性极高，在加入还原剂 C 的情况下，易于进一步被 CO 或 C 还原为金属铁，反应见式（2-5）和式（2-6）[15,16]。所以适当地增加 CaO 用量，能降低铁尾矿的熔化温度和还原体系的黏度，有利于提高产品的指标。但是随着 CaO 用量增加，有可能使铁尾矿或固相反应的生成物开始熔化黏结，并在被还原的铁尾矿表面形成液相，使铁尾矿的孔隙率下降，阻碍还原气氛向物料内部扩散，使得被还原铁精粉指标降低。试验中当 CaO 用量大于 21.6%后，铁精矿品位变化平缓，这是因为添加 CaO 过多使整个渣体流动性变差，铁微粒无法聚集成大颗粒，磨选回收率降低。综合考虑，确定助熔剂 CaO 的添加量为 21.6%。

2. 还原温度

在还原反应中，为使铁的氧化物得到充分还原，还必须向还原体系提供充足的热量，且还原温度不仅直接影响到铁尾矿的还原速度和还原效果，而且对铁晶粒的连晶长大也有着十分重要的影响。因此，考察了不同还原温度对铁尾矿还原效果的影响。

试验中助熔剂 CaO 的添加量为 21.6%，试验温度分别为 1000℃、1050℃、1100℃、1150℃、1200℃、1250℃、1300℃和 1350℃，无烟煤用量、磨矿细度、磁场强度条件不变，结果如图 2-3 所示。

由图 2-3 可以看出，当还原温度由 1000℃升到 1200℃时，铁精矿的回收率显著增加，由 11.54%提高到了 82.93%，而铁精矿的品位出现明显下降，这是因为还原温度较低时，还原动力不足，铁还原不充分。但随着温度的进一步提高，由 1100℃升高到 1200℃时，铁回收率总体呈上升趋势，在 1200℃时，铁品位达到 63.23%，对应铁回收率为 82.93%，这是因为随着还原温度的升高，渣体液相量增多，当铁颗粒聚集到合适的大颗粒尺寸时，后续磨矿实现了铁与脉石单体更好的

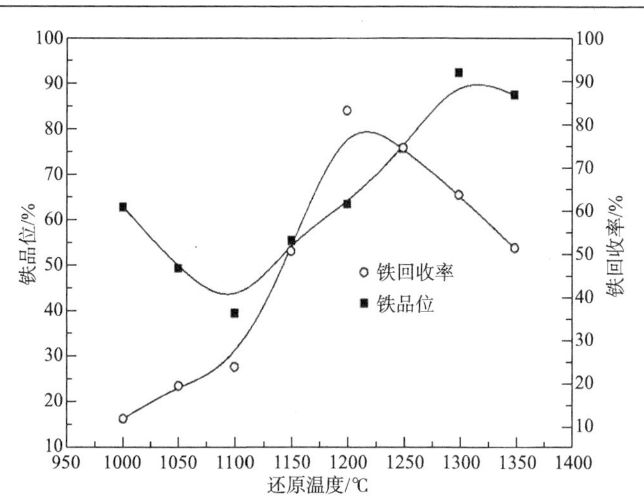

图 2-3　还原温度对直接还原铁品位和回收率的影响

解离，而铁颗粒过大时，后续磨矿难度增大，解离困难。1200℃之后，回收率开始下降，1350℃时降到51.12%。本节试验中，铁尾矿在1350℃时发生了半熔融还原反应，焙烧产物中出现较多粒径较大的铁粒，焙烧产物很难破碎，坚硬不易磨，磨矿和磁选的难度增加，铁精矿品位和回收率也略有下降。综合考虑了能耗、铁精矿指标、磁选工艺和铁精矿价格等因素，确定还原温度为1300℃，此时铁精矿品位为92.15%，回收率为63.34%。

3. 还原时间

在深度还原反应过程中，伴随着一系列复杂的化学反应，铁逐步地从铁氧化物中被还原出来。在整个反应中，应有充足的时间保证铁被还原出来，同时又要避免还原时间过长、还原气氛不足导致还原出来的铁被二次氧化。此外，还原时间过长，被还原出的铁在高温条件下易导致熔融烧结、包裹杂质、难以磨碎等现象，影响后续的磁选效果[17]。因此，考察了不同的还原时间对铁尾矿还原效果的影响。还原温度为 1300℃，还原时间分别为 60min、90min、120min、150min、180min、210min 和 240min，无烟煤用量、磨矿细度、磁场强度条件不变，结果如图 2-4 所示。

由图2-4可以看出，随还原时间的增加，铁精矿的回收率呈现出明显的上升趋势，当还原时间为60min时，铁精矿的品位为81.17%，回收率为47.76%；当还原时间增加到120min时，铁精矿的品位和回收率分别达到了92.15%和63.34%，均得到了较大提升，这是因为还原时间增加，使还原反应进行得更充分。120～180min之间变化平缓，180min之后铁精矿品位明显下降。还原时间为150min和180min时，铁精矿的品位变化平缓，分别为91.78%和90.12%，而回收率上升明显，分别为

65.24%和72.21%；180min后品位开始下降，回收率则继续上升。这是由于反应时间过长，铁颗粒与脉石夹杂紧密，解离度变差造成的。

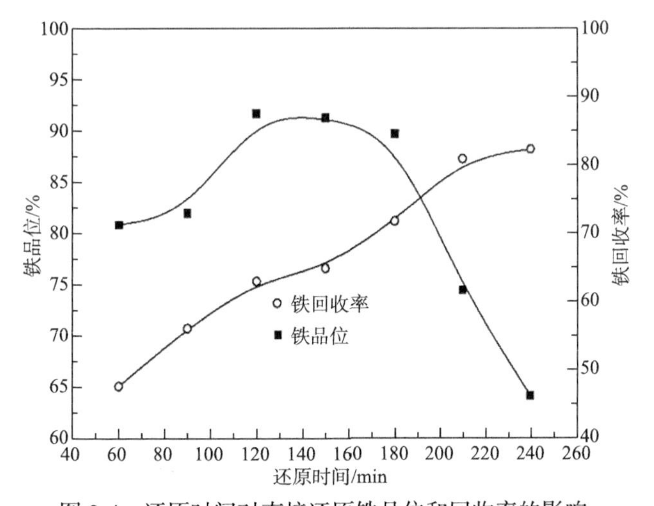

图 2-4　还原时间对直接还原铁品位和回收率的影响

4. 还原精铁产品分析

图 2-5 和图 2-6 分别为全流程最终所得铁精矿的 XRD 谱图和 SEM 照片。由图 2-5 和图 2-6 可知，弱磁选后的还原铁粉中的物相为铁、磁铁矿和石英，金属铁是还原铁粉中的主要物相，图中存在弱的磁铁矿特征峰可能是部分铁在制样或分析前部分被氧化的原因，在弱磁选的过程中，磁铁矿随着铁颗粒一起进入还原铁粉产品中。另外，也有少量的杂质石英存在。这可能在铁颗粒的形成过程中，

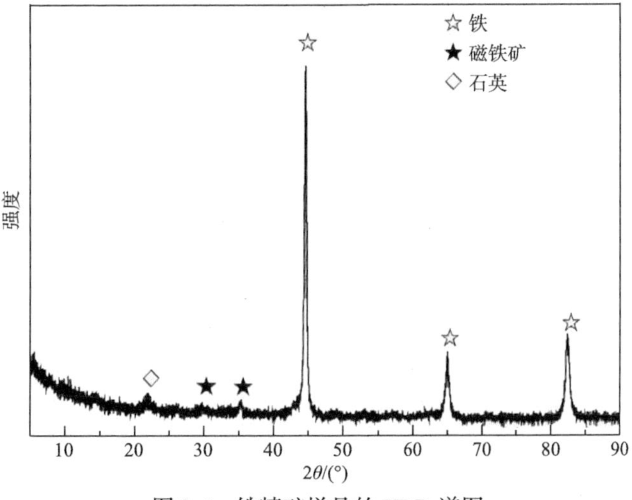

图 2-5　铁精矿样品的 XRD 谱图

其表面沾染了少许杂质，这些杂质很难与铁颗粒在弱磁选实现解离，故随着铁颗粒一起进入还原铁粉产品中；也可能是弱磁选分离过程中磁性夹杂造成的，因此磁选的还原铁粉的品位只有90.21%。

图 2-6　铁精矿样品的 SEM 照片

由图 2-6 可知，还原铁粉颗粒粒径分布范围广泛，从图 2-7 中颗粒物 A 和 B 的能谱分析结果可知，其主要成分是铁，表明磁选产品主要由金属铁颗粒组成。铁颗粒的平均粒径较大，粒径为 13～22μm，个别较大颗粒的粒径可达 25μm 左右。同时，部分铁颗粒表面还发现有微细的渣相存在，其主要组成成分为硅和氧，这与 XRD 的分析结果基本一致，颗粒物 B 的主要成分仍然是金属铁，其对应品位为 90.12%，而 9.88%的杂质成分为铁和硅的一些氧化物。这是由于在金属铁颗粒

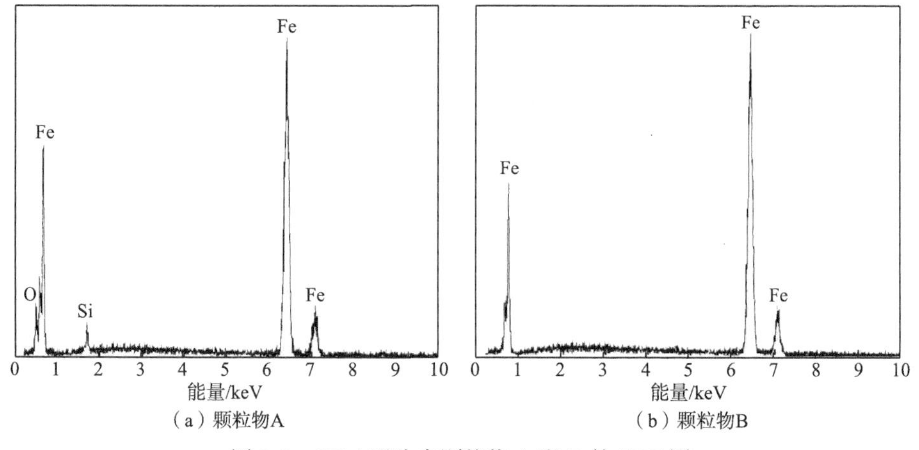

图 2-7　SEM 照片中颗粒物 A 和 B 的 EDS 图

的形成过程中，少量渣相与金属相交互共生，因此这部分渣相在磁选过程中很难与金属铁颗粒完全解离。还可以发现还原铁粉中的金属铁颗粒变得不规则，表面粗糙不再光滑，这是由磨矿造成的。

2.1.4 结论

（1）研究用铁尾矿是一种高硅酸铁型铁尾矿，采用常规选别方法很难获得好的选别指标，针对该铁尾矿的工艺矿物学特性，突破传统选矿方法的局限，开发了适合该矿特性的煤基深度还原提铁新工艺，有效地实现了尾矿中铁的富集，为我国尾矿二次资源的开发利用开辟了新途径。

（2）试验确定了最优深度还原条件：无烟煤用量 7.5%，助熔剂 CaO 用量 21.6%，1300℃焙烧 180min，水淬冷却，采用一段磨矿一段磁选，磨矿细度为粒径小于 0.074mm 的颗粒占 92.58%，磁场强度为 111.5kA/m，所得铁精矿产品的品位为 90.12%，铁回收率为 72.21%；XRD、SEM 和 EDS 分析表明，所得铁精粉的产品主要是单质铁，品位高，有害杂质少。

2.2 铁尾矿物相分析及加气混凝土制备技术研究

本节铁尾矿研究区域属于北岳恒山支脉的一部分。其矿床位于赵北至玄风一带，为鞍山式磁铁矿。该区内多山脉区内显露的地层为太古界前震旦系沉积变质岩构成的桑干系的地层和元古界震旦系的硅质灰岩。矿区存在平移横断层，断层走向与基性岩脉方向一致，火成岩出露较少，仅出露有辉绿岩脉及石英斑岩脉。矿石中的金属矿物主要为磁铁矿、假象赤铁矿、褐铁矿及少量的黄铁矿、黄铜矿。矿石构造有显微条带状、条带状、层状及浸染状。矿石结构主要为致密状和非致密状两种。主要脉石矿物有角闪石、石英、黑云母等。矿石中全铁的质量分数为 20.0%～41.6%，变化很大，可大致分为高、中、低三级[18]。该矿采用阶段磨矿—阶段磁选—细筛再磨再选工艺处理铁矿石，尾矿品位较高。本节分析了铁尾矿的物相组成，对以铁尾矿为原料制备加气混凝土进行试验，并对加气混凝土的性能、微观结构和反应机理进行分析。

2.2.1 物相分析

所用铁尾矿从选矿车间综合尾矿中分多次从流程中截取，经过沉淀、烘干、混匀、缩分，取得有代表性的研究矿样。偏光显微镜下观察结果如图 2-8 所示。铁尾矿主要由石英、普通角闪石、铁闪石、斜长石组成，少见黑云母、绿泥石、方解石、辉石。此外，也见黄铁矿和磁铁矿晶粒存在，粒径较小，通常<10μm，多呈粒状存在于脉石矿物之间，如图 2-8（i）所示。

（a）Hbl（普通角闪石，单偏光）　（b）Gru（铁闪石，正交偏光）

（c）Qtz（石英，正交偏光）　（d）Aug（辉石，单偏光）

（e）Bt（黑云母，单偏光）　（f）Cal（方解石，正交偏光）

（g）Pl（斜长石，正交偏光）

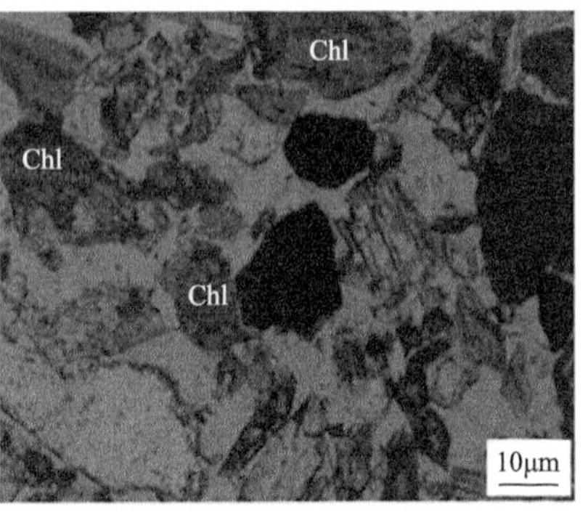

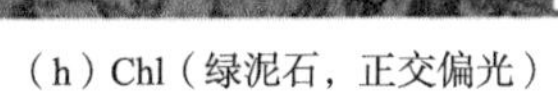
（h）Chl（绿泥石，正交偏光）

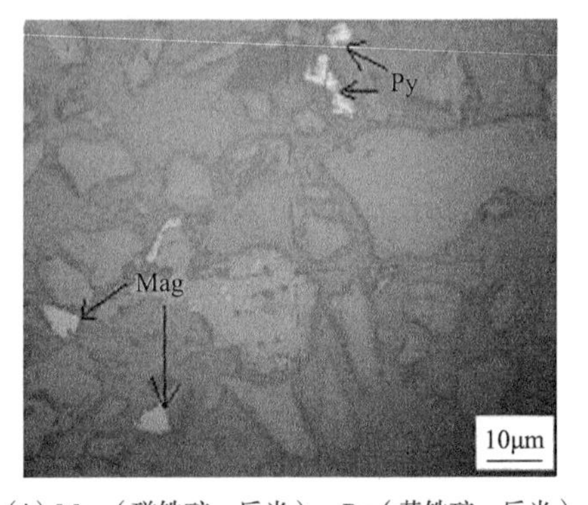

（i）Mag（磁铁矿，反光）；Py（黄铁矿，反光）

图 2-8* 铁尾矿的显微结构

铁尾矿的湿化学分析结果如表 2-1 所示。尾矿的主要化学成分为 SiO_2、Al_2O_3、Fe_2O_3、FeO，尾矿的铁质量分数较高，全铁质量分数为 14.51%。铁尾矿的铁物相分析结果如表 2-2 所示。表 2-2 表明尾矿中磁铁矿质量分数较低，占 7.37%，可供回收的强磁性铁矿物有限，其余均为弱磁性矿物，占 92.63%，大部分的铁以硅酸铁的形式存在或分布在硅酸盐类矿物中。

结合图 2-1 铁尾矿的 XRD 分析，按照物质平衡原理[19,20]，采用线性规划法程序 LINPRO[21]计算，铁尾矿中各矿物相的质量分数为：石英 43%，普通角闪石 21%，铁闪石 21%，斜长石 11%，方解石、黑云母、绿泥石等矿物含量较低。从表 2-2 可知，铁尾矿中硅酸铁（其他铁）的质量分数为 11.81%，铁尾矿中的铁大部分存在于闪石中。

以上的物相分析结果表明，所研究的铁尾矿属于高铁低硅富含硅酸盐的铁尾矿。由于铁尾矿中的 SiO_2 质量分数仅为 54.41%，未达到生产加气混凝土硅质原料 SiO_2 质量分数的要求，因此需添加 SiO_2 质量分数较高的硅砂为加气混凝土生

* 扫描封底二维码可查看本书彩图。

产提供一部分硅质材料。

2.2.2　试验方法

由于铁尾矿和硅砂的自身活性低，若应用于加气混凝土中需要先进行活化，一般通过机械力、化学效应提高物料的反应活化能[22-28]。机械力使原料颗粒粒径缩小、比表面积增大，产生大量新表面，表面自由能增加，反应活性随之增强[29-31]。将铁尾矿和硅砂原材料各 5kg，利用 SMΦ500mm×500mm 型球磨机分别粉磨，粉磨时间为 25min 和 30min。粉磨后的铁尾矿 200 目筛余 6.8%，硅砂 200 目筛余 2.5%。

粉磨后的铁尾矿和硅砂及生石灰、水泥、脱硫石膏，经计量混合均匀后放入搅拌桶中，加入 55℃温水搅拌 90s；再加入铝粉膏搅拌 40s，浇注在 100mm×100mm×100mm 混凝土三联模模具中，在 70℃下静停养护 2h，硬化后的坯体进行蒸压养护。蒸压养护中饱和蒸气压力为 1.25MPa，温度控制为 185℃，成品烘干至恒重后，进行性能指标及微观结构特征分析。

2.2.3　加气混凝土的性能及机理分析

1. 物理性能试验

为探讨铁尾矿用量对加气混凝土性能的影响，设计了铁尾矿掺量不同的加气混凝土配合比，试验采用北京琉璃河水泥厂生产的 P·O 42.5 普通硅酸盐水泥，使用了脱硫石膏，铝粉膏的质量分数为干料质量的 0.055%，水料比为 0.58，试验结果如表 2-4 所示。

表 2-4　不同铁尾矿掺量加气混凝土的性能测试结果

编号	原料配合比/%					绝干密度/（kg/m^3）	抗压强度/MPa
	铁尾矿	硅砂	生石灰	水泥	脱硫石膏		
T1	62	0	24	9	5	623	2.31
T2	57	5	24	9	5	618	2.87
T3	52	10	24	9	5	598	3.40
T4	47	15	24	9	5	588	3.99
T5	42	20	24	9	5	585	4.14
T6	37	25	24	9	5	593	4.16
T7	32	30	24	9	5	597	4.21

由表 2-4 可以看出，当铁尾矿粉磨 25min，硅砂粉磨 30min 时，可以制备符合《蒸压加气混凝土砌块》（GB 11968—2006）中 A3.5、B06 合格产品要求。当

铁尾矿掺量从 62%变化到 32%时，制品强度从 2.31MPa 增加到 4.21MPa。当铁尾矿掺量在 32%～47%时，T4、T5、T6 和 T7 制品符合 A3.5、B06 国家标准要求。体积密度变化时，T5、T6 和 T7 制品的强度变化不大。为了最大限度地利用尾矿，降低成本，故确定 T4 为最优配合比。

2. XRD 分析

为验证 T4 号配方的可靠性，采用 X 射线衍射分析对其微观结构进行初步研究，测试结果如图 2-9 所示。

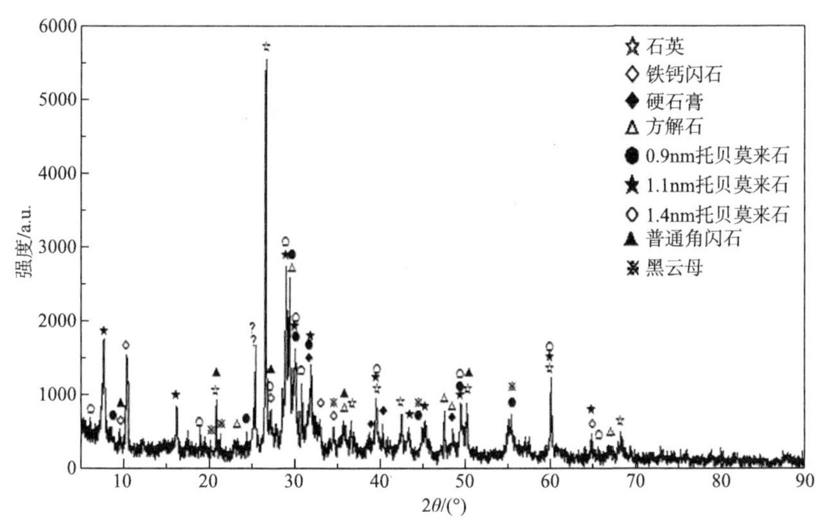

图 2-9　加气混凝土 T4 制品的水化产物的 XRD 谱图

经过蒸压养护后，T4 制品中主要物相为 0.9nm 托贝莫来石（$Ca_5Si_6O_{18}H_2$）、1.1nm 托贝莫来石（$Ca_5Si_6O_{17}\cdot 5H_2O$）和 1.4nm 托贝莫来石（$Ca_5Si_6O_{18}H_2\cdot 8H_2O$）、石英、铁钙闪石、硬石膏和方解石。制品在高温蒸压过程中，随着铁尾矿和硅砂两种硅质原料中硅的不断溶出，与生石灰等钙质原料反应生成水化产物托贝莫来石，多种结合水质量分数托贝莫来石的形成可能与加气混凝土制品的组成（包含水分）及颗粒大小的不均匀性有关，它的形成说明，在自然界中也存在具有不同结合水的托贝莫来石共存的现象[32,33]。制品中的铁钙闪石[$Ca_2Fe_3Al_2(Si_6A_{l2})O_{22}(OH)_2$]为双链状结构，由于制品中添加了活性 CaO 和铝粉膏，在高温蒸养条件下，Ca^{2+}和 Al^{3+}分别与铁闪石[$Fe_7Si_8O_{22}(OH)_2$]中的 Fe^{2+}和 Si^{4+}发生离子置换，形成了铁钙闪石[34]。尾矿中原有的脉石矿物斜长石、绿泥石物相经过蒸压养护后分解，进入托贝莫来石结构，形成了新的矿物相，这些新的矿物相对制品强度的发展极为有利。石英的衍射峰强度明显下降，制品中部分残余的石英，没有参加体系反应的普通角闪石、黑云母[35]、铁钙闪石、方解石和体系中残余的硬石膏作为骨料存在于制品中，经蒸压后衍射峰没有变化。此外，从图2-9可以看出，XRD谱图存在一定弥散的背景，证明有无定形（无衍射性）的物质存在于T4制品中，制品中存在一些小尺寸的颗粒，导致衍射峰宽化，并入XRD衍射背景中[36]。

3. 强度形成机理

铁尾矿-硅砂-水泥-生石灰体系的加气混凝土，其反应过程与其他类型的加气混凝土一样，包括静停养护阶段和高温高压下的蒸压养护阶段。

静停养护阶段，在浇注料浆和坯体中水泥发生水化，生石灰消解，形成低结晶度或无定形的水化硅酸钙（C-S-H凝胶）、$Ca(OH)_2$及少量水化硫铝酸钙等。在热碱激发条件下，铁尾矿和硅砂中少量SiO_2组分开始表现出化学活性，与生石灰消解产生$Ca(OH)_2$，反应生成C-S-H凝胶，使制品坯体获得早期强度，利于搬运切割。

蒸压养护阶段，随着温度的升高，铁尾矿和硅砂中的更多SiO_2加速溶解，与$Ca(OH)_2$反应生成C-S-H凝胶，同时水泥中双碱硅酸盐与SiO_2反应生成托贝莫来石和C-S-H凝胶。在高温高压蒸养环境下，活性阳离子与OH^-作用，体系中的Si—O和Al—O键断裂，促使原料体系中的SiO_2和Al_2O_3组分表现出活性，结合$Ca(OH)_2$生成水化产物，形成了过饱和溶液。通过持续足够的蒸养时间，实现水化产物的生成、结晶成核、交织成网，呈现出凝胶性。由于铁尾矿和硅砂中的部分矿物在高温蒸压条件下均参加到水化产物的生成反应中，形成了更多的C-S-H凝胶和托贝莫来石，这些水化产物紧密地包裹在较粗铁尾矿颗粒的表面，使制品具有一定的强度。结合以上的机理分析可知，加气混凝土的强度是靠水泥、生石灰与原料体系中的活性组分SiO_2和Al_2O_3反应后形成的水化产物C-S-H凝胶和托贝莫来石等将未参与反应的其他成分胶结在一起而获得的。

2.2.4　结论

（1）成矿地质背景和岩相学等分析表明，研究区域的铁尾矿是一种富含硅酸铁的低硅磁铁尾矿，全铁质量分数为13.86%，可以作为主要硅质原料生产加气混凝土。

（2）通过试验研究，得出铁尾矿生产加气混凝土的优化方案：尾矿粉磨时间25min，硅砂粉磨时间为30min，配料质量比为：铁尾矿：硅砂：生石灰：水泥：脱硫石膏=47：15：24：9：5，铝粉膏的质量分数为0.055%，水料比为0.58。

（3）通过XRD分析可知，在高温蒸压条件下，加气混凝土的水化产物为大量结晶良好的含不同结合水的托贝莫来石，Ca^{2+}和Al^{3+}分别与铁闪石[$Fe_7Si_8O_{22}(OH)_2$]中的Fe^{2+}和Si^{4+}发生了离子置换，形成铁钙闪石；铁尾矿中的斜长石和绿泥石参加了体系的反应，普通角闪石、黑云母、方解石和硬石膏与参加反应后残余的石英主要以骨料形式存在。

（4）铁尾矿加气混凝土的强度是钙质原料水泥、生石灰与硅质原料中的活性组分 SiO_2 和 Al_2O_3 反应后形成的水化产物托贝莫来石、C-S-H 凝胶和未参与反应的其他成分胶结在一起而获得的。

2.3　铁尾矿加气混凝土的制备和性能研究

2.3.1　试验原料

（1）铁尾矿：化学成分列于表 2-1，全铁含量 TFe 为 14.51%。铁尾矿的主要矿物组成为：石英、普通角闪石、铁闪石和斜长石，少量的黑云母、绿泥石、辉石、粒径<10 μm 的黄铁矿和存在于脉石矿物之间的磁铁矿晶粒。铁尾矿 0.08mm 方孔筛筛余为 70.80%。

（2）硅砂：化学成分列于表 2-5，其 0.08mm 方孔筛筛余为 30.04%。

表 2-5　原料化学成分分析结果　（单位：%）

名称	SiO_2	Al_2O_3	Fe_2O_3	FeO	CaO	MgO	Na_2O	K_2O	SO_3	LOI
硅砂	54.41	7.99	8.94	10.65	5.75	5.06	0.98	0.43	1.26	2.90
水泥	87.07	5.87	0.64	0.19	0.97	1.34	1.00	1.90	—	0.93
生石灰	5.45	3.85	1.68	0.08	3.59	78.76	—	1.25	0.45	3.93
脱硫石膏	25.06	6.10	3.31	0.21	3.87	55.56	0.23	0.95	—	4.16

（3）生石灰：化学成分列于表 2-5，细度为 0.08mm 方孔筛筛余小于 15%。有效 CaO 含量为 73%，消解时间 13min，消解温度 66℃，符合《硅酸盐建筑制品用生石灰》（JC/T 621—2009）的要求。

（4）P·O 42.5 普通硅酸盐水泥：初凝时间 118min，终凝时间 190min，其化学成分列于表 2-5。

（5）脱硫石膏：取自北京市石景山发电厂，200 目筛余 8%，其化学成分见表 2-5。

（6）铝粉膏：活性铝含量为 88%，固体含量为 77%，发气率 16min 为 91%、30min 大于 99%，200 目筛余 1.5%，水分散性好，无团粒，盖水面积 5150 cm^2/g。

2.3.2　试验方法

1. 用不同细度的铁尾矿制备加气混凝土

几种原料的质量分别为：铁尾矿 1320g，硅砂 440g，水泥 220g，生石灰 550g，脱硫石膏 110g，铝粉膏 1.25g，水 1276g。不同细度（用比表面积表征）的铁尾矿，其比表面积分别为 243.73m^2/kg、285.60m^2/kg、311.25m^2/kg、345.37m^2/kg、384.76m^2/kg、428.81m^2/kg，制备出的制品编号依次为 T1、T2、T3、T4、T5 和 T6。

分别将不同细度的铁尾矿与生石灰、水泥、脱硫石膏搅拌混匀，然后加入 55℃温水搅拌 90s，加入铝粉膏后再搅拌 40s，将混合料浇注、静停、脱模、蒸压养护流程后得到 6 组加气混凝土制品试样。浇注模具尺寸为 100mm×100mm×100mm，发气和静停的环境温度为 55℃，试样经过 4h 的静停养护。试验时先在实验室完成试样的成型和预养护，然后将坯体在工厂采用工业蒸压釜进行饱和蒸气压力蒸压养护，蒸压制度为：升温 2h，恒温 8h（最高压力 1.25MPa，温度 190℃），降温 2h，得到加气混凝土制品。

2. 不同铁尾矿掺量加气混凝土的制备

用与上述相同的工艺制备铁尾矿掺量不同的加气混凝土，其中硅砂、生石灰、水泥、脱硫石膏、铝粉膏和水的掺入量固定为 440g、550g、220g、110g、1.25g、1276g，铁尾矿比表面积为 311.25m^2/kg，硅砂的比表面积为 333.57m^2/kg，铁尾矿的掺入量分别为 800g、820g、840g、860g、880g、900g 和 920g，7 组制品的编号为 A1、A2、A3、A4、A5、A6 和 A7。

3. 加气混凝土性能的表征

参照《蒸压加气混凝土性能试验方法》（GB/T 11969—2008）测定铁尾矿加气混凝土制品的绝干密度、强度等物理力学性能。用 NVL-1101B 型天平测量加气混凝土制品的绝干密度，天平最大量程 1100g，感量 0.1g；用 YES-300 型数显液压压力试验机测试加气混凝土制品的力学性能，试验机最大负荷为 300kN，加荷速率为（2.0±0.5）kN/s。

用日本理学 Rigaku D/MAX-RC 12KW 旋转阳极衍射仪对加气混凝土试样进行 XRD 分析，Cu 靶，波长 1.5406nm，工作电流 150mA，工作电压 40kV；用德国蔡司 SUPRA™ 55 场发射扫描电子显微镜观察加气混凝土试样水化产物的形貌。

2.3.3　铁尾矿细度和掺量对加气混凝土性能的影响

1. 铁尾矿细度对加气混凝土性能的影响

在水热合成条件下，原料中钙质和硅质材料经过一系列物理化学变化，生成加气混凝土，其主要组成有结晶托贝莫来石、水化硅酸钙等水化相，决定着加气混凝土的性能。

从图 2-10 可以看出，随着铁尾矿细度的减小加气混凝土制品的绝干密度先减小而后增大，比表面积为 311.25 m^2/kg 的 T3 制品的绝干密度最小，其数值为 600 kg/m^3。其原因是，随着铁尾矿细度的减小，浇注中料浆的流动性提高，形成大量细小而均匀的气孔，使制品的绝干密度降低。但是，细度过小的铁尾矿使料浆的稠度过大，料浆流动性较差，在浇注过程中会引起大量的气孔破裂，使制品的绝干密度提高。

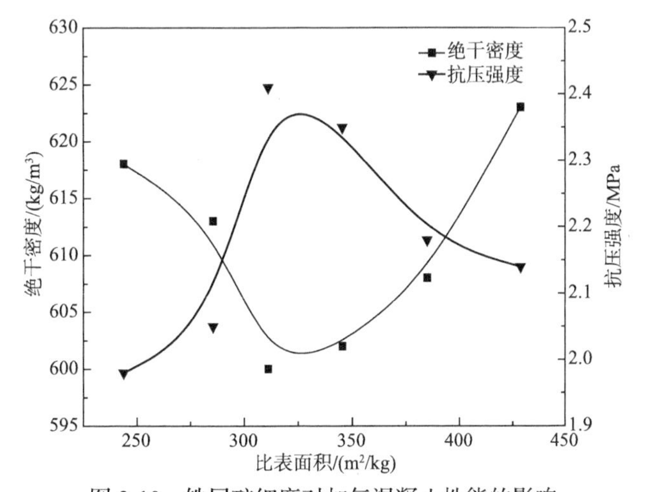

图 2-10　铁尾矿细度对加气混凝土性能的影响

随着细度的减小，制品的抗压强度先增大后减小，比表面积为 311.25m²/kg 的 T3 制品的抗压强度最大，为 2.41MPa。铁尾矿细度越小，参加水化反应的颗粒比表面积越大，其表面的可溶物质与 $Ca(OH)_2$ 的接触面越多，单位体积颗粒就能与更多的反应物结合，提高反应速率，生成更多的水化产物，使制品的抗压强度提高。但是，细度过小（几十微米以下）使未反应原料的残骸过于细小，制品不能形成良好的气孔结构，导致其抗压强度降低。

从图 2-11 可见，经过蒸压养护后，制品中主要物相为普通角闪石、铁闪石、铁钙闪石、石英、斜长石、硬石膏、黑云母和水化产物 0.9nm 托贝莫来石、1.1nm 托贝莫来石、1.4nm 托贝莫来石。图 2-12 表明，用不同细度的铁尾矿制备的加气混凝土水化产物形态及形貌各不相同，气孔内和断面上水化产物的形貌和大小也不相同，水化产物多以托贝莫来石和 C-S-H 凝胶为主。在制品的蒸压过程中，从硅质原料尾矿中不断溶出的 SiO_2 与生石灰等钙质原料反应生成水化产物托贝莫来石，多种结合水含量托贝莫来石的形成可能与加气混凝土制品的组成（包含水分）以及颗粒大小的不均匀性有关[32]；图 2-12 中的低结晶度或无定形 C-S-H 凝胶是图 2-11 中 2θ 为 26°～34°衍射峰下宽泛的“凸包”背景的原因[36]。在气孔内壁，T1 制品中的水化产物为 C-S-H 凝胶和其覆盖下的宽 2～3μm 柳叶状托贝莫来石[图 2-12（a）]；T3 制品中的水化产物主要为纤维状的长 3～4μm 托贝莫来石[图 2-12（e）]，T6 制品中的主要水化产物为长 3～4μm 针片状托贝莫来石和少量 C-S-H 凝胶[图 2-12（k）]。在断面上，制品 T1、T3、T6 的水化产物[图 2-12（b）、（f）、（l）]为低结晶度或无定形的 C-S-H 凝胶和托贝莫来石，还有少量尾矿颗粒[图 2-12（b）、（l）]，说明 T1 和 T6 制品的水化反应程度不完全，T3 制品中生成大量的长 3～4μm 的托贝莫来石[图 2-12（f）]。

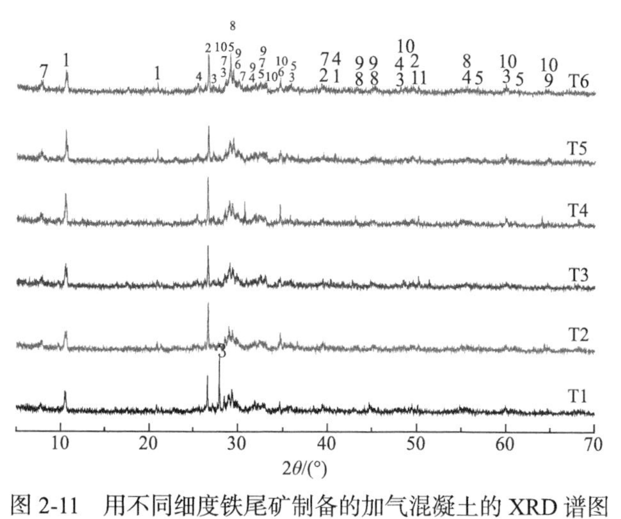

图 2-11　用不同细度铁尾矿制备的加气混凝土的 XRD 谱图

1. 普通角闪石；2. 石英；3. 斜长石；4. 硬石膏；5. 铁闪石；6. 黑云母；7. 1.1 nm 托贝莫来石；8. 0.9 nm 托贝莫来石；9. 1.4 nm 托贝莫来石；10. 铁钙闪石

由此可知，粉磨细度变小有利于尾矿中 SiO_2 的扩散或溶解，因此有利于托贝莫来石结晶，在蒸压条件下 C-S-H 凝胶能转化为托贝莫来石；托贝莫来石晶体相互交叉连接，形成致密的网络状结构。该结构改变了制品气孔结构，在应力作用下能更好地抵抗外界的荷载，避免引起应力集中，使制品的强度提高。但是，细度过小会增大制品原料体系的需水量，使未反应的残骸过分细小，不利于 SiO_2 在 $Ca(OH)_2$ 碱性溶液中的扩散或溶解，从而使托贝莫来石的结晶形态较差，制品的抗压强度降低。

（a）T1气孔内水化产物

（b）T1断面水化产物

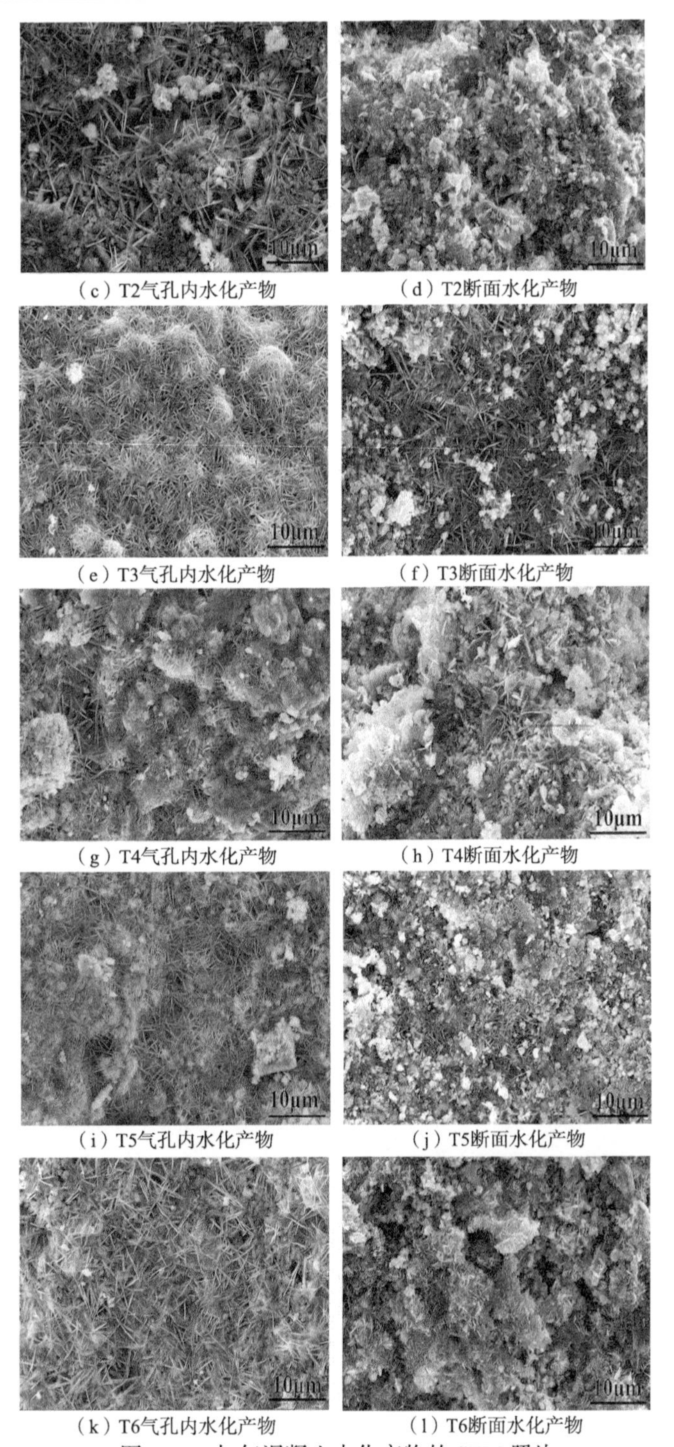

（c）T2气孔内水化产物　（d）T2断面水化产物

（e）T3气孔内水化产物　（f）T3断面水化产物

（g）T4气孔内水化产物　（h）T4断面水化产物

（i）T5气孔内水化产物　（j）T5断面水化产物

（k）T6气孔内水化产物　（l）T6断面水化产物

图 2-12　加气混凝土水化产物的 SEM 照片

2. 铁尾矿掺量对加气混凝土性能的影响

图 2-13 表明，随着铁尾矿掺量的提高，加气混凝土制品的绝干密度增加，抗压强度先增加后降低。较少的铁尾矿不能完全填充水化产物之间的孔隙，因而制品的绝干密度随着铁尾矿掺量的增加而提高。当铁尾矿掺量等于 920g 时，足够的铁尾矿可完全填充制品的孔隙，使 A7 制品绝干密度达到最大。蒸压养护制品的主要物相为水化产物 0.9nm 托贝莫来石、1.1nm 托贝莫来石、1.4nm 托贝莫来石和石英、铁钙闪石、硬石膏、方解石（图 2-14）。铁尾矿掺量增大使制品气孔内壁的水化产物托贝莫来石由针片状[图 2-15（a）和（c）]变为短纤维状[图 2-15（i）]，且数量增加。短纤维状的托贝莫来石相互交叉，形成了较好的网状结构，使制品的抗压强度提高。但是，铁尾矿掺量过大使托贝莫来石由短纤维状[图 2-15（i）]转变为针片状[图 2-15（m）]，水化产物也变得松散，使抗压强度降低。断面上水化产物多为低结晶度或无定形的 C-S-H 凝胶和少量的纤维状或片状产物托贝莫来石胶结在一起，结晶良好的托贝莫来石的数量减少[图 2-15（b）、（d）和（n）]，导致制品的抗压强度降低。另外，铁尾矿的掺量过高使水化产物的数量减少，逐渐地不能完全包裹尾矿颗粒，使网状结构变得相对松散，使其抗压强度降低。过高的铁尾矿掺量也使料浆的流动性降低，坯体内气孔结构不均匀，坯体膨胀高度偏低，尾矿用量为 920g 的 A7 制品其外表面甚至出现了少量垂直发气方向的细小裂纹。掺量为 880g 的 A5 制品的绝干密度和抗压强度分别为 588kg/m^3 和 4.20MPa。

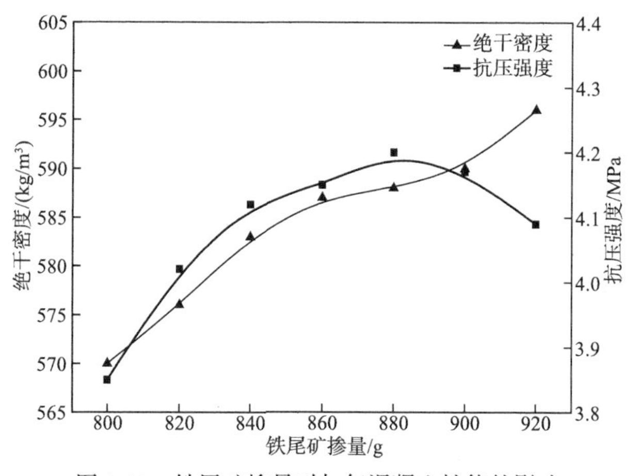

图 2-13　铁尾矿掺量对加气混凝土性能的影响

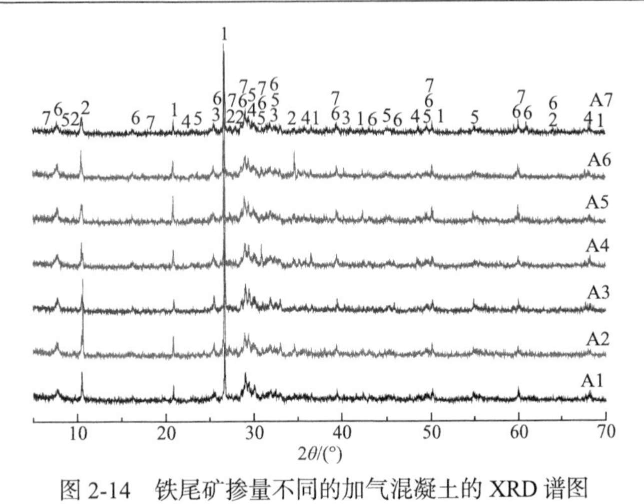

图 2-14　铁尾矿掺量不同的加气混凝土的 XRD 谱图

1. 石英；2. 铁钙闪石；3. 硬石膏；4. 方解石；5. 0.9nm 托贝莫来石；6. 1.1nm 托贝莫来石；7. 1.4nm 托贝莫来石

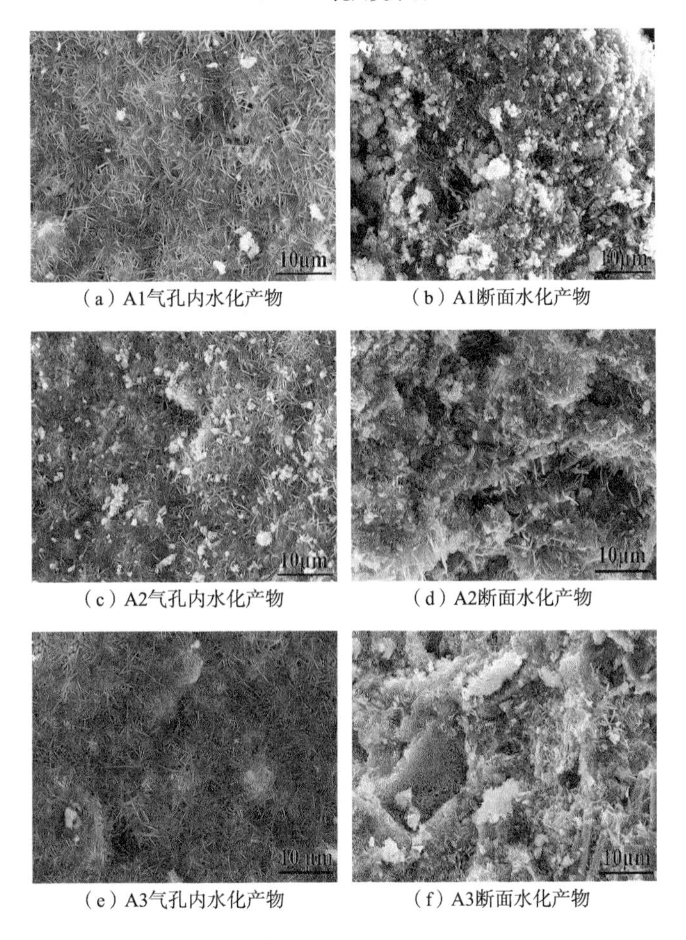

（a）A1气孔内水化产物　（b）A1断面水化产物

（c）A2气孔内水化产物　（d）A2断面水化产物

（e）A3气孔内水化产物　（f）A3断面水化产物

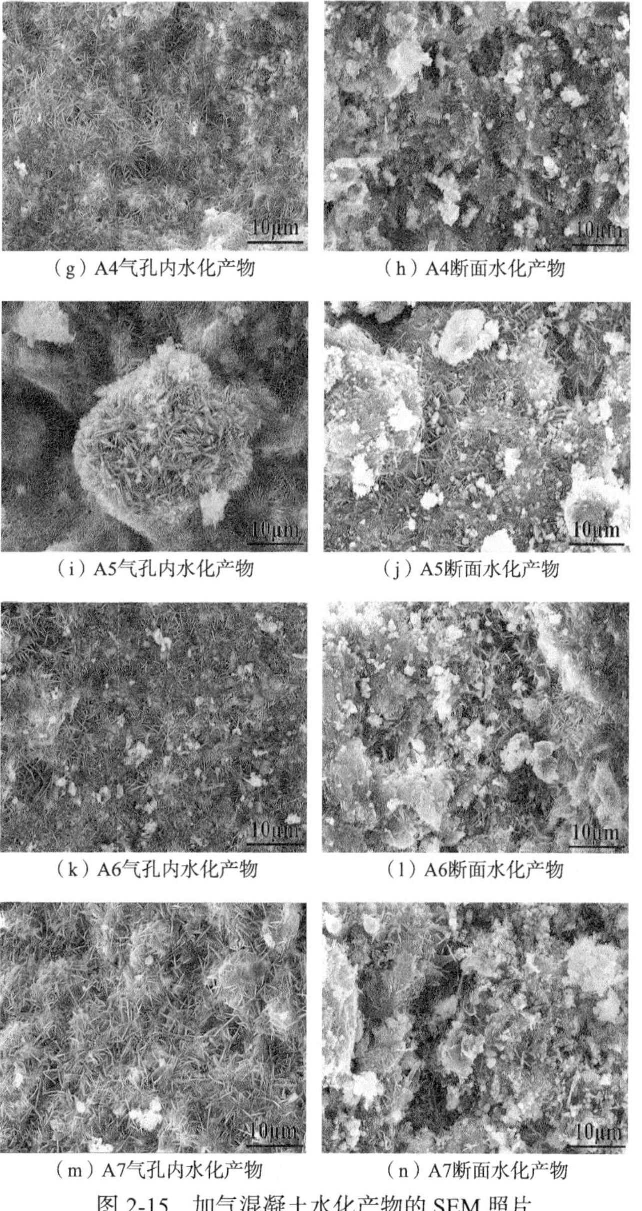

（g）A4气孔内水化产物　（h）A4断面水化产物

（i）A5气孔内水化产物　（j）A5断面水化产物

（k）A6气孔内水化产物　（l）A6断面水化产物

（m）A7气孔内水化产物　（n）A7断面水化产物

图 2-15　加气混凝土水化产物的 SEM 照片

2.3.4　结论

（1）以富含硅酸盐的低硅高铁铁尾矿为主要硅质原料，可制备出符合国家标准规定的 A3.5、B06 级加气混凝土的合格品。

（2）随着铁尾矿细度的减小，加气混凝土制品的绝干密度和抗压强度提高，但细度过小使这些性能降低。随着铁尾矿细度减小，尾矿与水接触的比表面积增大，提高了 SiO_2 的溶解度，托贝莫来石易结晶，使制品的强度提高；但是细度过小使未反应原料的残骸过分细小，托贝莫来石结晶形态差，不能为制品提供良好的骨架结构，使制品的绝干密度增大，而抗压强度降低。

（3）随着铁尾矿掺量的提高，加气混凝土制品的绝干密度和抗压强度提高。铁尾矿掺量的增加提高了 SiO_2 在碱性条件下的溶解度，水化反应进行得较完全，托贝莫来石的结晶形态较好，结合得更致密，水化产物结合的网状结构紧密，从而使制品的抗压强度增大；但掺量过大使托贝莫来石结晶形态变差，水化产物网状结构变得相对松散，制品的抗压强度随之降低。

2.4 首钢大石河铁尾矿制备蒸压加气混凝土技术研究及应用

尾矿是将开采出的矿石破碎、磨矿、分级，选出有价值的精矿后排放的细粒固体废弃物，是工业固体废弃物的主要组成部分[37]。随着我国粗钢产量的逐年提高，国内铁矿山的开采规模不断扩大，铁尾矿的堆存量也不断增加。据统计，截至 2011 年年底，我国铁尾矿的堆存总量已经超过 30 亿 t[38]。我国对铁尾矿的综合利用主要集中在尾矿再选、尾矿用作土壤改良剂及复垦覆土、尾矿制备水泥或胶凝材料、尾矿制备免烧砖或空心砌块、尾矿制备微晶玻璃及饰面砖、尾矿用作建筑砂或制备混凝土等方面[39-44]。但从总体情况来看，铁尾矿的利用率不高，利用技术落后，高附加值产品少，研究成果转化率低。

蒸压加气混凝土是以硅质材料（砂、粉煤灰及含硅尾矿等）和钙质材料（生石灰、水泥等）为主要原料，通过化学反应方式形成的多孔混凝土，是一种集保温、防火、隔音等优点为一体的新型轻质墙体材料[45-47]。利用铁尾矿生产蒸压加气混凝土，不但可以提高铁尾矿的利用率，还可以解决铁尾矿占用土地、污染环境的问题。

首钢大石河铁矿选矿厂年排放尾矿 400 多万吨，共有两个尾矿库，其中孟家冲尾矿库已闭库，大石河采区尾矿库虽在使用但难以再继续加高扩容，估算服务年限仅剩 9.46 年。为此，首钢矿业公司提出了以大石河铁矿尾矿为主要原料生产蒸压加气混凝土砌块和蒸压砖的尾矿资源化利用目标。本节开展用大石河铁尾矿-水泥-生石灰原料体系制备蒸压加气混凝土的研究，为大石河铁矿尾矿的资源化利用提供技术依据。

2.4.1　试验原料

1. 原料性质

（1）铁尾矿：由大石河铁矿提供，密度 2.7g/cm^3，白度 35.1，0.08mm 以下粒级占 8.1%，其化学成分分析结果见表 2-6，XRD 分析结果见图 2-16。由表 2-6 可知，铁尾矿中 SiO_2 含量 > 65%、K_2O+Na_2O 含量 < 5%、SO_3 含量 < 2%，符合《硅酸盐建筑制品用砂》（JC/T 622—2009）要求。从图 2-16 可知，铁尾矿中的主要矿物为石英、普通角闪石、黑云母、斜长石、绿泥石、方解石、赤铁矿。分析结果表明，该铁尾矿属于富含石英和硅酸盐的高硅铁尾矿。

表 2-6　原料化学成分分析结果　（单位：%）

名称	SiO_2	Al_2O_3	Fe_2O_3	FeO	CaO	MgO	Na_2O	K_2O	SO_3	LOI
尾矿	72.48	7.37	7.27	0.07	2.78	3.59	0.98	2.11	0.62	2.73
水泥	24.05	6.16	3.43	0.21	55.68	3.88	0.02	0.72	—	2.99
生石灰	5.45	3.85	1.68	0.08	78.76	3.59	0.39	1.25	0.45	3.93
脱硫石膏	2.85	0.79	0.26	0.02	40.23	0.48	0.13	0.08	33.22	—

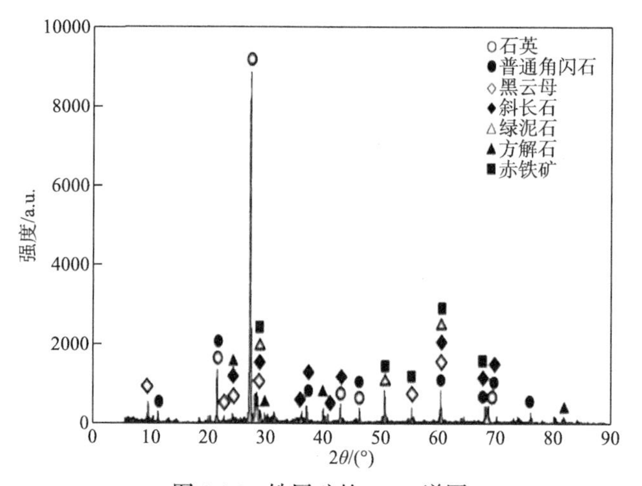

图 2-16　铁尾矿的 XRD 谱图

（2）水泥：市售品，符合《通用硅酸盐水泥》（GB 175—2007）中对 P·O 42.5 水泥的质量要求，其化学成分分析结果见表 2-6。

（3）生石灰：市售生石灰，消解温度为 67℃，消解时间为 14min，0.08mm 方孔筛筛余小于 15%，其化学成分分析结果见表 2-6。由表 2-6 可知，生石灰中 CaO、

MgO、SiO_2含量符合《硅酸盐建筑制品用生石灰》（JC/T 621—2009）要求。

（4）脱硫石膏：取自北京京能热电股份有限公司，0.08mm 方孔筛筛余为 7.5%，其化学成分分析结果见表 2-6。

2. 添加剂

（1）铝粉膏：济南某公司生产，固体含量为 77%，活性铝含量为 86%，16min 发气率为 91%，30min 发气率大于 99%，0.08mm 方孔筛筛余为 3%，水分散性好，无团粒，盖水面积为 5300cm^2/g，符合《加气混凝土用铝粉膏》（JC/T 407—2008）要求。

（2）稳泡剂：江山市天顺生物化工厂生产的第 8 代加气混凝土专用 GT-717 型稳泡剂。

2.4.2 试验方法

1. 蒸压加气混凝土制备

试验目标是制备强度级别为 A3.5（抗压强度≥3.5MPa）、密度级别为 B06（绝干密度≤650kg/m^3）的蒸压加气混凝土，制备流程见图 2-17。

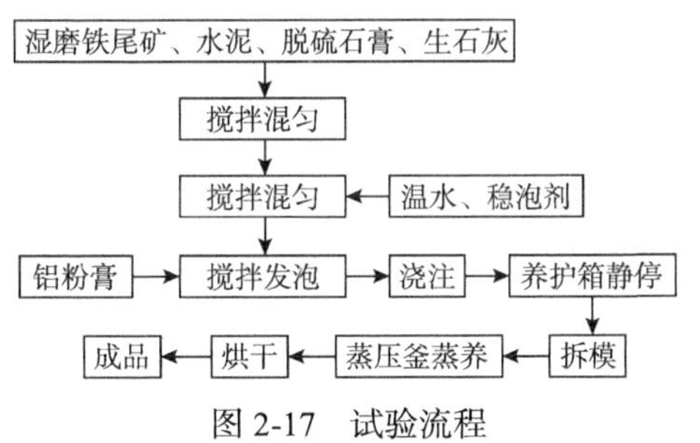

图 2-17　试验流程

（1）采用武汉探矿机械厂生产的 XBMΦ200mm×240mm 型棒磨机对铁尾矿进行湿磨细化处理。每次磨矿量为 1kg，磨矿浓度为 60%。

（2）将磨好的尾矿浆与生石灰、水泥、石膏按一定配合比搅拌混匀，然后按液固比为 0.6、稳泡剂用量为总水量的 8%加入温水和稳泡剂，搅拌 90s。温水的温度控制在使料浆的浇注温度为 50℃左右。

（3）按原料总量（干料重）的 0.06%加入铝粉膏，搅拌 40s。

（4）将配好的料浆浇注到 100mm×100mm×100mm 的混凝土试模中，在一定温度下于养护箱中静停养护 4h。

（5）脱模，将坯体送至北京市金隅加气混凝土有限责任公司，采用工业蒸压釜进行饱和蒸气压力蒸压养护，蒸压养护条件：升温升压 2h，恒温恒压 8h（压力

1.25MPa、温度 180℃）、降温降压 2h。蒸压完成后烘干，即得成品。

2. 样品检测

参照《蒸压加气混凝土性能实验方法》（GB/T 11969—2008）检测制品的绝干密度和抗压强度，抗压强度测定在 YES-300 型数显液压压力试验机上进行。采用 Rigaku D/MAX-RC 12KW 旋转阳极衍射仪对制品进行 XRD 分析。

2.4.3 产品性能及机理分析

1. 铁尾矿细度对制品性能的影响

暂定原料质量比为铁尾矿 60%，生石灰 23%，水泥 12%，脱硫石膏 5%（均为干量，下同），静停养护温度为 55℃，控制铁尾矿磨矿时间分别为 10min、20min、30min、40min、50min，制品的绝干密度和抗压强度如表 2-7 所示。

表 2-7　铁尾矿磨矿时间对制品性能的影响

湿磨时间/min	绝干密度/(kg/m^3)	抗压强度/MPa
10	596	3.6
20	600	3.9
30	604	4.8
40	609	4.1
50	618	3.8

铁尾矿的细度对料浆的浇注稳定性和制品的性能有一定的影响。在相同的液固比下，尾矿细度过细会导致料浆黏稠度增大，发气速度与料浆稠化速度不协调，产生憋气现象；尾矿细度过粗，易出现塌模、冒泡、沉陷等现象。

从表 2-7 可以看出，在试验磨矿时间范围内，制品的绝干密度和抗压强度均达到目标，但磨矿时间为 30min 时制品的抗压强度最高，达到 4.8MPa，说明此时料浆的稠化速度与发气速度相协调，有利于形成均匀的气孔结构，因此确定铁尾矿的磨矿时间为 30min，相应的铁尾矿细度为粒径小于 0.08mm 的颗粒占 97.2%。

2. 配合比的确定

为了较大限度地利用铁尾矿，选取湿磨 30min 铁尾矿，其掺量为 60%～65%，脱硫石膏掺量为 5%，考虑到节约成本，水泥掺量暂定为 5%～15%、生石灰掺量为 15%～30%，铝粉膏掺量为干料质量比的 0.06%，水料比为 0.60，稳泡剂为总用水量的 8%，静停养护温度 55℃。在前期大量探索试验基础上，设计主要原料的配合比见表 2-8。

表 2-8 不同原料配合比蒸压加气混凝土的性能测试结果

编号	原料配合比/%					水料比	绝干密度/(kg/m³)	抗压强度/MPa
	铁尾矿	生石灰	水泥	脱硫石膏	铝粉膏			
Q1	60	20	15	5	0.06	0.60	580	4.74
Q2	60	25	10	5	0.06	0.60	572	4.86
Q3	60	30	5	5	0.06	0.60	574	4.57
Q4	63	17	15	5	0.06	0.60	588	3.65
Q5	63	22	10	5	0.06	0.60	590	4.36
Q6	63	27	5	5	0.06	0.60	583	3.91
Q7	65	15	15	5	0.06	0.60	597	4.52
Q8	65	20	10	5	0.06	0.60	592	4.64
Q9	65	25	5	5	0.06	0.60	590	4.67

从表 2-8 可知，当铁尾矿掺量为 60%，水泥用量为 10%，生石灰用量为 25%时，制品的性能达到最优，所以确定 Q2 为优化配合比。

3. 静停养护温度对制品强度的影响

在原料配合比相同的条件下，养护温度不同，浇注料浆稠化的速度也不同，同时和铝粉膏的发气速度也不完全协调一致。要想得到的制品强度最佳，就要使铝粉膏发气速度与料浆稠化速度保持同步，这样有利于制品内部形成较好的气孔结构，是制品获得较好强度的保证。养护温度对制品性能影响的测试结果见表 2-9。

表 2-9 养护温度对蒸压加气混凝土制品性能的影响

编号	养护温度/℃	绝干密度/(kg/m³)	抗压强度/MPa
T1	40	570	3.95
T2	45	576	4.48
T3	50	567	4.60
T4	55	578	4.69
T5	60	561	4.74
T6	65	558	4.30
T7	70	581	4.09

由表 2-9 可以看出，当养护温度为 40～60℃，蒸压加气混凝土制品的抗压强度逐渐增大；当养护温度为 60～70℃时，抗压强度又有下降趋势。养护温度在 60℃时，蒸压加气混凝土制品的抗压强度达到 4.74MPa。由此可以说明，温度的提高

对制品的强度发展有利，但是温度过高，制品成型中水分蒸发过快，料浆稠度变化较快，导致料浆稠化速度和铝粉膏发气速度不一致，发气不顺畅，导致憋气现象，对制品后期强度发展不利。因此，选取 60℃为生产 A3.5、B06 合格品的最佳静停养护温度。

4. 脱硫石膏掺量对制品强度的影响

在蒸压加气混凝土生产中，脱硫石膏作为调节剂，主要作用是能够抑制生石灰的消解，并延缓铝粉膏发气速度，延长料浆的稠化时间。在前面确定的 Q2 配合比的基础上，保持水泥和生石灰钙质材料的用量不变，稳泡剂用量不变，养护温度为 60℃，调节脱硫石膏掺量，同时相应地调整铁尾矿的用量，脱硫石膏掺量对制品性能的影响结果见表 2-10。

表 2-10　脱硫石膏掺量对制品性能的影响

编号	脱硫石膏掺量/%	绝干密度/(kg/m^3)	抗压强度/MPa
G1	4	563	3.94
G2	5	572	4.75
G3	6	575	4.07
G4	7	577	4.26
G5	8	581	4.19
G6	9	579	4.17

由表 2-10 可知，在各脱硫石膏掺量下，制品的绝干密度和抗压强度均达到目标，但脱硫石膏掺量为 5%时制品的抗压强度最高，达到 4.75MPa；脱硫石膏掺量在 5%的基础上增加或减少，制品的强度都有不同程度的下降，因此确定脱硫石膏掺量为 5%。

5. 样品 XRD 分析

对上述选定条件下获得的铁尾矿蒸压加气混凝土制品进行 XRD 分析，结果如图 2-18 所示。

从图 2-18 可以看出：经蒸压养护后，制品中的新生成物相主要为 0.9nm 托贝莫来石、1.1nm 托贝莫来石和 1.4nm 托贝莫来石，这些不同结合水含量托贝莫来石的形成保证了制品具有较高的强度。铁尾矿中的黑云母、方解石经高温蒸压后仍有残留，说明它们在本节研究所采用的蒸压条件下活性较低，未能全部参与反应[48,49]。赤铁矿的衍射峰强度没有变化，说明赤铁矿没有参与反应，在制品中起骨料作用。石英的衍射峰强度有明显下降，部分残余的石英也在制品中起骨料作

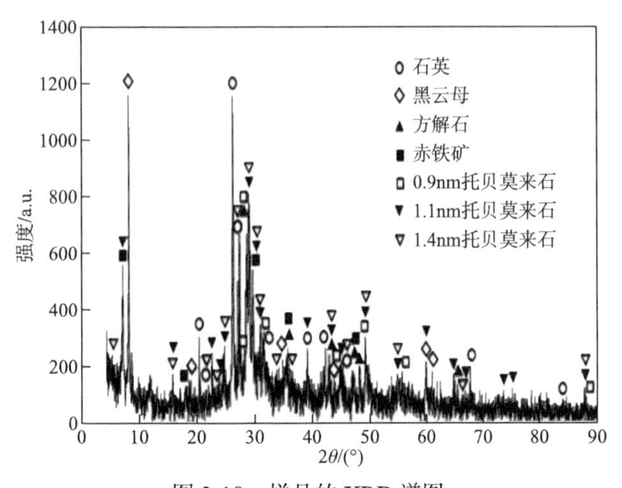

图 2-18　样品的 XRD 谱图

用。此外，图2-18中存在一定弥散的背景，表明制品中有无定形物质或结晶度极低（无衍射峰）的物质存在，它们导致了衍射峰的宽化，同时影响XRD谱图的背景值[36,50,51]。

2.4.4　结论

（1）成功利用首钢大石河铁矿尾矿制备出了强度级别为 A3.5、密度级别为 B06 的蒸压加气混凝土，对扩大蒸压加气混凝土的原材料来源，促进铁尾矿综合利用，保护矿山环境具有积极意义。

（2）利用大石河铁尾矿制备 A3.5、B06 级铁尾矿-水泥-生石灰体系蒸压加气混凝土的合适工艺参数如下：铁尾矿磨矿细度为粒径小于 0.08mm 的颗粒占 97.2%，4 种原料铁尾矿：生石灰：水泥：脱硫石膏=60：25：10：5，铝粉膏加入量为原料总量的 0.06%，液固比为 0.6，稳泡剂用量为总水量的 8%，料浆浇注温度为 50℃，静停养护温度为 60℃，静停养护时间为 4 h，蒸养压力为 1.25MPa，蒸养温度为 180℃，蒸养时间为 8 h。

（3）铁尾矿蒸压加气混凝土的主要水化产物为不同结合水含量的托贝莫来石。铁尾矿中的赤铁矿基本不参与水热反应，其在蒸压加气混凝土制品中起骨料作用。

2.5　铁尾矿废石制备蒸压砖

随着我国对高耗能、传统墙体材料的限制，绿色、节能、生态化墙体材料的研发成为热点。Zhao 等[56,57]、李兰兰[58]、张锦瑞等[59]、李鹏冠和赵风清[60]等利用铁尾矿为主要原料制得性能优良的蒸压砖，但总体来看，尾矿的综合利用率不足

70%，且缺少铁尾矿在蒸压砖中的物相变化和强度形成机理的分析。本节研究以首钢矿业公司大石河磁铁石英岩型铁尾矿为基本原料，探索了在以铁尾矿-废石-石灰原料体系制备蒸压砖为基本工艺条件的前提下，所利用的工业固体废弃物占干基总量的 88%，大幅度地降低了蒸压砖的生产成本。本节在研究了铁尾矿、废石的成分特点基础上，对铁尾矿、废石、灰砂砖配合比进行了优化，得到了物理力学性能符合《蒸压灰砂实心砖和实心砌块》（GB/T 11945—2019）要求的 MU15 蒸压灰砂砖。

2.5.1　试验原料

1. 铁尾矿

取自有代表性的尾矿样品，经分析，铁尾矿样品中含泥量 24.69%，0.08mm 以下粒级占 60.13%，含泥量较大，SiO_2 含量低于 60%，不能满足制备蒸压砖原料需求。采取水力分级的措施对尾矿进行了分级，对取得的粗颗粒尾矿进行了粒级分析、化学分析、光学显微镜和 X 射线衍射分析，以查明其物质成分特点。

由表 2-11 可知，经旋流器二次分级的铁尾矿样品，0.08mm 以下粒级尾砂占 8.1%。研究采用的铁尾矿密度 2.76g/cm^3，堆积密度 1.80g/m^3，白度 35.1，含泥量 4%。铁尾矿的化学分析结果见表 2-12，由表 2-12 可知，所用铁尾矿的各组成成分含量：SiO_2>65%，K_2O+Na_2O<5%，SO_3 含量<2%，含泥量<8%，所以本试验使用的尾矿符合《硅酸盐建筑制品用砂》（JC/T 622—2009）要求。

表 2-11　铁尾矿的粒径分布

筛孔尺寸/mm	+1.25	−1.25 +0.63	−0.63 +0.32	−0.32 +0.16	−0.16 +0.08	−0.08
分计筛余/%	1.7	6.1	6.7	36.1	41.3	8.1
累计筛余/%	1.7	7.8	14.5	50.6	91.9	100

表 2-12　原料的化学成分分析　（单位：%）

原料	SiO_2	Fe_2O_3	CaO	Al_2O_3	MgO	Na_2O	MnO	SO_3	K_2O	P_2O_5	LOI
铁尾矿	73.15	7.41	3.19	6.28	3.42	0.65	0.07	0.59	2.05	0.08	2.38
废石	68.65	6.85	3.50	9.26	3.11	0.62	0.09	0.57	2.60	0.14	2.04
石灰	5.42	1.68	78.76	3.85	3.63	—	—	0.45	1.25	0.13	3.93

首钢矿业公司大石河铁矿属前震旦系鞍山式沉积变质铁矿，矿石一般都为具有宽窄不均的条带或条纹构造的磁铁或赤铁石英岩，矿物成分较简单，白色的石英岩和黑色磁铁矿（或赤铁矿）构成黑白相间条带或条纹状构造。此外，矿石中还含有少量不定量的辉石、角闪石、黑云母及其他硅酸盐等蚀变的矿物。铁尾矿的化学成分比较简单，化学成分中 SiO_2 含量达 65%～75%，TFe 为 8%～14%，属磁铁石英岩型铁尾矿。

铁尾矿样品在偏光显微镜下的观察结果见图 2-19。铁尾矿的主要矿物成分为斜长石、石英，时而见绿泥石、方解石及片状黑云母等。此外，图 2-19（e）可见粒径<10μm 的磁铁矿颗粒存在于脉石矿物之间。

（a）Bt（黑云母），Qtz（石英），Pl（斜长石）

（b）Hbl（普通角闪石）

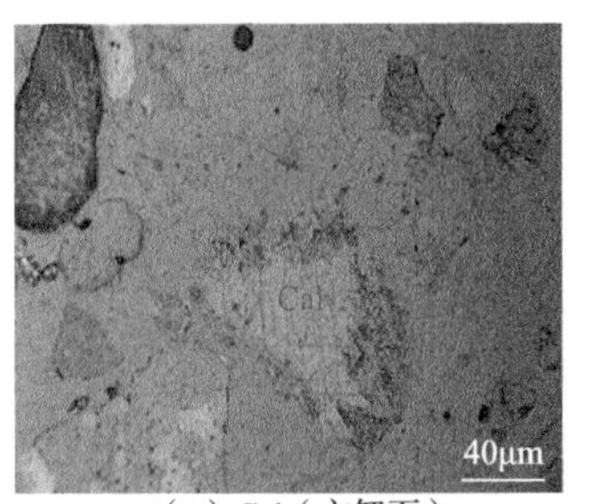

（c）Cal（方解石）

（d）Chl（绿泥石）

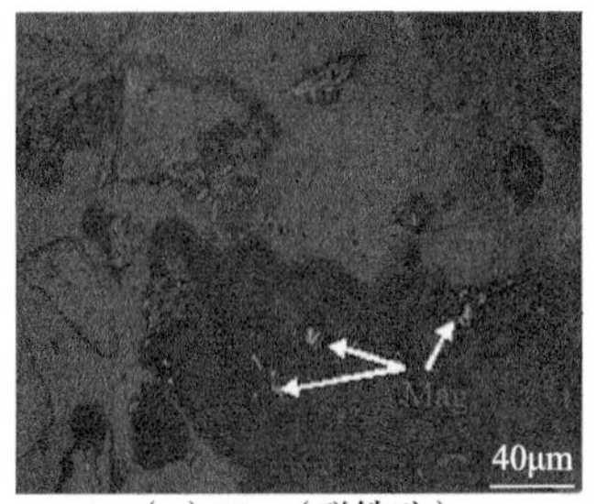

（e）Mag（磁铁矿）

图 2-19　铁尾矿的显微结构

从图 2-20 分析结果可以看出，铁尾矿中的主要矿物有石英、斜长石、普通角闪石、黑云母、绿泥石、方解石。

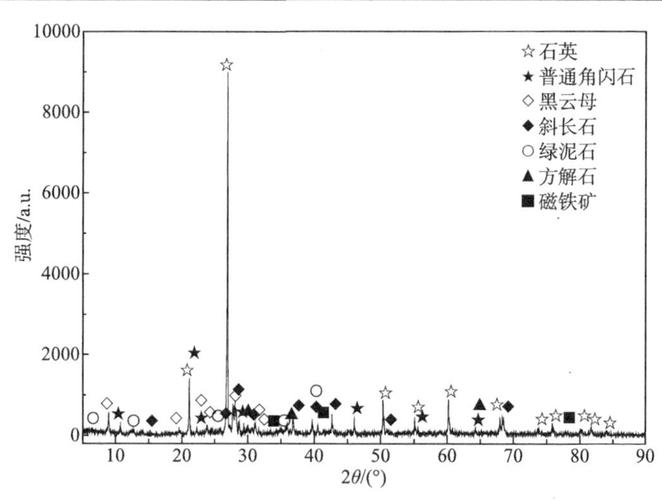

图 2-20　铁尾矿的 XRD 谱图

从铁尾矿的矿物组成分析可以看出，该铁尾矿富含石英和硅酸盐，属于磁铁石英岩型尾矿，是酸性材料，在生产中为保证蒸压灰砂砖成型，需加入一定量的碱性材料进行校正。

2. *废石*

为了节约石灰用量，保证蒸压灰砂砖成型，在石灰胶结剂中添加废石骨料。废石骨料采用大石河铁矿采矿中剥离岩经机械破碎而成，其粒径为 3～8mm。废石骨料的含泥量、针片状含量、泥块含量满足《普通混凝土用砂、石质量及检验方法标准》（JGJ 52—2006）要求，其化学成分见表 2-12。由表 2-12 可知，所用废石骨料的各组成成分含量：SiO_2 为 68.65%，$K_2O+Na_2O<5\%$，SO_3 含量<2%，所以本试验使用的废石符合《硅酸盐建筑制品用砂》（JC/T 622—2009）要求。

废石骨料样品在偏光显微镜下的观察结果见图 2-21。废石的主要矿物组成为黑云母和石英，时而少见斜长石、绢云母和方解石。此外常有磁铁矿、黄铁矿、黄铜矿颗粒分布，粒径较小，多呈粒状存在于脉石矿物之间，见图 2-21（d）和（e）。

（a）Bt（黑云母），Qtz（石英），Pl（斜长石）

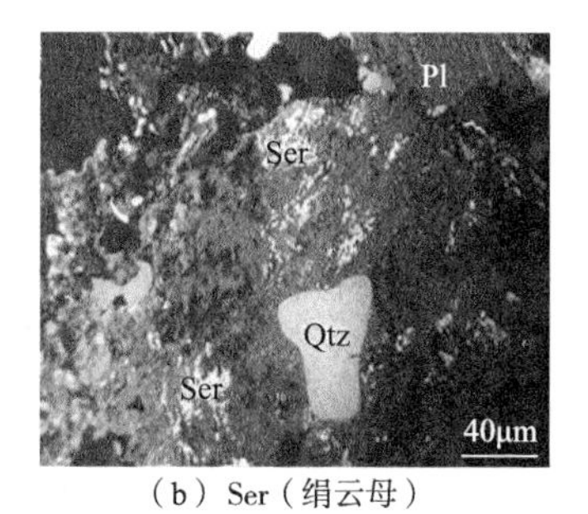

（b）Ser（绢云母）

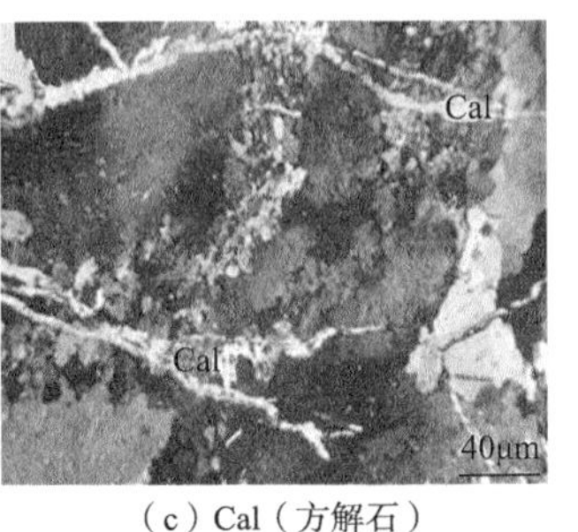

（c）Cal（方解石）

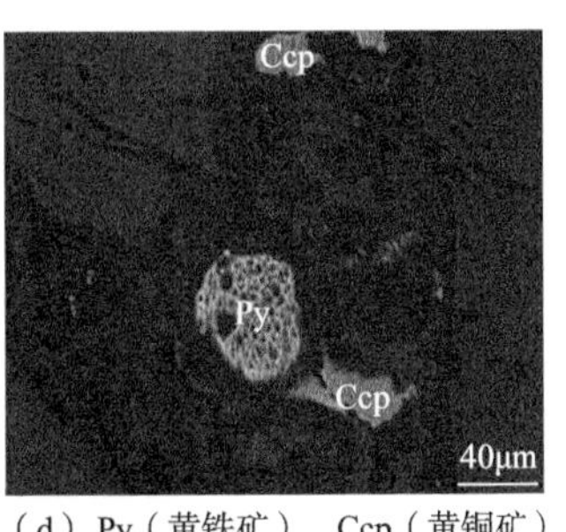

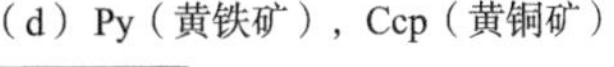

（d）Py（黄铁矿），Ccp（黄铜矿）

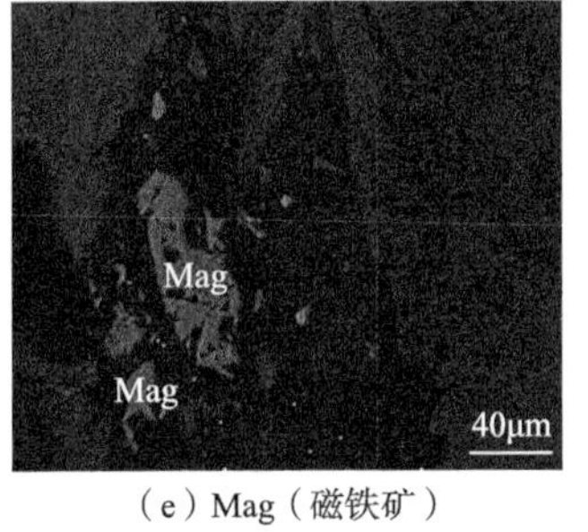

（e）Mag（磁铁矿）

图 2-21　废石骨料的矿物组成

从图 2-22 分析结果可以看出，废石骨料中的主要矿物有石英、斜长石、黑云母、绢云母、方解石、黄铁矿及黄铜矿。

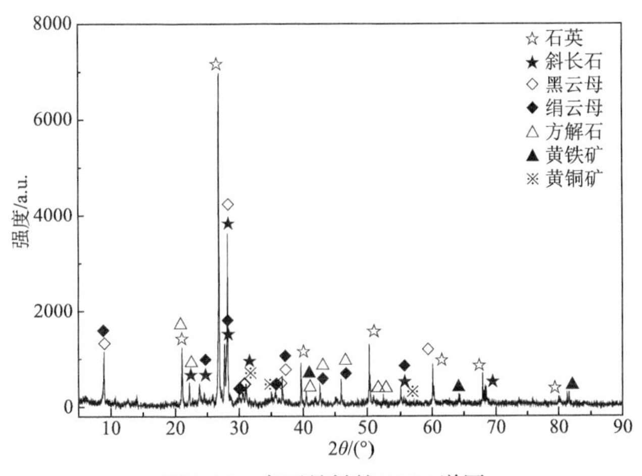

图 2-22　废石骨料的 XRD 谱图

3. *石灰*

采用市售石灰，其化学成分见表 2-12。石灰经对辊破碎、干磨筛分，控制细度为 0.08mm，方孔筛筛余小于 15%，经检测其有效 CaO 含量为 73%，MgO 含量为 3.63%，SiO_2 为 5.42%，消解温度 67℃，消解时间 12min。

2.5.2 试验方法

1. 试样制备

将铁尾矿、废石骨料和石灰按配合比放入搅拌机内进行第一次混料，搅拌均匀后，加入占干料总量 10%的水。采用强力搅拌法使 $Ca(OH)_2$ 微粒均匀地包裹在砂粒表面，保证混合料组分尽可能达到高度分散接触、水分适度、塑性好的效果。混合后的原料静置消化 2h 后，进行二次搅拌加水，二次补水量为总料量的 2%，第二次混料以手捏成团，放手后不松散，不湿手为宜。

将二次混料均匀的混合料压制成为 240mm×115mm×53mm 的砖坯，成型压力为 20kN。将成型码好的砖坯送入蒸压釜内进行蒸压养护。蒸压前制品自然静停 3h，制品的蒸压制度为：升温 2h，恒温 6h（最高压力 1.25MPa，温度 185℃），降温 3h，冷却后出釜。

2. 性能表征

对原料及蒸压灰砂砖的物相进行分析，采用日本理学旋转阳极衍射仪（Rigaku D/MAX-RC 12KW，Cu 靶，工作电流 150mA，工作电压 40kV，波长 1.5406nm）；对铁尾矿废石蒸压灰砂砖试样微观形貌进行分析，采用德国蔡司场发射扫描电子显微镜（SUPRA^{TM} 55）。

2.5.3 蒸压砖的性能及机理分析

1. 配合比试验

本次试验以制备 MU15 蒸压砖为目标，试验中搅拌加水占干料总量的 12%，石灰用量占干料用量的 12%，在前期大量探索试验基础上，设计原料的配合比见表 2-13。

表 2-13　蒸压灰砂砖试块不同配合比与检测结果

编号	配合比/%			抗压强度/MPa		抗折强度/MPa		抗冻性（15 次冻融）	
	铁尾矿	废石	石灰	平均值	单块最小值	平均值	单块最小值	强度损失率/%	干质量损失率/%
T1	55	33	12	14.40	14.22	4.08	3.93	6	0.2
T2	60	28	12	17.35	17.18	4.61	4.52	9	0.3
T3	65	23	12	20.80	19.91	5.12	5.03	10	0.7
T4	70	18	12	23.98	23.69	5.34	5.23	13	0.9
T5	75	13	12	28.21	27.85	5.68	5.52	18	1.3
T6	80	8	12	23.27	22.16	5.16	4.99	13	0.8
T7	85	3	12	13.76	13.25	3.81	3.74	7	0.1

由表 2-13 可以看出，当石灰用量为 12%时，随着铁尾矿掺量的增加，废石骨料加入量的减少，制品的抗压强度和抗折强度也发生变化；当铁尾矿掺量从 55%变化到 75%时，制品的抗压强度和抗折强度分别从 14.22MPa 和 4.08MPa 增加到 28.21MPa 和 5.68MPa；当铁尾矿掺量从 75%变化到 85%时，制品的抗压强度和抗折强度分别从 28.21MPa 和 5.68MPa 降低到 13.76MPa 和 3.81MPa。在该试验条件下，铁尾矿、废石和石灰掺量分别为 75%、13%和 12%时，测得蒸压灰砂砖的抗压强度和抗折强度分别达到 28.21MPa 和 5.68MPa，其物理力学性能满足《蒸压灰砂实心砖和实心砌块》（GB/T 11945—2019）中 MU15 级蒸压灰砂砖的要求。

蒸压灰砂砖制品试样首先经 5h 的（−18±2）℃冷冻后取出擦干，再经过 3h 的（5±2）℃冻融循环 15 次后，测得样品的干质量损失率和抗压强度。当铁尾矿掺量为 75%，废石骨料掺量为 13%时，制品的冻后强度为 23.13MPa，干质量损失率小于 2%，均能满足 MU15 级蒸压灰砂砖的标准要求。为了较大限度地利用尾矿，确定制品 T5 为最佳配合比。

2. XRD 分析

采用 XRD 对 T5 制品的水化产物进行研究（图 2-23）。从图 2-23 中可以看出，蒸压灰砂砖蒸压养护后主要物相为：水化产物托贝莫来石和水钙铝榴石，以及铁尾矿中未参加反应的矿物相残留（石英、角闪石、黑云母、绿泥石、方解石和磁铁矿）。经水热反应，蒸压砖中硅质和钙质材料经过反应生成蒸压制品，其主要组成为结晶水化硅酸钙、托贝莫来石等水化相，决定着蒸压制品的性能。灰砂砖在蒸压中，尾矿中硅质原料溶出的 SiO_2 与 $Ca(OH)_2$ 发生水化反应生成托贝莫

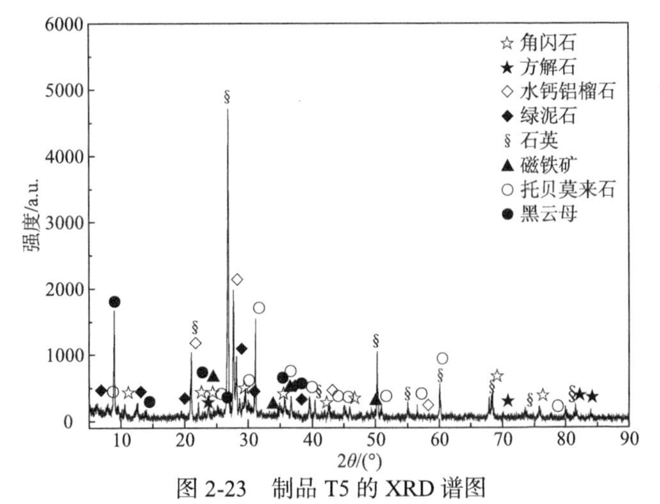

图 2-23　制品 T5 的 XRD 谱图

来石。对比图2-23和图2-20可知，蒸压后的灰砂砖物相中石英的衍射峰强度出现明显下降，说明了石英参与了生成托贝莫来石的反应，部分未参与的石英在灰砂砖中作为骨料存在。蒸压后的灰砂砖中斜长石长的衍射峰消失，说明铁尾矿中的斜长石在蒸压后参与了体系的反应，蒸压后灰砂砖中有水化产物水钙铝榴石和托贝莫来石生成；灰砂砖中存在角闪石和黑云母物相，也验证了纯矿物角闪石和黑云母在蒸压条件下的反应活性。此外，图2-23中，2θ为26°～34°衍射峰下宽泛的“凸包”背景，证明蒸压灰砂砖T5中存在无定形物质或低结晶度（无衍射峰）的物质，从而导致衍射峰宽化，同时影响XRD谱的背景值[36]。

3. SEM 分析

图 2-24（a）为蒸压灰砂砖 T5 制品的 FE-SEM 照片，可见水化产物中包含无定形或低结晶度的 C-S-H 凝胶（图中 A 处）、结晶度比较高的薄片状的托贝莫来石晶体（图中 B 处）及直径为 0.5～1μm 的球状或葡萄状颗粒水钙铝榴石（图中 C 处），这是由于掺加的石灰与铁尾矿颗粒的良好接触和均匀混合促进了托贝莫来石晶体的形成，同时作为“黏结剂”凝胶将水化产物与尾矿颗粒、废石骨料有效地胶结，保证了蒸压灰砂砖具有较好的力学性能。低结晶度或无定形的 C-S-H 凝胶对应于图 2-23 中弥散背景的存在。

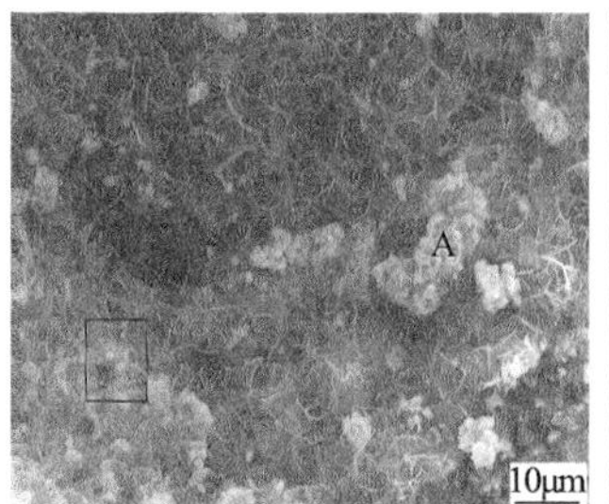

（a）放大3000倍的水化产物

（b）图（a）中方框区域放大后的水化产物

图 2-24　蒸压灰砂砖 T5 的水化产物的 FE-SEM 照片

对蒸压水化产物进行能量色散 X 射线分析（EDX），确定水化产物的化学组成及矿物种类。图 2-25 为图 2-24（b）中方框区域的 EDX 图。从图 2-25 中可知，蒸压水化产物中存在 Al 元素，这主要是由于铁尾矿含有 Al 元素，造成部分$[SiO_4]$四面体被$[AlO_4]$四面体取代。B 区域内的蒸压水化产物的 $n(Ca)/n(Si+Al)=0.825$，与托贝莫来石$[Ca_5(OH)_2Si_6O_{16}\cdot 4H_2O]$的 $n(Ca)/n(Si)=0.833$ 组成基本一致。C 区域内的蒸压水化产物的 $n(Ca)/n(Si+Al)=0.721$，与水钙铝榴石$[Al_2Ca_3(SiO_4)_{2.16}(OH)_{3.36}]$的 $n(Ca)/n(Si+Al)=0.721$ 组成一致。

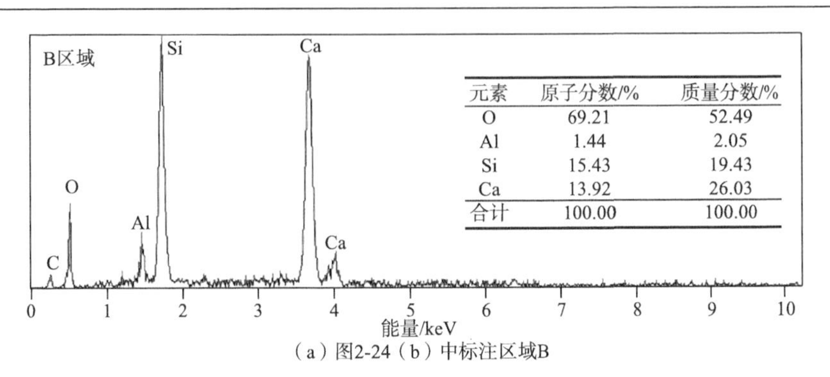

元素	原子分数/%	质量分数/%
O	69.21	52.49
Al	1.44	2.05
Si	15.43	19.43
Ca	13.92	26.03
合计	100.00	100.00

（a）图2-24（b）中标注区域B

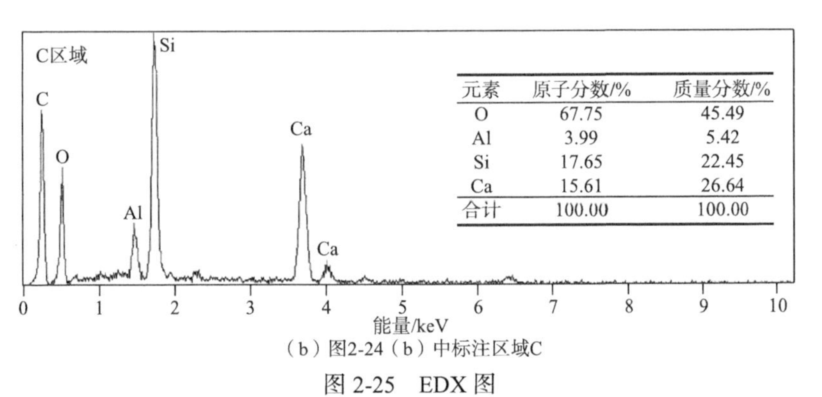

元素	原子分数/%	质量分数/%
O	67.75	45.49
Al	3.99	5.42
Si	17.65	22.45
Ca	15.61	26.64
合计	100.00	100.00

（b）图2-24（b）中标注区域C

图 2-25　EDX 图

图 2-26 为蒸压灰砂砖 T5 中废石颗粒及其周围反应产物的 SEM 照片，可见薄片状托贝莫来石附着在废石颗粒表面，颗粒间有 1.5～3μm 的裂缝。图中方框区域的托贝莫来石紧密连接在废石的裂缝之间，因此在承受荷载作用时，水化产物与废石颗粒的结合不易被破坏。

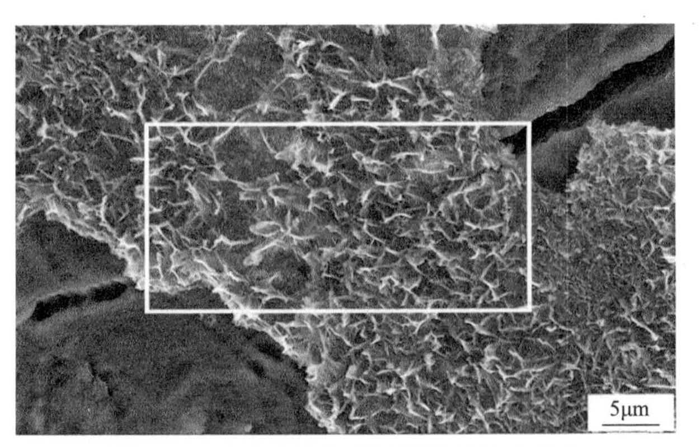

图 2-26　水化产物与废石颗粒的结合状态

2.5.4 结论

（1）成功利用铁尾矿、废石制备出物理力学性能符合《蒸压灰砂实心砖和实心砌块》（GB/T 11945—2019）MU15 级技术要求的铁尾矿蒸压灰砂砖，采用的固体原料含 88%工业废弃物，拓宽了蒸压灰砂砖使用的原材料范围，降低了生产成本，同时对大量铁尾矿不易综合利用、节省尾矿的管理费用和保护矿山环境具有重要意义。

（2）铁尾矿掺量 75%，废石掺量 13%，石灰掺量 12%，加水总量为干料总量的 12%，砖坯的蒸压工艺为升温 2h，恒温 6h（最高压力 1.25MPa，温度 185℃），降温 3h。得到的蒸压灰砂砖抗压强度、抗折强度和密度分别达到 28.21MPa、5.68MPa 和 1720kg/m^3，其物理力学性能满足《蒸压灰砂实心砖和实心砌块》（GB/T 11945—2019）中 MU15 级蒸压灰砂砖的要求。

（3）通过 XRD 及 SEM 分析可知，在蒸压条件下，蒸压灰砂砖制品的水化产物为大量结晶良好的薄片状的托贝莫来石、低结晶度或无定形的 C-S-H 凝胶和球状或葡萄状的水钙铝榴石。

参考文献

[1] 徐承焱, 孙体昌, 祁超英, 等. 还原剂对高磷鲕状赤铁矿直接还原过程铁还原的影响[J]. 北京科技大学学报, 2011, 33(8): 905-910.

[2] Yang H F, Jing L L, Zhang B. Recovery of iron from vanadium tailings with coal-based direct reduction followed by magnetic separation[J]. Journal of Hazardous Materials, 2011, 185(2): 1405-1411.

[3] Gzogyan T N, Gubin S L, Gzogyan S R, et al. Iron losses in processing tailings[J]. Journal of Mining Science, 2005, 41(6): 583-587.

[4] Kim K K, Kim K W, Kim J Y, et al. Characteristics of tailings from the closed metalmines as potential contamination source in South Korea[J]. Environmentalgeology, 2001, 41(2): 358-364.

[5] Ghose M K, Sen P K. Characteristics of iron ore tailing slime in India and its test for required pond size[J]. Environmental Monitoring and Assessment, 2011, 68(1): 51-61.

[6] 王国生, 韩兆元, 钟森林, 等. 四川某铁尾矿中铁和硫的综合回收选矿实验[J]. 金属矿山, 2009(10): 168-171.

[7] 朱运凡, 杨波, 卢琳. 云南大红山铁尾矿再选新工艺研究[J]. 矿冶, 2012, 21(1): 35-38.

[8] 王奉水, 常慕远, 朱国庆. 新疆某铁尾矿综合回收钴、硫、铁的实验研究[J]. 现代矿业, 2009(11): 40-43.

[9] Li C, Sun H H, Bai J, et al. Innovative methodology for comprehensive utilization of iron ore tailings: Part 1. The recovery of iron from iron ore tailings using magnetic separation after magnetizing roasting[J]. Journal of Hazardous Materials, 2010, 174(1): 71-73.

[10] 古映莹, 徐文泱, 杨天足, 等. 氧化-还原焙烧工艺综合处理二次硫铁尾矿[J]. 矿产综合利

用, 2008(4): 41-44.

[11] 刘占华, 孙体昌, 孙昊, 等. 从内蒙古某高硫铁尾矿中回收铁的研究[J]. 矿冶工程, 2012, 32(1): 46-49.

[12] 张清岑, 邱冠周, 肖奇. 煤种对低品位铁矿煤基直接还原的影响[J]. 中南工业大学学报, 1997, 28(2): 126-129.

[13] 徐承焱, 孙体昌, 杨慧芬, 等. 某难选铁矿石直接还原焙烧磁选研究[J]. 矿冶工程, 2010, 30(3): 36-39.

[14] 朱子彬, 马智华, 林石英, 等. 高温下煤焦气化反应特性(I)灰分熔融对煤焦气化反应的影响[J]. 化工学报, 1994, 45(2): 147-154.

[15] Shivaramakrishna N, Sakar S B, Prasad K K. Role of internal coal in the reduction of composite pellets[J]. South East Asia Iron and Steel Institute, 1996, 25(2): 82-95.

[16] 倪文, 贾岩, 徐承焱, 等. 难选鲕状赤铁矿深度还原-磁选实验研究[J]. 北京科技大学学报, 2010, 32(3): 287-291.

[17] Fruehan R J. The rate of reduction of iron oxides by carbon[J]. Metallurgical Transactions B, 1977, 8(1): 279-286.

[18] 孟宪久, 唐瑞兴, 徐贵喜, 等. 山西省灵邱县赵北-玄风一带铁矿普查报告[M]. 北京: 全国地质资料馆, 1959.

[19] 马鸿文. 结晶岩热力学概论[M]. 修订 2 版. 北京: 高等教育出版社, 2001.

[20] 马鸿文, 冯武威, 苗世顶, 等. 一种新型钾矿资源的物相分析及提取碳酸钾的实验研究[J]. 中国科学: 地球科学, 2005(5): 420-427.

[21] 王万金, 马鸿文, 白志民. 利用不溶性钾矿提钾的研究现状及展望[J]. 地质科技情报, 1996, 15(3): 59-63.

[22] Boldyrev V V. Mechanochemistry and mechanical activation of solids[J]. Solid State Ionics, 1993, 63-65: 537-543.

[23] Leo K, Ankica C, Boris S. Mechanochemistry of zeolites: Part3. Amorphization of zeolite ZSM-5 by ball milling[J]. Zeolites, 1995, 15(1): 51-57.

[24] Antsiferov V N, Porozova S E, Matygullina E V. Influence of mechanochemical activation of a charge on properties of mullite-tialite materials[J]. Science of Sintering, 2004, 36(1): 21-26.

[25] Buyanov R A, Molchanov V V, Boldyrev V V. Mechanochemical activation as a tool of increasing catalytic activity[J]. Catalysis Today, 2009, 144(3): 212-218.

[26] Sydorchuk V, Khalameida S, Zazhigalov V, et al. Influence of mechanochemical activation in various media on structure of porous and non-porous silicas[J]. Applied Surface Science, 2010, 257(2): 446-450.

[27] Osvalda S, Piero S, Riccardo C, et al. Mechanochemical activation of high-carbon fly ash for enhanced carbon reburning[J]. Proceedings of the Combustion Institute, 2011, 33(2): 2743-2753.

[28] Frost R L, Horváth Erzsébet, Makó Éva, et al. The effect of mechanochemical activation upon the intercalation of a high-defect kaolinite with formamide[J]. Journal of Colloid and Interface Science, 2003, 265(2): 386-395.

[29] 郑永超, 倪文, 徐丽, 等. 铁尾矿的机械力化学活化及制备高强结构材料[J]. 北京科技大

学学报, 2010, 32(4): 504-508.
[30] 刘佳, 倪文, 于淼. 用粉煤灰和铁尾矿制备高强混凝土[J]. 材料研究学报, 2012, 26(3): 295-301.
[31] Yi Z L, Sun H H, Li C, et al. Relationship between polymerization degree and cementitious activity of iron ore tailings[J]. International Journal ofminerals, Metallurgy and Materials, 2010, 17(1): 116-120.
[32] Maeshima T, Nomab H, Sakiyama M, et al. Natural 1.1 and 1.4nm tobermorites from Fuka, Okayama, Japan: Chemical analysis, cell dimensions, ^{29}Si NMR and thermal behavior[J]. Cement and Concrete Research, 2003, 33(10): 1515-1523.
[33] 方永浩, 庞二波, 王锐, 等. 用低硅铜尾矿制备蒸压灰砂砖[J]. 硅酸盐学报, 2010, 38(4): 559-563.
[34] Gittos M F, Lorimerg W, Champness P E. An electron-microscopic study of precipitation (exsolution) in an amphibole (the hornblende-grunerite system)[J]. Journal of Materials Science, 1974, 9(2): 184-192.
[35] 乔春雨, 倪文, 王长龙. 四种硅酸盐矿物的蒸压反应活性[J]. 北京科技大学学报, 2014, 36(6): 736-742.
[36] Bensted J, Barnes P. Structure and Performance of Cements[M]. 2nd ed. New York: Spon Press, 2002.
[37] 李方贤, 陈友治, 龙世宗. 用铅锌尾矿生产加气混凝土的实验研究[J]. 西南交通大学学报, 2008, 43(6): 810-815.
[38] 李德忠. 利用北京密云铁尾矿制备加气混凝土及反应机理研究[D]. 北京: 北京科技大学, 2012.
[39] 王淑红, 董风芝, 孙永峰. 四川某硫铁矿尾矿再选实验研究[J]. 金属矿山, 2009(8): 163-166.
[40] 贾清梅, 张锦瑞, 李风久. 铁尾矿的资源化利用研究及现状[J]. 矿业工程, 2006(3): 7-9.
[41] 施正伦, 骆仲泱, 林细光, 等. 尾矿作水泥矿化剂和铁质原料的实验研究[J]. 浙江大学学报, 2008, 42(3): 506-510.
[42] 张锦瑞, 贾清梅. 用高硅铁尾矿生产尾矿砖的研究[J]. 中国资源综合利用, 2005(1): 10-12.
[43] 张熠, 那琼. 铁尾矿制备彩色地面砖的技术探讨[J]. 矿业快报, 2007(1): 64-66.
[44] 辛明印. 本钢歪头山铁矿资源综合利用战略及实践[J]. 金属矿山, 2001(6): 5-7.
[45] Narayanan N, Ramamurthy K. Microstructural investigations on aerated concrete[J]. Cement and Concrete Research, 2000, 30(3): 457-464.
[46] André H, Urs E, Thomas M. Fly ash from cellulose industry as secondary raw material in autoclaved aerated concrete[J]. Cement and Concrete Research, 1999, 29(3): 297-302.
[47] Narayanan N, Ramamurthy K. Structure and properties of aerated concrete: A review[J]. Cement and Concrete Composites, 2000, 22(5): 321-329.
[48] 黄晓燕, 倪文, 王中杰, 等. 铜尾矿制备无石灰加气混凝土的实验研究[J]. 材料科学与工艺, 2012, 20(1): 11-15.
[49] 王长龙, 倪文, 李德忠, 等. 山西灵丘低硅铁尾矿制备加气混凝土的实验研究[J]. 煤炭学报, 2012, 37(7): 1129-1133.

[50] 耿健. 混合水泥水化产物中 C-S-H 凝胶的半定量分析[D]. 武汉: 武汉理工大学, 2005.

[51] 韩冀豫. 高掺量粉煤灰水泥水化产物 C-S-H 凝胶聚合程度的研究[D]. 武汉: 武汉理工大学, 2011.

[52] 府坤荣. 蒸压加气混凝土养护制度的探讨[J]. 新型建筑材料, 2006(12): 72-74.

[53] Bonaccorsi E, Merlino S, Kampf A R. The crystal structure of tobermorite 14Å (Plombierite), a C-S-H phase[J]. Journal of the American Ceramic Society, 2005, 88(3): 505-512.

[54] Oh J E, Clark S M, Wenk H R. Experimental determination of bulk modulus of 14 Å tobermorite using high pressure synchrotron X-ray diffraction[J]. Cement and Concrete Research, 2012, 42(2): 397-403.

[55] Huang X Y, Ni W, Cui W H, et al. Preparation of autoclaved aerated concrete using copper tailings and blast furnace slag[J]. Construction and Building Materials, 2012, 27(1): 1-7.

[56] Zhao Y L, Zhang Y M, Chen T J, et al. Preparation of high strength autoclaved bricks from hematite tailings[J]. Construction and Building Materials, 2012, 28(1): 450-455.

[57] 赵云良, 张一敏, 陈铁军. 采用低硅赤铁矿尾矿制备蒸压砖[J]. 中南大学学报(自然科学版), 2013, 44(5): 1760-1765.

[58] 李兰兰. 利用钢渣、尾矿制蒸压砖[D]. 石家庄: 河北科技大学, 2015.

[59] 张锦瑞, 倪文, 贾清梅. 唐山地区铁尾矿制取蒸压尾矿砖的研究[J]. 金属矿山, 2007(3): 85-87.

[60] 李鹏冠, 赵风清. 大掺量钢渣-尾矿蒸压砖水化过程的强化[J]. 钢铁, 2016, 51(10): 84-90.

第 3 章　有色金属尾矿综合利用绿色化技术研究

3.1　铜尾矿重金属固化机理研究

根据《中国矿产资源报告（2017）》[1]，全国查明铜矿储量约 1.06 亿 t，比去年增长 4.9%。有资料显示，铜矿每产出 1t 铜，就会产生 400t 废石和尾矿[2]。国内铜尾矿存储量大，具有再利用潜力。国际上拥有较高水平的企业对铜尾矿的利用率在 80%以上，而我国只有 10%的铜矿企业进行了尾矿的回收利用，利用率在 70%以上的企业非常少，约占我国铜矿企业中的 1/50，因此可以看出我国的铜尾矿利用率与国际上有明显的差异，截止到 2016 年，仅为 8%左右[3]。

随着铜矿开发的不断推进，而尾矿二次利用滞后，我国铜尾矿量还将不断增多，因此加强对铜尾矿资源再利用研究，加快推进资源二次利用建设对减轻铜尾矿危害、平衡我国铜原料对外依赖程度都具有极其重要的意义。

随着国内工业化的发展，重金属对环境的污染越来越明显。重金属的密度大于 5 g/cm^3，在元素周期表中原子序数一般大于 23，如镉、铬、锌、铅、铜、汞、铁、镍、钛、锰等。随着重金属对人们危害事件频发，如何避免废弃重金属污染的问题越发重要。目前，对于工业废渣中重金属的处置一般是回收有用元素或者固化处置。固化处置一般有：水泥固化法、塑料固化法、水玻璃固化法、沥青固化法等。水泥固化是将废弃重金属掺入水泥胶体中，在水泥胶体发生水化反应的过程中，将重金属离子融入其内部，在胶体硬化过程中将重金属稳固，减少对外界环境影响。水泥固化法由于工艺简单、水泥水化产物稳定、固化效果好等特点，引起国内外诸多研究。王登权等[4]指出重金属的固化机理主要包括吸附、生成难溶物、离子或离子团替代、封裹等。而水泥基材料的作用可以概括为：提供碱性环境促进重金属沉淀和吸附以及 C-S-H 凝胶和钙矾石（AFt）对重金属的吸附、替代和封裹作用，但是不同重金属在水泥及材料中的固化形式存在一定的差异。该研究为固化机理做出了理论指导。王晶等[5]进行掺加不同比例多种固废的砂浆试件的重金属浸出试验，分别研究水泥对上述固体废弃物中的重金属的固化作用，结果显示随着固体废弃物掺量比例的提高，重金属浸出浓度表现为增大的趋势，但不同掺量比例的固体废弃物制作的砂浆试样的重金属浸出浓度并未表现出明显的比例关系；且随着龄期的延长，相同配合比所制砂浆试样的重金属浸出浓度呈降低的趋势。该研究为固体废弃物的有效利用提供有力支持。对尾矿活性的激发可以采用煨烧方式，因此研究采用粉磨与煅烧方式，对尾矿活性的影响并测定活性指数。因水泥成本低，故水泥固化重金属法比较经济，但水泥耗能高及成本上涨，研究将利用铜尾矿代替部分水泥并检测对重金属的固化效果。

3.1.1　试验原料

（1）铜尾矿：采用河北省承德市寿王坟铜矿尾矿，其主要化学成分见表 3-1，XRD 谱图见图 3-1，其中多种矿物均属于硅酸盐矿物，滑石和蛇纹石属于富镁硅酸盐矿物，而斜长石的硬度最高。图 3-1 中特征衍射峰尖锐而明显，各矿物结晶度好，然而该尾矿几乎没有石英，且 SiO_2 含量不足 45%，给制备胶凝材料带来困难。

表 3-1　原料化学成分分析　（单位：%）

原料	SiO_2	Al_2O_3	Fe_2O_3	CaO	MgO	Na_2O	K_2O	SO_3	MnO	LOI
铜尾矿	43.97	3.35	3.21	15.49	23.20	0.59	0.88	0.23	—	2.87
水泥	21.81	5.00	2.78	63.55	2.28	0.15	0.56	2.13	0.06	1.68

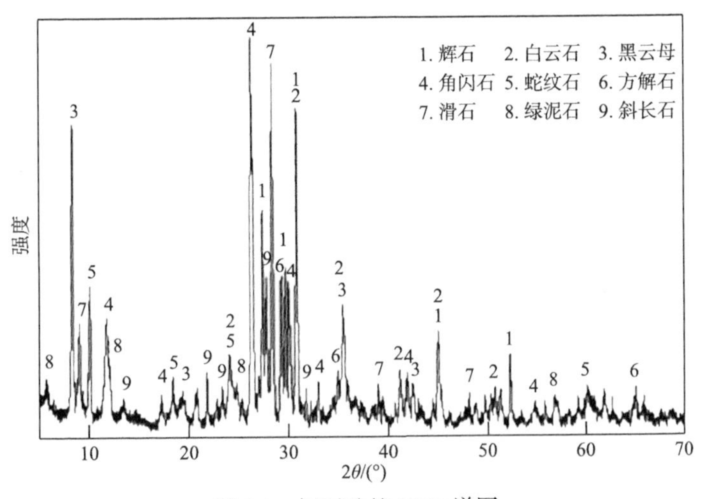

图 3-1　铜尾矿的 XRD 谱图

（2）水泥：采用 P·I 42.5 硅酸盐水泥。水泥的化学成分见表 3-1，比表面积为 338m²/kg；标准稠度用水量为 25.2%；初凝时间为 138min，终凝时间为 215min；安定性合格；3d 抗压和抗折强度分别为 22.7MPa、4.8MPa；28d 抗压和抗折强度分别为 48.8MPa、9.5MPa。

（3）砂：采用 ISO 标准砂。

（4）水：蒸馏水。

3.1.2　试验方法

（1）机械粉磨：称取粒径小于 0.3mm 的铜尾矿 5kg 装入 SMΦ500mm×500mm 型球磨机，进行不同时长的粉磨，粉磨时间分别为 20min、30min、40min、50min、60min、70min。

（2）高温煅烧：将粉磨 30min 后的铜尾矿放入马弗炉中，分别在 600℃、700℃、800℃、900℃环境下热活化处理 2h，随炉冷却取出备用。

（3）净浆及砂浆试块的制备：选择不同活化方式的铜尾矿粉，依据《用于水泥混合材的工业废渣活性试验方法》（GB/T 12957—2005）测定活性指数，具体配合比见表 3-2。将成型后的 40mm×40mm×160mm 砂浆试块放入温度为（20±1）℃，相对湿度不低于 95%的标准养护箱，养护 24h 后拆模并继续进行标准养护至规定养护龄期。

表 3-2　试验原料配合比　（单位：g）

胶砂种类	水泥	铜尾矿	标准砂（ISO）	水
对比组	450	—	1350	225
试验组	315	135	1350	225

胶砂试块力学性能按照《水泥胶砂强度检验方法（ISO 法）》（GB/T 17671—1999）进行测试。

（4）原材料的金属含量分析：用微波消解法（HNO_3/HCl/HF）提取原料的重金属。称取 0.2g 干燥研磨过筛后的样品，置于消解罐中，加入 3mL 的 65%硝酸（HNO_3）、1mL 的 35%盐酸（HCl）和 3mL 的 40%氟化氢（HF）后，将消解罐置于微波消解装置进行消解。消解完成后，在加热器中用 150℃赶酸至液体剩余 1mL，再用 1%的 HNO_3 定容至 50mL，稀释 10 倍后采用 Perkin Elmer 公司 NexION 300X 型电感耦合等离子体质谱仪（ICP-MS）检测原料中的金属含量。

（5）本试验采用欧共体标准物质局提出的 BCR 连续提取法测定尾矿中重金属的浸出毒性。

3.1.3　试验结果分析

1. 铜尾矿粉磨特性分析

由图 3-1 分析出各个矿物的化学性能及硬度，初步判断粉磨时长分别为

20min、30min、40min、50min、60min、70min，并研究各时间段粉磨效果。通过图 3-2 可以看出，随着粉磨时间的延长，粒径峰值由 1 个主峰演变为 2 个峰值再过渡到 1 个主峰，且主峰也是由右慢慢向左移动。在主峰左移过程中出现 2 个峰值，也肯定了对粉磨时长的预判。原矿的体积平均粒径为 171.56μm，其中 D_{50} 为 152.00μm，D_{90} 为 337.85μm，粒径分布狭小，主要分布在 100～400μm，且没有 1μm 以下粒径，图像曲线变化陡峭。粒径分布得相对集中，也就影响了紧密堆积密度。而粉磨 20min 的体积平均粒径为 44.89μm，其中 D_{50} 为 23.74μm，D_{90} 为 109.22μm，粒径分布稍有扩散，主要分布在 1～200μm，图像曲线斜率变化缓和，有凸显第二峰值的趋势，表明粉体得到细化，粉磨效率较高。粉磨 30min、40min 的效果与粉磨 20min 相似，均有出现第二峰值的趋势。粉磨 50min 时图像出现双峰值，D_{50} 为 11.46μm，主要分布在 1～150μm，分布范围有缩小趋势，且粉磨效率下降。粉磨 60min、70min 的图像中，右边的峰值慢慢向左边峰值过渡，D_{50} 为 7.99μm，粉磨效率进一步降低。通过分析粉磨 70min 数据发现，0.158μm 以下的细小颗粒没有了，这可能是发生了团聚现象，即将达到粉磨平衡状态。考虑到粉磨效率的下降，不再考虑通过延长粉磨时间对粉体活化效果的研究。

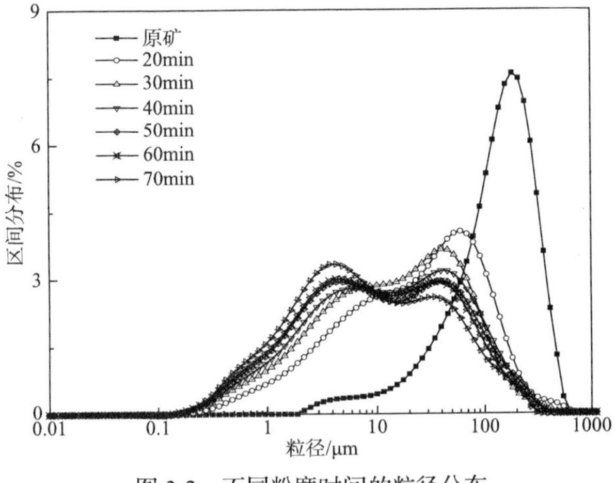

图 3-2　不同粉磨时间的粒径分布

有研究[6,7]通过 XRD 谱图发现，尾矿经过机械粉磨后矿物组成并没有发生改变，包括矿物衍射峰的位置和强度并没有发生较大的变化，也就是机械粉磨可以改变矿物中晶体的结晶度。当晶体结构产生缺陷后，也就提高了晶体的电子能，粉体材料的表面能和矿物的活性也随之提高。因此，不再做粉磨矿物分析。

2. 活化工艺对胶凝材料力学性能的影响

从表3-3中可以看出，抗压强度随着粉磨时间先增大后减低。在粉磨60min时，28d抗压强度最好，活性指数为84.22%，高于活性混合材（活性指数≥65%）的要求。然而，在3d、7d的早期强度发展规律中，最高活性指标并不一致。结合各粉磨阶段的比表面积初步分析：在粉磨50min时，比表面积是最大的，达到466m^2/kg，该组干料的堆积密度也是最好的，在水化过程中的优势体现在早期强度，而劣势则体现在孔隙率过小，影响后期强度发展；在粉磨60min时，比表面积达到425m^2/kg，与水泥的比表面积相近，孔隙率则稍大，给后期强度的发展留有空间，使得后期密实度反而增大。再结合图3-2和图3-3分析，在粉磨60min时就已经出现团聚现象，因此，此次所用铜尾矿试样的粉磨平衡约为60min。而超长时研磨时活性指数反而降低，使得强度增长和能源消耗成反比，因此不再考虑。分析认为：经30min粉磨的铜尾矿粉处于极细状态，较大的比表面积使得吸水性增大，同时也导致水化反应加快，更快速地消耗氢氧化钙和石膏，促进了该混合材与水化产物的二次反应，生成了凝结时间短，产物丰富的C-S-H凝胶和AFt，使得水泥在28d时强度也较高。

表 3-3　不同粉磨时间铜尾矿抗压强度及活性指数

指标		纯水泥	粉磨 20min	粉磨 30min	粉磨 40min	粉磨 50min	粉磨 60min	粉磨 70min
抗压强度/MPa	3d	22.7	19.3	19.8	20.4	20.9	19.6	19.7
	7d	30.4	24.7	27.8	28.1	28.4	27.4	27.5
	28d	48.8	38.5	40.8	37.9	41.0	41.1	38.3
活性指数/%		100	78.89	83.61	77.66	84.02	84.22	78.48

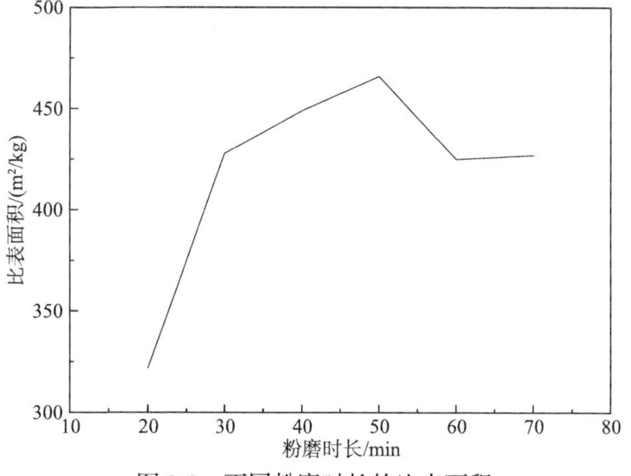

图 3-3　不同粉磨时长的比表面积

表 3-4 为粉磨 30min 的铜尾矿煅烧不同温度后，抗压强度的发展状况。分析表 3-4 中数据可知，胶砂块抗压强度随着煅烧温度升高，先增加后降低。在 600～700℃温度段内，抗压强度是逐渐增加的，间接说明了铜尾矿的火山灰活性逐步提升，而超过 700℃时抗压强度呈下降趋势，说明煅烧温度过高也是不利的。从活性指数表中可以看出，经过热活化的金尾矿粉活性较强，活性指数远远高于 65%，因此可以判定符合水泥混合材的使用要求。

表 3-4　不同煨烧温度铜尾矿抗压强度及活性指数

指标		纯水泥	煨烧 600℃	煨烧 700℃	煨烧 800℃	煨烧 900℃
抗压强度/MPa	3d	22.7	21.5	21.9	20.1	20.3
	7d	30.4	30.4	32.7	31.3	30.5
	28d	48.8	41.3	49.5	37.8	37.4
活性指数/%		100	84.63	101.43	77.50	76.64

3. 铜尾矿对固化性能的影响

经测定，铜尾矿中重金属铜、锰和锌含量较高，分别为 1437.54mg/kg、727.51mg/kg 和 136.47mg/kg，各含量均高于《水泥窑协同处置固体废物技术规范》（GB 30760—2014）中对水泥熟料的重金属含量的最高值，因此以该铜尾矿作胶凝材料时，应考虑各元素的被固化能力，防止给环境和人们带来长期危害。

经 BCR 法测定出铜尾矿浸出毒性，如表 3-5 所示。

表 3-5　样品浸提结果

化学形态	Cu/（μg/g）	Mn/（μg/g）	Zn/（μg/g）
酸可交换态	75.483	96.473	25.665
Fe-Mn 氧化态	25.594	124.472	21.725
有机态	63.593	152.387	15.397
残渣态	1256.3	263.841	19.595
总计	1420.97	637.173	82.382

由表 3-5 可以看出，Zn 和 Mn 元素在酸可交换态的浸出百分比达到了 30%和 15%左右，而 Cu 元素较低。酸可交换态浸出含量高时，说明重金属的可迁移性非常强，经过雨水、气流等常见条件即可向周围迁移，易迁移流向自然界，对环境影响较大。所以应尽可能减少元素在酸交换态的迁移。对于该尾矿，应注意 Zn

元素对自然界的影响。Zn 是人体必需元素，少量或过量都会引起人体不适；Mn 是人体必需的微量元素，对人体有多重影响。

Mn 和 Zn 元素在 Fe-Mn 氧化态和有机态时的浸出百分比达到了 43%和 45%左右，而 Cu 元素较低。Fe-Mn 氧化态和有机态的浸出含量高时，说明重金属的迁移容易受土壤酸碱反应和氧化还原电位的影响，由惰性转化为活性，从而影响自然界。

Cu、Mn 元素在残渣态的浸出百分比达到了 88%和 42%左右，Zn 元素的残渣态浸出相对较小。残渣态的浸出含量高时，说明重金属在正常条件下不易释放，可以长期固化在尾矿中，不易迁移流向自然界，对环境影响较小。由此得出铜尾矿中 Cu 元素含量较高，但应注重固化 Mn 和 Zn 元素。

有研究发现[8,9]，温度对重金属挥发有正相关的影响，但即便在高温（1400℃以上）情况下，也只有少量挥发。而本试验的最佳煅烧温度为 900℃，因此暂不考虑温度对重金属挥发的影响。胶凝材料对重金属的固化率一般在水化 28d 后趋于稳定[10]，因此试验采用 BCR 法测定 28d 养护龄期的胶砂块浸出毒性（表 3-6）。

表 3-6　样品浸出毒性结果

化学形态	Cu/（μg/g）	Mn/（μg/g）	Zn/（μg/g）
酸可交换态	10.488	127.992	3.267
Fe-Mn 氧化态	11.710	65.236	6.145
有机态	27.858	5.868	2.359
残渣态	635.386	175.391	45.753
总计	685.442	374.487	57.524

掺和铜尾矿的胶凝材料的各重金属浸出总量均小于铜尾矿原矿的各重金属浸出总量，且掺和铜尾矿的胶凝材料与铜尾矿原矿的各重金属浸出总量类似，都是 Cu、Mn 元素的总浸出量较大，特别是 Cu 元素含量较高。各重金属的残渣态的浸出百分比均高于铜尾矿原矿，说明胶凝材料有利于重金属的固化。

表 3-6 中，Cu 元素残渣态浸出百分比约 93%，高于表 3-5 中的 88%，酸可交换态百分比值降低最高，表示 Cu 离子得到了有效固化，降低了对外界环境的影响。有研究[11-13]表示，硅酸盐物质能够对 Cu 元素起到活化的作用，使其价态发生改变，Cu 离子会在水化过程中以 $Ca_2(OH)_4 \cdot 4Cu(OH)_2 \cdot H_2O$ 或者 $Cu(OH)_2$ 的形式进入 C_3S 颗粒双电层结构中，并吸附在水化硅酸钙凝胶体上，因此 Cu 元素的固化率提高。

表 3-6 中 Zn 元素的固化效果与 Cu 元素类似，但浸出总量值却几乎不变，这可能与 Zn 的低熔点有关（Zn 的熔点低于 500℃，而铜尾矿经过 900℃的煅烧）。有研究[5,14-17]表明，在加有 Zn 离子的水泥水化产物中，Zn 离子主要有两种存在形式：一是与 OH^-形成$[Zn(OH)_4]^{2-}$和$[Zn(OH)_5]^{3-}$，并附着在已经水化的水泥颗粒表面；二是取代 C-S-H 中的 Ca 或与 C-S-H 表面 Ca 反应形成钙锌的结晶水合物 $Ca[Zn(OH)_3H_2O]_2$，并进入 C-S-H(I)夹层中，从而导致水泥水化延迟，并使强度减小。有研究[18]发现，加入 Zn^{2+}之后的水泥水化产物的 XRD 谱图并没有发生显著改变，其水化产物主要还是 C-S-H 凝胶，因此不再做此项检测。

Mn 元素的固化效果较为特殊，酸可交换态量值不降反增，百分比也由 15%增长到 34%。这说明 Mn 的可迁移性增强，经过雨水等常见条件即可向外界迁移。有研究发现[9]，Mn^{2+}能进入钙矾石晶格，对钙矾石的晶体结构产生一定的影响，因此用铜尾矿作胶凝材料的掺合料时应该注意 Mn 元素的固化。

3.1.4　结论

针对试验所选取的铜尾矿原料，研究了其原矿的基本特性、机械粉磨特性和高温煅烧活化特性，以及该矿物掺合料在水泥中的应用及水泥材料对各重金属离子固化效果的测试，可以得出以下结论：

（1）通过机械粉磨方式活化，发现铜尾矿在机械力作用下，前期颗粒得到快速细化，比表面积增大迅速，变化速率大；后期比表面积增大缓慢，变化速率小，粉磨效率降低。通过活性测试，发现经粉磨 30min 后其活性指数为 83.61%，初步达到活性混合材要求。

（2）对高温煅烧粉磨一定时间后的铜尾矿粉进行活性测试，发现经粉磨 30min 再煅烧 700℃的活性最优，达到预期活化效果。

（3）加有活性铜尾矿的胶凝材料有利于重金属固化，其中 Cu 和 Zn 元素的固化效果提升显著，但应注意 Mn 元素的固化情况。

3.2　铅锌尾矿制备蒸压加气混凝土的技术研究

蒸压加气混凝土是一种具有高热效率，优异的耐火性和优异的吸声能力的多孔建筑材料[19]。它可以替代烧制黏土砖，具有保护农田、保护环境和节约能源的优点。蒸压加气混凝土的基本成分是钙质材料（水泥和生石灰）和硅质材料（硅砂或再生粉煤灰）和发泡剂-铝粉膏。在一些地区，高硅含量砂的短缺限制了蒸压加气混凝土的生产和应用。然而，金属矿中有大量 SiO_2，这就是选择铅锌尾矿用于本节研究的原因。铅锌尾矿是铅锌矿在分选作业中分选出的尾矿矿浆经脱水后形成的固体废弃物，它是我国工业固体废弃物的主要种类之一[20,21]。铅锌尾矿是伴生矿，伴生有多种重金属、非金属矿物和其他有毒有害物质，其中伴生的金属资源难以回收利用。所以，铅锌选矿厂的铅锌尾矿都以堆存的方式存放，这些堆放的铅锌尾矿不仅占据了大量的耕地，还对矿区的周边环境造成了严重的污染，影响矿区的可持续发展[22-26]。尾矿是经破碎、磨矿和选矿后产生的颗粒细小且富含大量硅酸盐的矿物，它和通常生产加气混凝土用的粉煤灰和河沙等酸性材料相比，其物理化学特性存在较大差异[27,28]。硅酸盐矿物的活性成分 Al_2O_3 和 SiO_2 等在高温高压的碱性水热环境中易发生水化反应，产生水化硅酸钙等水化产物[29-32]。利用金属矿山产生的富含硅酸盐矿物尾矿生产加气混凝土，在国内已经有过成功应用铁尾矿和黄金尾矿的先例，也有矿山企业和研究单位正在利用铜尾矿、磷尾矿等生产加气混凝土[33-35]。陈杰[36]和李方贤等[37]报道了利用铅锌尾矿制备 B05、B06 级加气混凝土的先例，但所制备的加气混凝土中铅锌尾矿用量低，水泥掺量超过 18%，且对铅锌尾矿的蒸压反应机理未涉及。本节以铅锌尾矿为主要原料，在尽量少使用水泥的前提下制备加气混凝土，采用 XRD、傅里叶变换红外光谱（FTIR）、热重/差示扫描量热仪（TG-DSC）和扫描电子显微镜（FE-SEM）等测试手段，研究铅锌尾矿细度和掺量对加气混凝土性能的影响，同时对加气混凝土的产物和微观结构进行分析。

3.2.1 试验原料

（1）铅锌尾矿：其化学成分列于表 3-7，SiO_2 含量为 63.23%。铅锌尾矿重金属浸出毒性符合《危险废物鉴别标准 浸出毒性鉴别》（GB 5085.3—2007），放射性符合《建筑材料放射性核素限量》（GB 6566—2010）。铅锌尾矿 0.08mm 方孔筛筛余为 66.41%。

表 3-7 原料的化学成分分析 （单位：%）

材料	SiO_2	Al_2O_3	Fe_2O_3	FeO	CaO	MgO	Na_2O	K_2O	SO_3	MnO	LOI
铅锌尾矿	63.23	7.67	2.45	3.12	8.51	1.78	0.54	0.65	—	4.13	3.83
生石灰	4.79	4.32	3.21	0.48	76.89	2.96	—	1.63	0.53	—	4.18
水泥	26.12	5.75	3.17	0.93	57.29	1.53	0.54	0.31	—	0.12	4.02
脱硫石膏	2.64	0.84	0.08	0.22	43.65	0.14	0.21	0.23	31.16	—	—

（2）生石灰：化学成分列于表 3-7，其有效 CaO 含量为 71%，消解温度 67℃，消解时间 12min，0.08mm 方孔筛筛余小于 15%。

（3）水泥：采用 P·O 42.5 普通硅酸盐水泥，其化学成分见表 3-7，初凝时间

160min，终凝时间 220min（表 3-8）。

表 3-8　水泥的物理性能

细度（80μm 方孔筛筛余）/%	标准稠度/%	凝结时间/min		安定性	抗折强度/MPa		抗压强度/MPa	
		初凝	终凝		3d	28d	3d	28d
22.13	27.20	160	220	合格	5.3	8.8	32.5	59.7

（4）脱硫石膏：取自首钢京唐钢铁联合有限责任公司，其化学成分见表 3-7，0.08mm 方孔筛筛余为 7.9%。

（5）其他材料：发泡剂采用油剂型铝粉膏；稳泡剂由油酸、三乙醇胺和水在常温下按一定的比例配制而成。

3.2.2　试验方法

1. 加气混凝土的制备

将铅锌尾矿烘干至含水率小于 1%；然后放入 5kg 实验室用球磨机（SMΦ 500mm×500mm）粉磨，粉磨时间和对应的比表面积如图 3-4 所示。

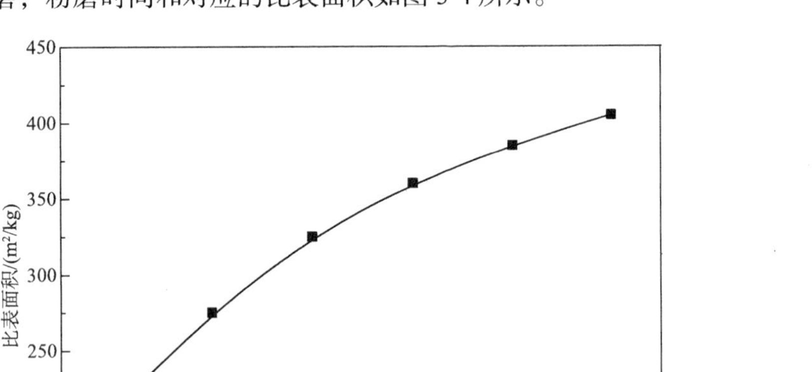

图 3-4　粉磨时间与比表面积的关系

1）不同细度铅锌尾矿加气混凝土的制备

铅锌尾矿、水泥、生石灰、脱硫石膏分别为：60%（质量分数，后同）、25%、10%、5%，水、铝粉膏和稳泡剂用量分别为四种干料总量的 57%、0.60‰和 0.256‰。

将不同细度铅锌尾矿分别和生石灰、水泥、脱硫石膏混合拌匀，加入 50℃温水搅拌 120s，再加入铝粉膏和稳泡剂搅拌 40s。将搅拌好的料浆浇注到三联模模具（100mm×100mm×100mm），然后在 70℃下静停养护 2h。脱模后将成型的坯体放入高压釜中蒸压，蒸压制度为：蒸压最高压力 1.2MPa，最高温度 185℃，恒温 8h，得到不同细度的铅锌尾矿制备的加气混凝土制品，其编号为 Z1、Z2、Z3、Z4、Z5 和 Z6。

2）不同掺量铅锌尾矿加气混凝土的制备

利用得到的最佳细度的铅锌尾矿，在铅锌尾矿用量分别为 54%、56%、58%、60%、62%、64%和 66%时，相应地调整水泥、生石灰和脱硫石膏用量，得到 7 组不同掺量铅锌尾矿加气混凝土，对应制品编号为 C1、C2、C3、C4、C5、C6 和 C7。水、铝粉膏和稳泡剂用量与不同细度铅锌尾矿加气混凝土制备的用量相同，同时其制备工艺也相同。

2. 样品表征

本节研究以制备铅锌尾矿加气混凝土制品达到《蒸压加气混凝土砌块》（GB 11968—2006）规定的 A3.5、B06 级加气混凝土合格品的要求为目标。加气混凝土制品的抗压强度和绝干密度等性能测试参照《蒸压加气混凝土性能试验方法》（GB/T 11969—2008）。

使用激光粒度分析仪（MASTER SIZER 2000，分析范围为 0.02～2000.00μm）以乙醇作为分散剂分析研磨 LZT 的粒径分布。使用动态 SSA 分析仪（SSA-3200）测量铅锌尾矿的比表面积。试样的强度测试采用 YES-300 型数显液压压力试验机。铅锌尾矿和加气混凝土制品的物相分析使用日本理学 Rigaku D/MAX-RC 12KW 旋转阳极衍射仪，衍射仪为 Cu 靶，波长 1.5406nm，工作电压 40kV，工作电流 150mA，扫描范围 $5°<2\theta<90°$。用 NEXUS70 型傅里叶变换红外光谱仪（Fourier transform infrared spectrometer，FTIR）（测试范围：350～4000cm^{-1}）定性分析样品中各官能团的振动情况。采用 TG-DSC204 型集成热分析仪对样品进行热重分析，升温速率为 10℃/min，工作温度为 0～1000℃，空气气氛。用德国蔡司 SUPRA™ 55 FE-SEM 观察试样的微观形貌。

3.2.3　试验结果分析

1. 铅锌尾矿细度对加气混凝土性能的影响

试验中所用的铅锌尾矿活性较低，要作为胶凝材料在加气混凝土中使用，必须先对其进行活化。通过机械力化学效应降低物料的反应活化能[38-40]。机械力使原料颗粒粒径缩小、比表面积增大，且产生大量新表面，表面自由能增加，反应活性随之增强[41,42]。在经高温蒸压养护的制品体系中掺入磨细硅质原料，体系中的二氧化硅具备了参与水化反应的条件，磨细的硅质原料不仅起到了物理填充作用，还能发生实质性的化学反应，生成加气混凝土的主要物相。硅质原料的粉磨细度是制备加气混凝土的关键因素，硅质原料颗粒的大小，直接影响到料浆浇注的稳定性和加气混凝土反应活性的高低。

图 3-5 为在相同条件下不同细度铅锌尾矿对加气混凝土性能的影响曲线。从图 3-5 中可以看出，随着铅锌尾矿的细度变小，加气混凝土制品的抗压强度先增大后减小，而绝干密度呈现先降低而后增加的趋势。6 组制品的绝干密度均小于 625kg/m^3，达到 B06 的要求，Z2、Z3、Z4、Z5、Z6 制品的抗压强度均大于 3.5MPa，符合 A3.5 要求，而 Z1 制品的抗压强度为 3.38MPa，达不到标准要求，由此可见，铅锌尾矿的细度对加气混凝土性能起至关重要的作用。同水泥等胶凝材料一样，提高细度可以增加尾矿与水接触的比表面积，形成的新表面晶体研磨碎断，变得无定形化，提高了溶解速度，物料参加化学反应的能力增强，尾矿的活性被激发。试验中发现，比表面积为 405m^2/kg 的 Z6 制品料浆在浇注中出现轻微冒泡现象，且黏稠度大，制品的外观效果较差，说明铅锌尾矿细度越小，参加反应的颗粒比表面积越大，其活性越高，料浆流动性好。但细度过小时，料浆过稠，导致制品不能形成良好的气孔结构，影响制品的性能。比表面积为 207m^2/kg 的 Z1 制品浇注中料浆的流动性差，出现冒泡现象，说明尾矿颗粒粗，细度过大，料浆流动性差，浇注后沉降速度快，易造成塌模和沉陷现象。该试验结果证明，铅锌尾矿比表面积为 325m^2/kg 时，料浆流动性和浇注稳定性好，制品的绝干密度和抗压强度的增强效果都达到最优，得到加气混凝土制品的外观效果最佳。因此从经济和性能上考虑，确定后续试验过程中尾矿的最佳比表面积为 325m^2/kg。

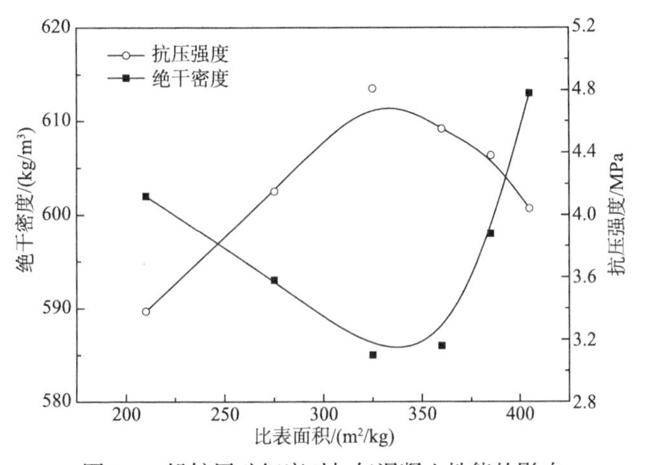

图 3-5 铅锌尾矿细度对加气混凝土性能的影响

2. 铅锌尾矿掺量对加气混凝土性能的影响

图 3-6 为在相同条件下不同掺量铅锌尾矿对加气混凝土性能的影响曲线。从图 3-6 中可见，随着铅锌尾矿掺量的增加，加气混凝土制品的抗压强度整体上先升高后降低，绝干密度先降低后增加。铅锌尾矿掺量的增加，在碱性条件下体系中溶解的活性 SiO_2 和 Al_2O_3 的量增多，体系的水化反应进行得较完全，水化产物托贝莫来石的结晶形态较好，水化产物与体系内未反应的颗粒结合得更紧密，使制品的抗压强度增大，绝干密度降低。但是当铅锌尾矿掺量过大时，体系内未反应的残余铅锌尾矿颗粒堆积增多，颗粒间的缝隙减小，不利于水化产物的生长和结晶，水化产物的结晶变差，导致抗压强度降低和绝干密度增大。铅锌尾矿的掺量为 64%和 66%时，过高的铅锌尾矿掺量也使料浆的流动性降低，料浆的初始稠度变大，坯体内气孔结构不均匀，坯体膨胀高度偏低，制品的抗压强度反而减小，制品内气孔结构不均匀，尾矿用量为 66%的 C7 制品的外表面甚至出现了少量垂直发气方向的细小裂纹，说明该试验条件下尾矿的掺入量不能大于 62%。当铅锌尾矿的掺量为 62%时，制品的绝干密度为 587kg/m^3，抗压强度达到 4.94MPa。综合考虑制品的性能和最大限度利用铅锌尾矿、降低成本的目标，选择铅锌尾矿、生石灰、水泥、脱硫石膏的掺量分别为 62%、24%、9%、5%的 C5 制品为最优化配合比。

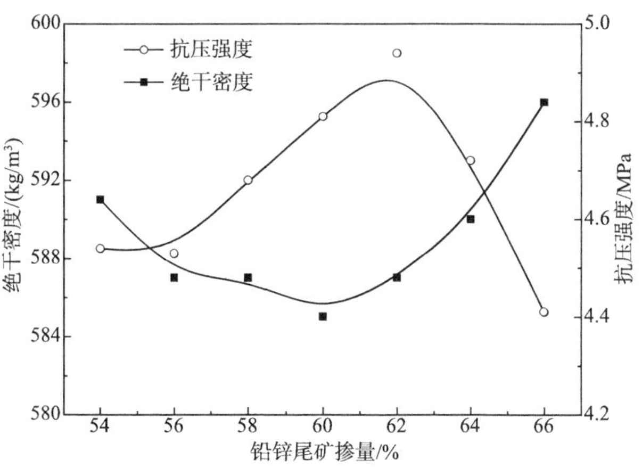

图 3-6　铅锌尾矿掺量对加气混凝土性能的影响

3. XRD 分析

为了验证 C5 号配方的可靠性，采用 X 射线衍射分析对铅锌尾矿和 C5 制品蒸压前后的物相组成进行了初步研究，测试结果如图 3-7 所示。从图 3-7 中曲线 1 可以看出，试验所用铅锌尾矿的主要矿物成分为石英、钙铁辉石、钙锰辉石、方解石、绿帘石和透辉石。从曲线 2 未经静停养护硬化后的坯体中可以看出，在常温常压下，浇注的料浆硬化后，与铅锌尾矿的物相对比，出现了新物相钙矾石和 $Ca(OH)_2$ 的衍射峰，原铅锌尾矿中主要矿物成分的 XRD 衍射峰有所降低；其中，$Ca(OH)_2$ 是由于水泥与水发生水化反应和生石灰与水发生消解所产生的，钙矾石的形成主要有两方面的原因，一是在有石膏存在的条件下，水泥水化所形成的水化铝酸钙（C-A-H）和石膏中 SO_4^{2-} 结合形成水化硫铝酸钙晶体，即钙矾石；二是在碱性条件下，铅锌尾矿中少量的超细颗粒开始表现出化学反应活性，能够与料浆中的 $Ca(OH)_2$ 发生反应，产生相应的水化产物，如水化硅酸钙（C-S-H 凝胶）和水化铝酸钙晶体，在有石膏存在的条件下，所形成的水化铝酸钙晶体又会迅速形成钙矾石晶体，这也是曲线 2 中石英衍射峰降低的原因所在。同时，曲线中 2θ 为 26°～34°的衍射峰下面宽泛的“凸包”背景，说明在坯体中有无定形（无衍射性）的非晶态和结晶度极低物质 C-S-H 凝胶存在[43]。坯体中所形成的钙矾石晶体和 C-S-H 凝胶也是硬化坯体强度的主要来源。

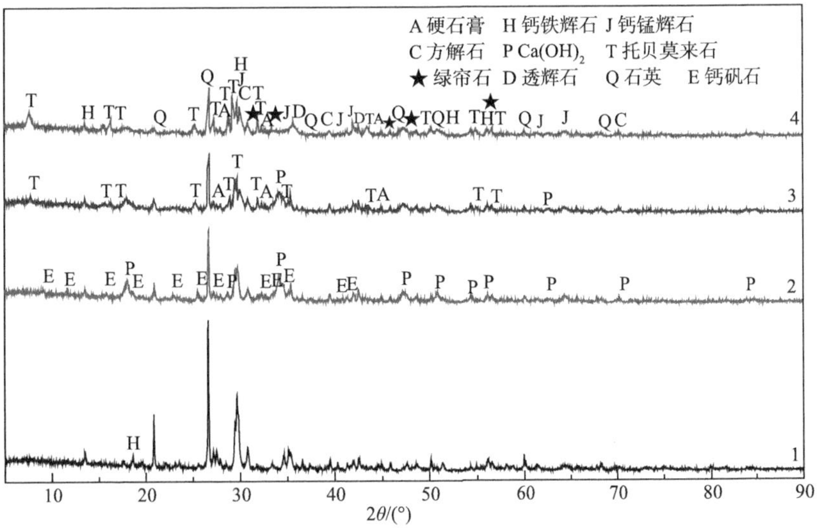
A 硬石膏　H 钙铁辉石　J 钙锰辉石
C 方解石　P Ca(OH)2　T 托贝莫来石
★ 绿帘石　D 透辉石　Q 石英　E 钙矾石
1
2
3
4
10
20
30
40
50
60
70
80
90
2θ/(°)

图 3-7　C5 试样和铅锌尾矿的 XRD 谱图

1. 铅锌尾矿；2. 未经静停养护的坯体；3. 静停养护后的坯体；4. 蒸压后制品

对比 2 和 3 两条曲线可知，经 70℃静停养护 2h 的硬化坯体中出现新的物相托贝莫来石和硬石膏，钙矾石的衍射峰消失，$Ca(OH)_2$ 的衍射峰有所降低，铅锌尾矿中石英的衍射峰进一步降低。这主要是因为在静停养护过程中，随着温度的升高，铅锌尾矿中 SiO_2 和 Al_2O_3 的溶解速度加快，更多的 SiO_2 和 Al_2O_3 组分与 $Ca(OH)_2$ 发生反应，生成相应的水化产物（如 C-S-H 凝胶和水化铝酸钙晶体），随着 SiO_2 溶出量的增加，液相中 Ca/Si 降低，水泥水化初期形成的双碱性 C-S-H 凝胶与 SiO_2 结合，形成低碱性的 C-S-H 凝胶和托贝莫来石。由于钙矾石在较高温度下发生分解，生成单硫型水化硫铝酸钙（AFm）、Al^{3+}和 SO_4^{2-}[44-46]，在静停养护的恒温阶段，AFm 继续分解成六水铝酸三钙（C_3AH_6）和 $CaSO_4$，所以曲线 3 中经 70℃静停养护 2h 后 XRD 曲线中没有钙矾石的特征谱线。由于原料体系中加入了起缓凝作用的脱硫石膏及 AFm 高温蒸压后分解，静停养护后的曲线 3 中硬石膏的衍射特征峰明显。

经过蒸压后的曲线 4 中，$Ca(OH)_2$的衍射峰消失，相比曲线 3 铅锌尾矿中石英的衍射峰进一步降低，而托贝莫来石和硬石膏的衍射峰增强，这说明加气混凝土坯体在高温高压的碱性条件下，铅锌尾矿中[SiO_4]结构中的 Si—O 键、Al—O 键发生断裂，促进了铅锌尾矿中 SiO_2 和 Al_2O_3 的溶解速度，能够结合更多的 $Ca(OH)_2$ 生成相应的水化产物（C-S-H 凝胶和托贝莫来石等）。曲线 3 和曲线 4 中存在的石英特征峰减弱可以说明，生成的托贝莫来石和 C-S-H 凝胶的数量增加，所以经过蒸压的曲线 4 中托贝莫来石的衍射峰呈增强趋势。对比曲线 2、曲线 3 和曲线 4 中钙铁辉石、钙锰辉石、方解石、绿帘石和透辉石衍射峰强度基本没有变化，可以说明这些矿物相在加气混凝土原料体系中基本不参与反应，水化产物托贝莫来石、C-S-H 凝胶与石英反应后残余的颗粒，以及钙铁辉石、钙锰辉石、方解石、绿帘石、透辉石和硬石膏一起构成了制品的骨架，使加气混凝土制品获得了足够高的强度。

4. FTIR 分析

图 3-8 给出了 C5 试样未经静停养护的硬化坯体、静停养护后的硬化坯体和蒸压养护 12h 的加气混凝土制品的 FTIR 图谱对比图，由图中可见各吸收峰均向小波数方向移动。在未经静停养护的硬化坯体曲线 1 中，最强吸收区 1250～1100cm^{-1} 为石英吸收谱带，属于 Si—O 非对称伸缩振动，由一弱带 1160～1250cm^{-1} 及一强带 1076～1100cm^{-1} 组成，其吸收带宽而强，其中 1076cm^{-1} 处的特征峰属于 Si—O 的非对称伸缩振动，波数为 777cm^{-1} 处有一个中等强度的吸收峰，属于 Si—O—Si 对称伸缩振动，是石英族矿物的特征峰，460cm^{-1} 处的特征峰归属于 Si—O 的弯曲振动[47]。波数在 3650cm^{-1} 左右的吸收谱带归属于 $Ca(OH)_2$ 中羟基的伸缩振动，波数在 3450cm^{-1} 附近的特征峰为水化产物 C-S-H 凝胶或 AFt 中吸附水的伸缩振动；波数在 1623cm^{-1} 左右的吸收谱带归属于 C-S-H 凝胶或 AFt 中吸附水中羟基的弯曲振动；波数在 1433cm^{-1} 处的吸收谱带归属于方解石中 CO_3^{2-} 的非对称伸缩振动，由铅锌尾矿中的方解石矿物引起；波数在 1000～1050cm^{-1} 的较宽泛的谱带归属于 Si—O 的伸缩振动，是由水化产物 C-S-H 凝胶造成的；波数在 640～700cm^{-1} 处是表征 O—Si(Al)—O 的弯曲振动，归属于铅锌尾矿中辉石类矿物的振动谱带。

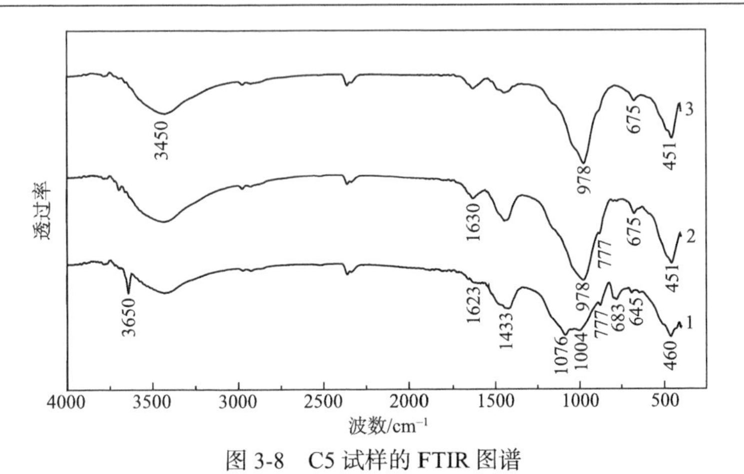

图 3-8　C5 试样的 FTIR 图谱

1. 未经静停养护的坯体；2. 静停养护后的坯体；3. 蒸压后制品

图 3-8 中经蒸压后的加气混凝土制品曲线 3 与静停养护 2h 后的硬化坯体曲线 2 的红外光谱图比较相似，未发生太大的变化。经过静停养护 2h 和高温蒸压后，波数为 1076cm^{-1}、1004cm^{-1}、683cm^{-1}、645cm^{-1} 和 460cm^{-1} 表征石英族矿物的特征峰消失，曲线 2 中表征石英的波数为 777cm^{-1} 的特征谱带减弱，曲线 3 中消失。这表明随着温度和压力的升高，铅锌尾矿中的活性 SiO_2 和 Al_2O_3 与 $Ca(OH)_2$ 发生了化学反应，形成了相应的水化产物且数量增多，有趋于结晶的趋势，曲线 3 中波数为 3650cm^{-1} 处归属于 $Ca(OH)_2$ 中羟基的伸缩振动特征峰消失，能充分地证明这一点。同时，曲线 1 中 1623cm^{-1} 左右的归属于 AFt 的吸收谱带，温度升高后在曲线 2 和曲线 3 中消失，也说明了 AFt 在温度较高的条件下发生分解[45]。曲线 2 和曲线 3 上出现了新的特征峰，其波数分别为 1630cm^{-1}、978m^{-1} 和 451cm^{-1}。波数为 978cm^{-1} 附近的吸收谱带是[SiO_4]结构中 Q^2 的 Si—O 对称伸缩振动引起的，该位置的特征峰吸收强度很大，表明该振动具有较强的红外活性；波数为 451cm^{-1} 附近的特征峰是[SiO_4]结构中的 Si—O 弯曲振动引起的。其中，波数为 978cm^{-1} 和 451cm^{-1} 的特征峰均归属于层状结构的托贝莫来石。

5. TG-DSC 分析

图 3-9 给出了 C5 试样未经静停养护的硬化坯体、静停养护后的硬化坯体和蒸压养护 12 h 的加气混凝土制品的 TG-DSC 曲线。图 3-9 中，在 80～200℃之间均存在一个宽泛的吸热峰，主要归结于水化产物 AFt、C-S-H 凝胶脱去游离水、吸附水及弱结晶水[48]。由图 3-9（a）可以看出，DSC 曲线上在 107℃、463℃、577℃和 762℃处都出现了吸热峰。在 107℃处出现的吸热峰较尖锐，同时伴随有 4.38%的失重。结合 XRD 分析结果可知，该处的吸热峰是由 AFt 脱水形成的。继续加热，在 463℃处有一个较大的吸热峰，主要是未经静停养护的坯体中水泥水化或

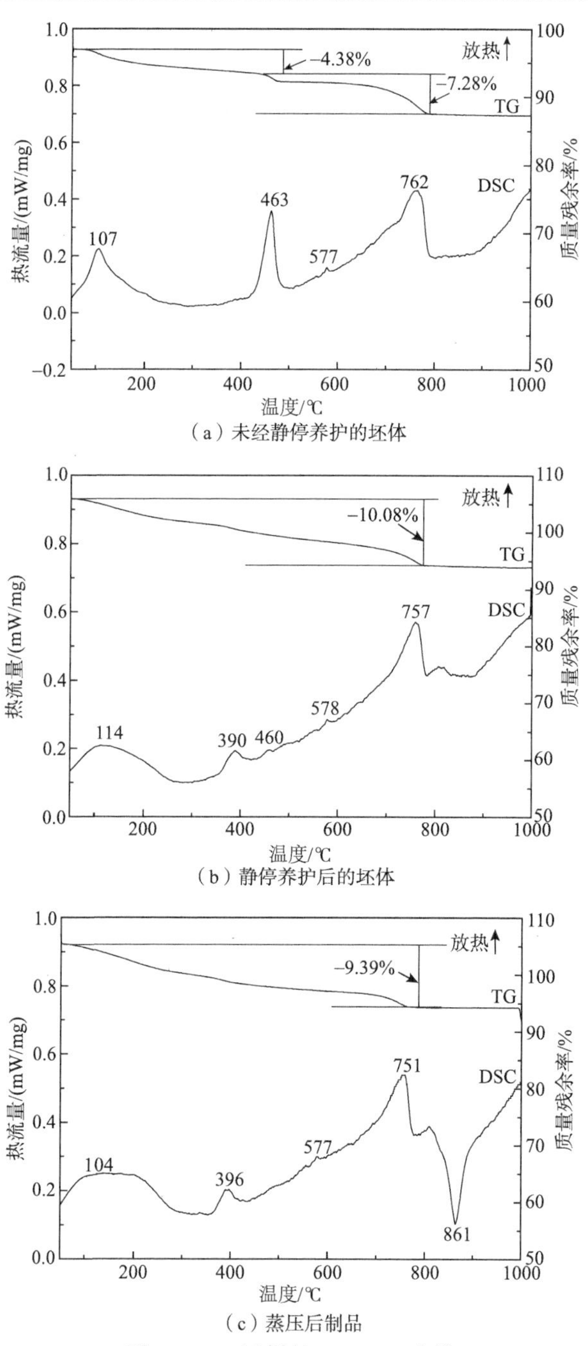

（a）未经静停养护的坯体

（b）静停养护后的坯体

（c）蒸压后制品

图 3-9　C5 试样的 TG-DSC 曲线

生石灰消解所形成的 $Ca(OH)_2$ 脱去结构水造成的。577℃处吸热峰是铅锌尾矿中的石英发生晶型转变形成的，主要为 β-石英向 α-石英转变[49]。此时，在 TG 曲线上不会有明显的失重发生。762℃处吸热峰是由 C-S-H 凝胶失去结构水造成的。同时，方解石分解的吸热峰也在该温度附近，因此所形成的吸热峰较大。

图 3-9（b）中，114℃左右出现的吸热峰为钙矾石脱水所致。在 360～400℃之间是石膏失去结晶水引起的；在 460℃左右出现的吸热峰为 $Ca(OH)_2$ 脱水形成的，相对于图 3-9（a）而言，该峰的强度较低，这是因为经过静停养护后，体系中的 $Ca(OH)_2$ 与铅锌尾矿中的活性组分 SiO_2 和 Al_2O_3 结合形成相应的水化产物，消耗了体系中的 $Ca(OH)_2$，这与 XRD 和 FTIR 的分析结果一致。757℃处吸收峰与图 3-9（a）的吸收峰相同，为 C-S-H 凝胶失水引起的。578℃处吸热峰是铅锌尾矿中的石英发生晶型转变形成的。

Klimesch 和 Ray[50]通过 TG-DSC 法对 $CaO-Al_2O_3-SiO_2-H_2O$ 系统的水化产物进行了深入分析。研究结果表明，在 840～900℃之间，C-S-H 凝胶会脱水形成硅钙石，脱水温度越高，说明 Al^{3+}进入 C-S-H 凝胶结构的量越多，在该区间所形成的放热峰归属于铝代托贝莫来石晶体。结合 XRD 和 FTIR 的分析结果可知，样品经蒸压养护后，加气混凝土的主要水化产物为托贝莫来石。因此，图 3-9（c）中 861℃处较强的放热峰是由托贝莫来石晶体发生晶型转变引起的。此外，751℃处吸热峰为碳酸钙发生分解所形成的，575℃处吸热峰为样品中残留的石英颗粒发生晶型转变的吸热峰。同时，图 3-9（c）中没有发现 $Ca(OH)_2$ 脱水的吸热峰，这表明经过蒸压后，$Ca(OH)_2$ 全部参与反应，这与 XRD 和 FTIR 的分析结果一致。

6. FE-SEM 分析

图 3-10、图 3-11 为 C5 试样静停养护前、后的硬化坯体和加气混凝土制品的 FE-SEM 照片和 EDS 图。从未经静停养护的坯体图 3-10（a）和图 3-10（a1）中可以看出，主要水化产物为结晶状态差且松散的 C-S-H 凝胶，与图 3-7 的 XRD 分析结果一致。图 3-10（a1）为图 3-10（a）中被标注区域放大后的图，图 3-10（a1）的视域中水化产物主要为针棒状 AFt 和晶型松散的 C-S-H 凝胶所覆盖，C-S-H 凝胶位于图的右方，图 3-10（a1）中标注区域 1 处的能谱分析显示，其主要元素为 Ca、S 和 Al，与 AFt 的成分一致。C-S-H 凝胶生成主要是由铅锌尾矿加气混凝土原料体系中水泥水化，而水泥原料和物料体系中脱硫石膏的存在，促进了 AFt 的生成。图 3-10（b）和（b1）为静停养护 2h 后坯体的断面图，由图中可见结晶程度高、晶型较好的 C-S-H 凝胶和大量薄厚不均板片状水化产物，对图 3-10（b）中区域 2 的能谱分析可知，水化产物中存在 Al 元素，这要是由于铅锌尾矿含有 Al 元素及原料体系中加入了铝粉膏，造成部分$[SiO_4]$四面体被$[AlO_4]$四面体取代[51]。区域 2 内的水化产物 $n(Ca)/n(Si+Al)=0.8326$，与托贝莫来石$[Ca_5(OH)_2Si_6O_{16}\cdot 4H_2O]$的 $n(Ca)/n(Si)=0.8333$ 组成基本一致。在图 3-10（b）和（b1）的视域中未见到 AFt，说明坯体经 2h、70℃的静停养护后，AFt 在温度较高的条件下发生分解[45]，与

图 3-7 和图 3-8 中 XRD 和 FTIR 的分析一致，同时经过静停养护后 C-S-H 凝胶的结晶程度增加，大量水化产物的形成为坯体提供了足够的强度，为坯体的切割和蒸压养护提供了条件。由于养护时间短及温度低等原因，水化产物较少，形成的结构体系不够致密。

（a）未经静停养护的坯体　（a1）（a）图局部放大

（b）经静停养护的坯体　（b1）（b）图局部放大

（c）蒸压后制品　（c1）（c）图局部放大

图 3-10　C5 试样的 FE-SEM 照片

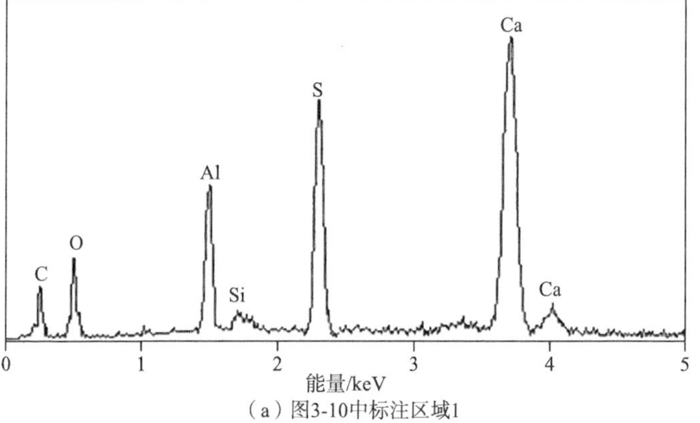

（a）图3-10中标注区域1

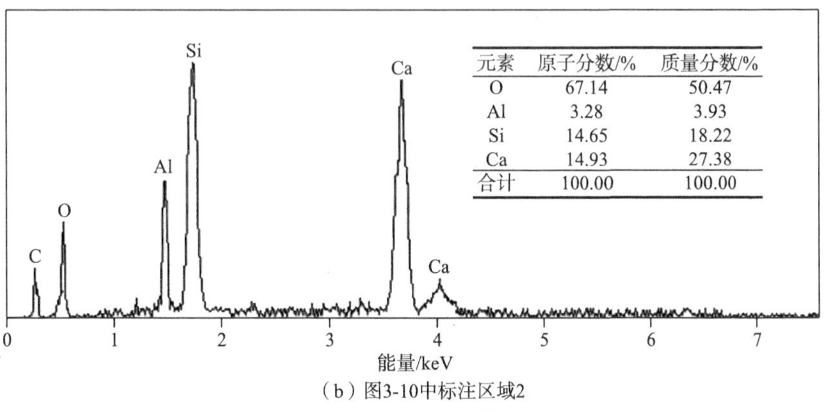

（b）图3-10中标注区域2

图 3-11　EDS 图

图 3-10（c）为蒸压 12h 后加气混凝土制品的水化产物，其产物主要为托贝莫来石和少量 C-S-H 凝胶，图中标注区域放大后的图 3-10（c1）中可见大量的板片状托贝莫来石晶体，其厚度为 0.1～0.2μm，板片状的托贝莫来石结晶度大大提高，相互交织在一起，形成了加气混凝土制品的骨架结构，使制品具有足够的强度。经过高温蒸压养护后，铅锌尾矿中的活性组分 SiO_2 和 Al_2O_3 在碱性水热的环境下溶解度增加，参与化学反应的能力增强，对提高水化产物的结晶度起到了积极的作用。

3.2.4　结论

（1）以高硅铅锌尾矿为主要硅质原料，可制备出符合国家标准规定的 A3.5、B06 级加气混凝土的合格品。

（2）随着铅锌尾矿细度的减小，料浆浇注稳定性和加气混凝土制品的物理力学性能起到增强效果，但细度过小导致相应性能降低。随着铅锌尾矿细度减小，尾矿与水接触的比表面积增大，提高了溶解速度，物料参加化学反应的能力增强，尾矿的活性被激发，使制品的强度提高；但是细度过小，料浆过稠，导致制品不能形成良好的气孔结构，影响制品的性能。

（3）铅锌尾矿掺量的增加，在碱性条件下，体系中溶解的活性 SiO_2 和 Al_2O_3 的量增多，体系的水化反应进行得较完全，使加气混凝土制品的物理力学性能增强。但铅锌尾矿掺量过大，体系内未反应的残余尾矿颗粒堆积增多，颗粒间的缝隙减小，不利于水化产物的生长和结晶，导致性能下降。

（4）通过 XRD、FTIR 和 FE-SEM 分析可知，加气混凝土未经静停养护的坯体中水化产物为 AFt、C-S-H 凝胶；经静停养护后，坯体内水化产物为大量薄厚不均的托贝莫来石和结晶较好的 C-S-H 凝胶水化产物；经蒸压养护后，铅锌尾矿

的活性组分 SiO_2 和 Al_2O_3 参与化学反应的能力增强，水化产物托贝莫来石的结晶度提高。

3.3　金尾矿固化氯离子的绿色化技术机理研究

钢筋锈蚀是导致钢筋混凝土结构耐久性损伤的主要原因。研究表明[52-54]，在混凝土呈碱性情况下，钢筋因氧化保护膜的存在不致锈蚀，但如果混凝土中游离氯离子含量较高，氯离子会强烈促进锈蚀反应、破坏保护膜、加速钢筋锈蚀，所以混凝土材料对氯离子的固化显得尤为重要。国内外学者在氯离子入侵混凝土过程[55]，矿物掺合料、胶凝材料矿物组成[56]，水化反应产物[57]等中对氯离子的固化作用进行了研究，其中关于以矿物掺合料对氯离子固化的研究为最多[58-60]。从矿物掺合料种类来讲，关于这方面研究较多的有粉煤灰、矿渣、煤矸石和钢渣等固废，初步研究表明这类材料掺入混凝土，可改善混凝土内部结构和工作性能，增进后期强度，提高混凝土的耐久性和抗渗能力[61,62]。以上研究普遍认为胶凝材料合理地使用矿物掺合料能有效地提升其力学性能和耐久性能，树立了矿物掺合料应用的典范，但不同掺合料组成的胶凝材料微观结构及固化机理方面的研究还相对缺乏，且矿物掺合料种类单一。2017 年年初，我国金矿资源储量为 12167t，位居世界第二[63]，金矿资源的开采造成了大量难处理的堆存的尾矿，给我国环境治理加大了负担。由于金尾矿的胶凝活性低、含泥量大和技术等问题，还不能像矿渣、粉煤灰、煤矸石等固废被有效利用，目前金尾矿大多都是重新回收金，或制备陶粒、免烧砖，作水泥混合材等[64]。基于矿物掺合料是以活性 SiO_2、Al_2O_3 为组分和具有胶凝活性的粉体材料，具有潜在水硬性、火山灰活性[65]。本节根据其他固废处理方法和利用途径，充分利用金尾矿高硅高铝的特性，运用机械力活化和高温焙烧方式激发尾矿中活性 SiO_2、Al_2O_3 及其他活性矿物成分，研究不同活化方式对氯离子的固化及固化机理，为尾矿作矿物掺合料在混凝土耐久性方面的合理利用提供资料。

3.3.1　试验原料

（1）金尾矿：试验所用金尾矿取自陕西山阳秦鼎矿业有限责任公司大洞沟尾矿库，尾矿粒径集中分布在 20～200μm 之间，0.15mm 以下占比为 75.24%，其化学成分见表 3-9。由表 3-9 可知，金尾矿主要成分是 SiO_2，含量高达 80.74%，其次是 CaO、Al_2O_3、MgO 等成分，属高硅型矿物材料。从图 3-12 可以看出，金尾矿主要矿物组成为石英、白云石、方解石及少量高岭石和斜长石。

表 3-9 原材料的化学成分 （单位：%）

成分	SiO_2	Al_2O_3	TiO_2	Fe_2O_3	CaO	MgO	MnO	SO_3	K_2O	LOI
金尾矿	80.74	2.45	0.07	1.23	5.27	1.39	0.08	0.08	0.38	6.09
水泥	21.80	4.55	—	3.45	64.40	2.09	—	2.45	—	1.26

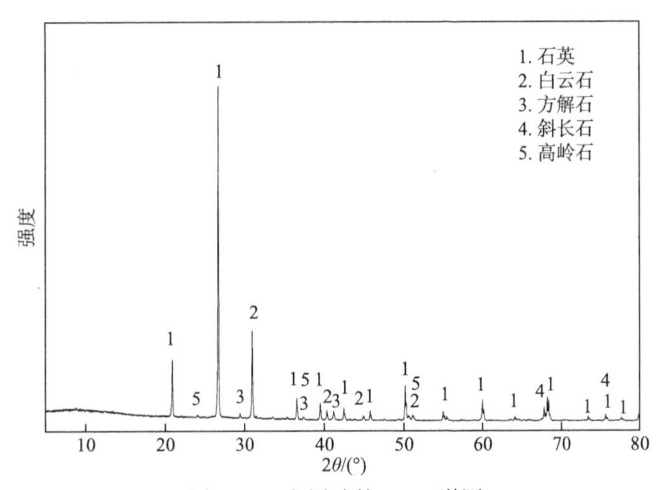

图 3-12 金尾矿的 XRD 谱图

（2）水泥：采用 P·I 42.5 硅酸盐水泥，水泥的化学成分见表 3-9，比表面积为 $338m^2/kg$，标准稠度用水量为 25.2%，初凝时间为 138min，终凝时间为 215min。

（3）砂：采用 ISO 标准砂。

（4）水：蒸馏水。

3.3.2 试验方法

1. 试样制备

（1）机械粉磨：称取粒径小于 0.15mm 的金尾矿 5kg 装入 SMΦ500mm×500mm 型球磨机进行不同程度的粉磨，粉磨时间分别为 15min、30min、45min、60min、75min。

（2）高温煅烧：将粉磨 60min 后的金尾矿放入马弗炉中，分别在 300℃、450℃、600℃、750℃、900℃温度环境下热活化处理 1h，取出后自然冷却备用。

（3）净浆及砂浆试块的制备：选择不同活化方式的金尾矿粉，按表 3-10 配合比，制备 30mm×30mm×50mm 的净浆试样及 40mm×40mm×160mm 的砂浆试块，水溶液中 Cl^-浓度为 0.5mol/L，成型后放入温度为（20±1）℃，相对湿度不低于 95%的标准养护箱，养护 24h 后拆模并继续进行标准养护至规定养护龄期。

表 3-10　水泥净浆及砂浆配合比

样品	水胶比	配合比/%			
		水泥	机械力活化尾矿粉	复合活化尾矿粉	标准砂
A1	0.4	100	—	—	—
B1		70	30	—	—
C1		70	—	30	—
A2	0.5	100	—	—	300
B2		70	30	—	300
C2		70	—	30	300

2. 试样测试

胶砂试块力学性能测试按照《水泥胶砂强度检验方法（ISO 法）》（GB/T 17671—1999）进行，采用 YAW-3000 型微机控制电液伺服压力试验机测试。净浆样品处理参照《水运工程混凝土实验规程》（JTJ 270—98），将相应龄期试样敲碎放入无水乙醇中浸泡 7d 以终止水化，然后置于（105±5）℃烘箱中烘 2h。取样约 30g 研磨至全部通过 0.63mm 筛，最后放入干燥皿内备用。准确称取 20g（精确到 0.01g）置于三角烧瓶中，加入 200mL 蒸馏水，剧烈振荡 2min，浸泡 24h 后取滤液。

胶凝材料净浆试样固化体对 Cl^-的固化能力用固化量 $R_{Cl}=C_t-C_f$表征，其中，样品中 Cl^-总含量为 C_t，由制样过程中掺含 Cl^-的水溶液确定，本试验净浆样品中 Cl^-总含量为 7.091mg/g；试样中游离 Cl^-含量 C_f按《水运工程混凝土实验规程》（JTJ 270—98）滤取法计算，公式如下：

$$C_f = \frac{M_{AgNO_3} \times V_{AgNO_3} \times 35.453}{G \times \dfrac{V_3}{V_4}} \tag{3-1}$$

式中，C_f为游离Cl^-含量，mg/g；M_{AgNO_3}为滴定用的硝酸银的摩尔浓度，0.02 mol/L；V_{AgNO_3}为滴定时试样所消耗的硝酸银体积，mL；V_3为测定时提取的滤液量，mL；V_4为浸样时所加蒸馏水量，mL；G为样品质量，g。

3.3.3　试验结果分析

1. 活化工艺对胶凝材料性能的影响

图 3-13 和图 3-14 分别为由金尾矿粉组成的胶凝材料固化氯离子量和抗压强度图。

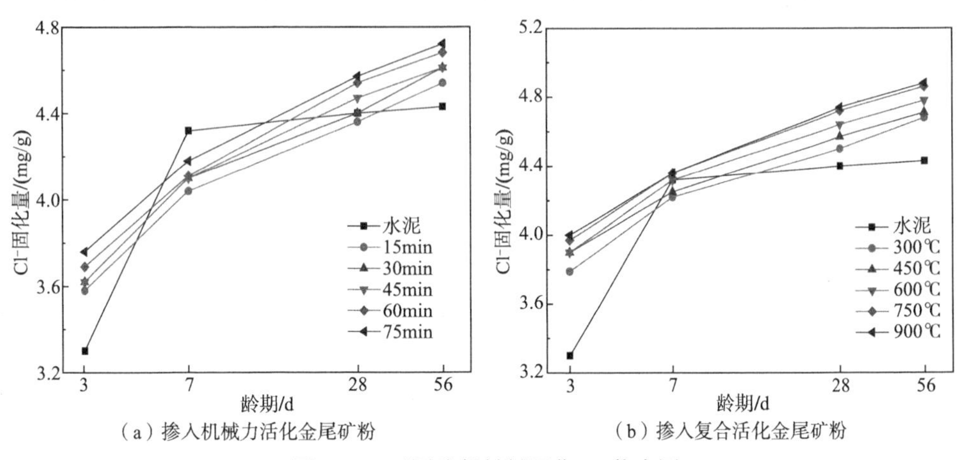

（a）掺入机械力活化金尾矿粉　（b）掺入复合活化金尾矿粉

图 3-13　不同胶凝材料固化 Cl⁻能力图

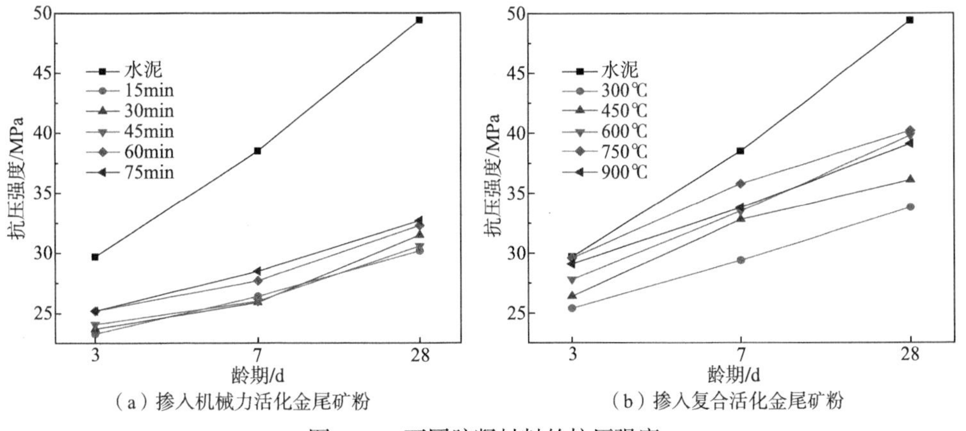

（a）掺入机械力活化金尾矿粉　（b）掺入复合活化金尾矿粉

图 3-14　不同胶凝材料的抗压强度

从图 3-13（a）中可以看出，粉磨金尾矿粉的掺入改善了水泥材料对 Cl⁻的固化能力，固化能力随金尾矿粉细度的提升而增大，Cl⁻固化量曲线呈平缓增长趋势。在 3d 龄期，水泥材料对 Cl⁻的固化能力高于纯水泥，说明金尾矿粉初始对 Cl⁻就有一定的固化能力，金尾矿粉可能对其产生了吸附作用[66]。然而 7d 龄期时，金尾粉矿的固化效果不如纯水泥，但随着水化反应的进行，金尾矿粉的作用在水化反应后期得以发挥，从图 3-13（a）中可以看出，含金尾矿粉的水泥材料在 28d 和 56d 龄期时对 Cl⁻的固化高于纯水泥，且固化还在继续发展，对水泥材料固化 Cl⁻做出贡献。

从图 3-13（b）中可以看出，水泥材料对 Cl⁻的固化量随着热活化温度的升高而增加，从 300℃到 750℃，Cl⁻固化量逐渐增加，温度从 750℃到 900℃Cl⁻固化趋势平缓。与掺机械粉磨方式活化的金尾矿粉相比，水泥材料各龄期对 Cl⁻的固化进一步提升。此时 28d 龄期 Cl^-固化量与纯水泥相比从 4.40mg/g 提高到了 4.72mg/g，而纯水泥材料 28d 龄期固化量（4.40mg/g）与 56d 龄期几乎无差异。以上结果证实了经活化后的金尾矿粉具有一定的火山灰活性，在水泥材料中参与反应，对 Cl^-的固化起到了很好的促进作用。说明在机械粉磨的基础上采用热活化能更好地发挥尾矿粉的反应活性，使得水泥材料对 Cl^-的固化量提升幅度更大，尤其体现在水化反应后期。从图 3-14 金尾矿的抗压强度可以得出：纯水泥 28d 强度为 49.4MPa；机械粉磨 60min 和 75min 的 28d 强度分别为 32.3MPa 和 32.7MPa。按照《用于水泥混合材的工业废渣活性试验方法》（GB/T 12957—2005）测定其活性指数，60min 和 75min 粉磨的金尾矿活性指数均大于 65%。因此，依据 Cl^-固化能力、抗压强度、降低能源消耗等多因素考虑，采用 60min 为最优粉磨时间，750℃为最佳热活化温度。

2. XRD 分析

图 3-15（a）和（b）为由不同活化方式金尾矿胶凝材料不同龄期水化产物的 XRD 谱图。

由图 3-15 可知，在 3d 龄期物相分析中，在 2θ 为 25°～35°的角度范围内，从峰的特征可以判断出对应的主要矿物有 AFt、C-S-H，说明水泥熟料中的铝酸三钙（C_3A）、铁铝酸四钙（C_4AF）及石膏中的 $CaSO_4$ 共同参与水化反应，在早期水化产物中就大量生成了这类含非晶态成分多和结晶程度差的矿物，因此出现图谱中宽泛的凸包背景现象，在其衍射角度发现了 AFt、C-S-H 的衍射峰。随着水化过程的进行，掺活化金尾矿粉的胶凝材料固化体在后期出现 Friedel 盐的衍射峰增强，表明水泥材料中 C_3A、C_4AF 等矿物与 Cl^-化学结合生成的 Friedel 盐数量增多，活化尾矿粉的掺入促进了 Friedel 盐的生成[67]，同时从水化龄期图对比可以看

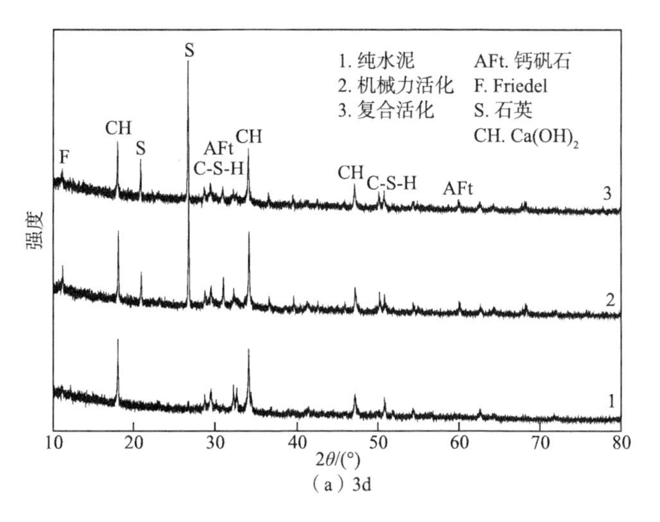

（a）3d

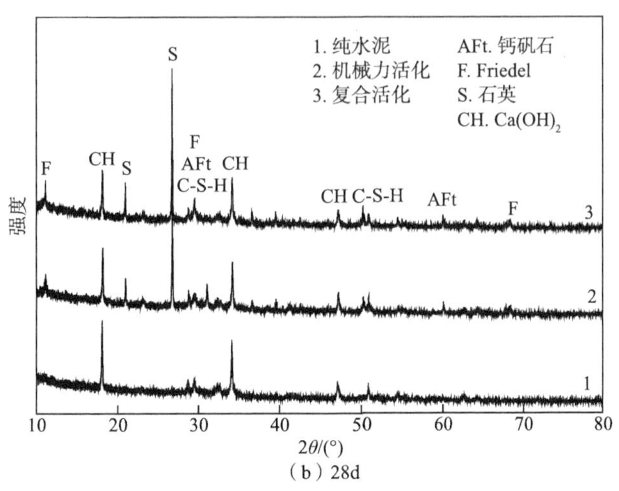

（b）28d

图 3-15　不同时期胶凝材料水化产物的 XRD 谱图

出，水化反应后期氢氧化钙（CH）特征衍射峰强度降低，C-S-H凝胶增多，这是由于金尾矿粉中的活性氧化硅、氧化铝在碱性环境下的火山灰活性得以激发，二次水化反应消耗氢氧化钙。C-S-H凝胶增多的同时也使得带电荷胶粒比表面积增大，增强了对Cl^-的物理吸附作用[69,70]，从而使固化Cl^-性能优于纯水泥，这与图3-13中不同的胶凝材料对Cl^-固化量随不同活性尾矿粉的掺入而变化的现象相吻合。

3. FTIR 分析

图 3-16 为含金尾矿粉胶凝材料试样与空白试样 3d 和 28d 水化产物的 FTIR 分析对比图。

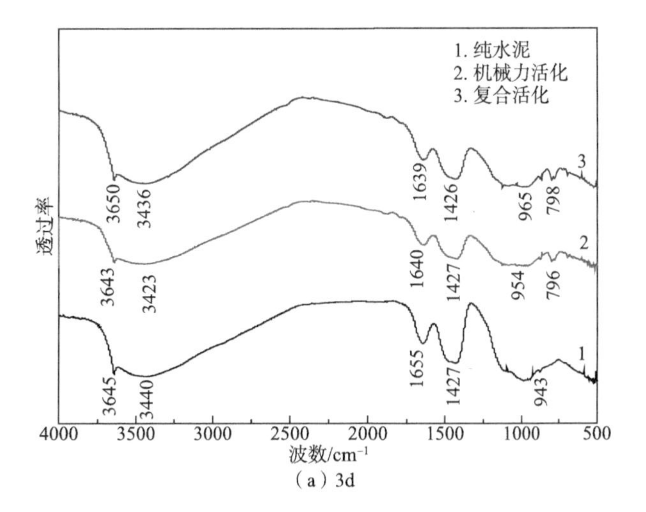

（a）3d

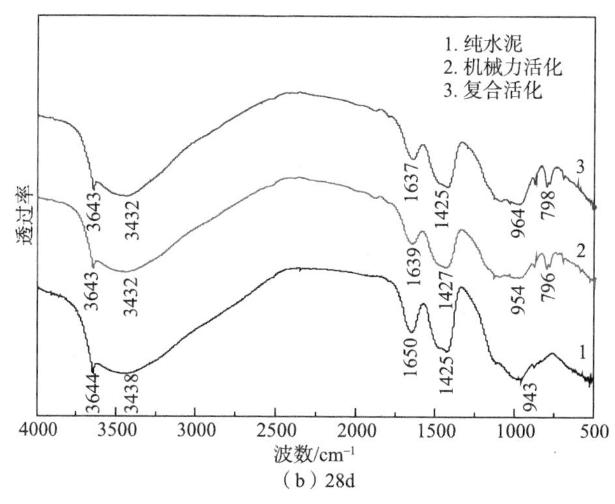

（b）28d

图 3-16　不同龄期胶凝材料水化产物的 FTIR 图

由图 3-16 知，含金尾矿粉试样与水泥试样各龄期在 $1000cm^{-1}$ 以下存在差异，其余图谱大致相同。从图 3-16（a）和（b）可以看出，随着水化程度的加深，吸收峰的位置逐渐向波数低的方向偏移，并且吸收峰在逐渐增强，这说明金尾矿粉中矿物颗粒的硅氧四面体在逐渐解离，生成更多聚合度高的 C-S-H 凝胶和 AFt 等产物。28d 龄期图中掺热活化金尾矿粉吸收峰的伸缩振动频率变缓，逐渐变锐，这说明净浆试样硬化体系中的硅酸盐矿物更加复杂化且 C-S-H 凝胶、AFt 产物量增多。28d 龄期图中 $3644cm^{-1}$ 位置附近吸收峰为氢氧化钙的 O—H 伸缩振动，$3432cm^{-1}$ 和 $1640cm^{-1}$ 左右位置吸收峰为 H_2O 的弯曲振动，说明自由水参与水化反应生成凝胶或含结晶水的物质，$1425cm^{-1}$ 为水化产物 C-S-H 凝胶的一个吸收峰，$1000cm^{-1}$ 附近为 Si—O(Al)键的非对称伸缩振动[71]，不同聚合度的硅氧四面体基团中的 Si—O 键伸缩振动频率随聚合度的增加而增大。掺活化尾矿粉波峰数为 $954cm^{-1}$ 和 $964cm^{-1}$，而纯水泥相应位置的波峰数为 $943cm^{-1}$，在 $798cm^{-1}$ 附近出现了凸显吸收峰，而水泥试样中没有，分析认为，该吸收峰为钙矾石中 Si—O 键的弯曲振动，这是金尾矿粉中含石英的矿物，这说明随着水化龄期延长，金尾矿粉中更多的 Si—O 键断裂，键能降低，金尾矿粉充分参与反应，生成更多的 AFt 和 C-S-H。在 $964cm^{-1}$ 处出现的是硅酸盐、Si—O 键及 C-S-H 凝胶吸收峰[72]。综合分析，掺活化尾矿粉胶凝材料的水化产物中硅酸盐结构复杂，有较多能吸附 Cl^- 的 C-S-H 凝胶和 AFt 产物，同时丰富的水化产物对浆体起到很好的充填作用，提高其密实性，从而降低游离 Cl^- 在孔隙中的传输效率，使得硬化浆体对 Cl^- 具有很好的固化作用，这可能是改善水泥材料对 Cl^- 固化能力的因素。

4. SEM 分析

图 3-17 为掺不同活化工艺金尾矿粉胶凝材料与纯水泥 3d 和 28d 净浆试样的 SEM 照片。

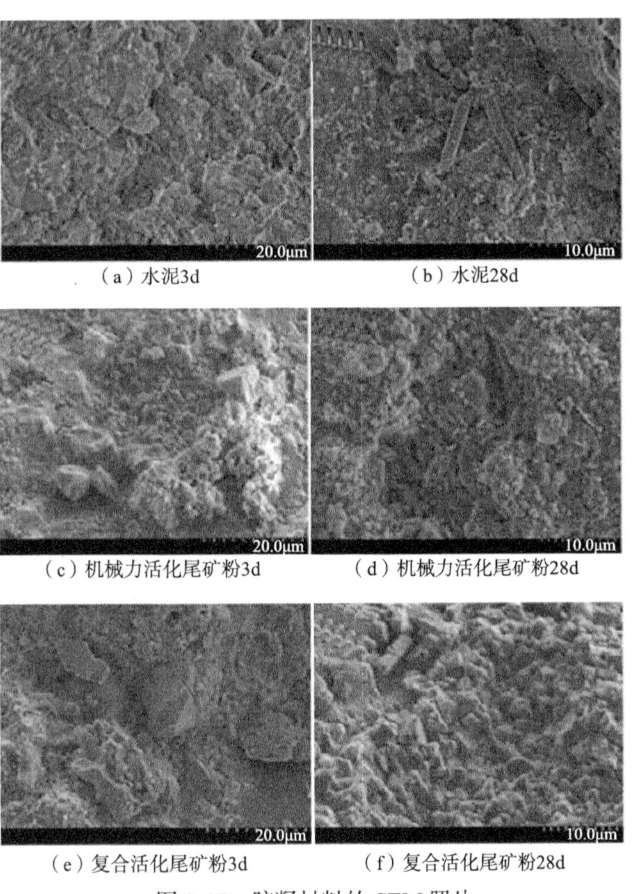

（a）水泥3d　（b）水泥28d

（c）机械力活化尾矿粉3d　（d）机械力活化尾矿粉28d

（e）复合活化尾矿粉3d　（f）复合活化尾矿粉28d

图 3-17　胶凝材料的 SEM 照片

从图 3-17（b）28d 龄期图中可以看出，纯水泥净浆试样有片状的 $Ca(OH)_2$ 存在，而掺活化尾矿粉的图中[图 3-17（d）和（f）]未发现，这是由于尾矿粉原料中的活性组分参与二次水化，火山灰反应效应得以充分发挥。另外，从 XRD 谱图中也可发现 $Ca(OH)_2$ 衍射峰减弱强度随水化龄期延长而减弱。图 3-17（d）中可隐约观察到针棒状钙矾石与硅酸钙凝胶相互穿插交织，未反应的尾矿细颗粒起填充作用，相比之下，掺机械活化尾矿粉的净浆试样孔隙结构比纯水泥净浆试样更加完善。图 3-17（f）中则发现大量絮状硅酸钙凝胶聚集，并将钙矾石晶体完全包覆，分析认为，热活化的尾矿粉活性增强，粉体中活性 SiO_2、Al_2O_3 量增多，更加促进了二次水化作用，使得掺金尾矿粉的胶体结构改善，孔隙率降低，孔结构细化密实性更加优良，共同形成了一个密实而完整的硬化浆体体系，从而促进了胶凝材料净浆试样对 Cl^- 的固化作用，胶砂块力学性能增强也侧面证实了这一现象。另外，水化产物中有更多的能吸附 Cl^- 的 C-S-H 凝胶，且未完全参与反应的金尾矿中活性组分也对 Cl^- 有一定的吸附作用[66]，同时活性尾矿粉参与反应对 C_3A、C_4AF 与 Cl^- 结合生成 Friedel 盐提供了条件，增强了对 Cl^- 的固化作用。

3.3.4　结论

（1）水泥材料中掺复合活化金尾矿粉胶凝材料固化 Cl^- 效果显著，初始对 Cl^- 就有一定物理固化能力，也对水泥材料中 C_3A、C_4AF 的矿物与 Cl^- 化学结合生成 Friedel 盐具有重要的促进作用。

（2）750℃条件下热活化粉磨 60min 处理含硅铝原料丰富的金尾矿，激发了其潜在活性，使矿物中的活性 SiO_2、Al_2O_3 粉体组分增多，有效地提高了活性尾矿粉二次水化作用。

（3）掺复合活化工艺金尾矿粉的胶凝材料，其水化反应更容易生成 C-S-H 和 AFt，在试样密实度提升的同时，其固化 Cl^- 的能力也提升。

3.4　钼尾矿复合胶凝材料制备及水化机理研究

随着我国国民经济的快速发展，国家对金属资源的需求量越来越大，导致金属矿物资源的大量开采，其中钼矿资源产量也在逐年增加，呈现出“面型”分布的特征[67]。由于钼矿石钼品位低，高品位资源储量占比不足 1/5[68]，在提取钼资源的过程中有将近 95%的尾矿排出[69]。钼尾矿产量迅猛增加并大量堆存，带来土地、资源、环境、安全等一系列问题，如何合理有效地利用钼尾矿资源已备受关注。

钼尾矿的综合利用主要集中在钼尾矿中有价元素的提取[70,71]及新型材料的制备[72-74]。此外，钼尾矿中含有一些硅酸盐类矿物，这与水泥的属性极为相似，因此以尾矿代替水泥成为钼尾矿资源合理利用的又一重要思路，当前国内外对钼尾矿代替水泥制备胶凝材料的研究较少，虽然崔孝炜等[75]制备出了钼尾矿混凝土，并对尾矿在胶凝材料中的掺量做了定量研究，但是钼尾矿掺量较低，仅为 20%，且缺少对钼尾矿复合胶凝材料的水化机理及强度形成机理的研究。

本节将以钼尾矿为原料，通过粒径分析、力学性能测试、XRD 和 SEM 等测试手段，深入探究钼尾矿细度和掺量对胶凝材料性能的影响及复合胶凝材料的水化机理，并制备出以钼尾矿粉为主要原料的胶凝材料，不仅为砂石、水泥缺少地区提供了廉价资源，也为钼尾矿广泛利用提供了理论支撑。

3.4.1　试验原料

（1）钼尾矿：取自陕西省洛南县九龙矿业有限公司，是经破碎—球磨—洗选产生的极细固体颗粒废弃物，堆积密度 1.65g/cm^3，表观密度 2.55g/cm^3，含水率 0.73%，含泥量 2.68%，化学成分见表 3-11。从表 3-11 可知，尾矿的主要化学元素是硅、氧、铝、铁、钙等，其中硅含量高达 70%以上，属高硅（SiO_2>65%）型细粒尾矿，因此可为混凝土强度发展提供充足的硅质材料。钼尾矿粒径主要集中在 0.16～0.63mm，占比 64.01%，见表 3-12。

表 3-11　原材料化学成分分析　（单位：%）

原料	SiO_2	Al_2O_3	CaO	Fe_2O_3	FeO	MgO	K_2O	Na_2O	SO_3	LOI
钼尾矿	73.04	5.27	4.01	5.33	3.54	2.26	2.12	0.24	—	2.45
矿渣	34.90	14.65	35.46	0.70	—	10.52	0.35	0.27	—	0.38
水泥熟料	22.50	4.86	66.30	3.43	—	0.83	0.31	0.24	—	0.12
脱硫石膏	3.14	1.48	45.31	0.71	—	0.58	0.35	0.03	47.26	0.06

表 3-12　钼尾矿粒径筛分表

粒级/mm	+2.5	2.5～1.25	1.25～0.63	0.63～0.315	0.315～0.16	0.16～0.08	–0.08	合计
产率/%	0.07	0.31	5.55	26.68	37.33	15.26	14.8	100

（2）粒化高炉矿渣：密度为 2.95g/cm^3，粒径介于 0.1～1mm 之间。

（3）水泥熟料：密度为 3.20g/cm^3，平均粒径介于 0.1～10mm 之间。

（4）脱硫石膏：密度为 2.65g/cm^3。

（5）高效减水剂：采用 PC 高效减水剂（聚羧酸系列）。

（6）水泥：采用基准水泥，型号 P·I 42.5 硅酸盐水泥，初凝时间 118min，终凝时间 190min。

3.4.2　试验方法

1. 样品制备

1）胶凝材料制备

首先将钼尾矿、水泥熟料、矿渣、脱硫石膏等原料放入 DHG-9920A 电热恒温鼓风干燥箱烘干至含水率小于 0.1%；然后采用 SMΦ500mm×500mm 型球磨机对原料分别进行粉磨。钼尾矿粉磨时间和对应比表面积如图 3-18 所示。水泥熟料粉磨至比表面积为 480m^2/kg，高炉矿渣粉磨至比表面积为 565m^2/kg，脱硫石膏粉磨至比表面积为 300m^2/kg；最后将各粉体按比例配合（表 3-13），作为胶凝材料备用。

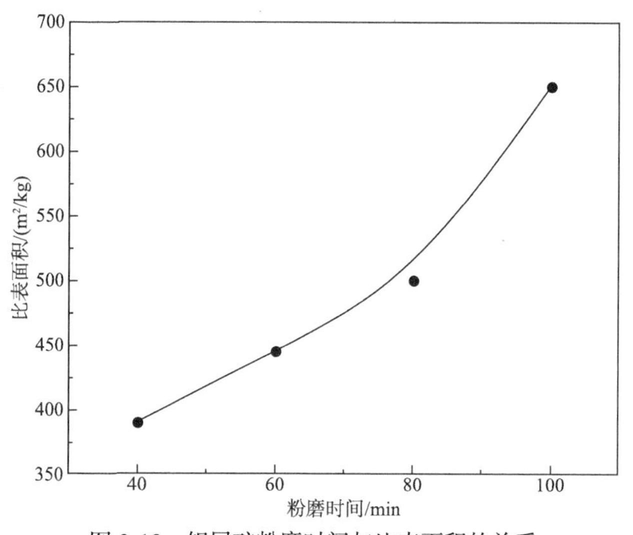

图 3-18　钼尾矿粉磨时间与比表面积的关系

表 3-13　复合胶凝材料配合比　（单位：%）

编号	水泥	钼尾矿	矿渣	水泥熟料	脱硫石膏
A-0	100	—	—	—	—
A-1	—	30	40	20	10
A-2	—	40	30	20	10
A-3	—	50	20	20	10

2）静浆试块及胶砂块的制备

依据国家标准《通用硅酸盐水泥》（GB 175—2007）将制备好的胶凝材料与适量减水剂、水均匀拌和后置于 NJ-160B 型水泥净浆搅拌机搅拌，将搅拌均匀的净浆浇注到 30mm×30mm×50mm 的标准试验模；按照《水泥胶砂强度检验方法（ISO 法）》（GB/T 17676—1999）将标准砂与制备好的胶凝材料混合，并拌和均匀，掺入适量水和减水剂于 JJ-5 型水泥胶砂搅拌机；将净浆块及胶砂块置于 YH-40B 型标准恒温恒湿养护箱养护，控制温度（20±2）℃，相对湿度≥95%；最后养护至所需龄期拆模成型。

2. 性能表征及钼尾矿微观结构分析

采用 Ms2000 激光粒度分析仪（量程为 0.02～2000μm）测定粉磨钼尾矿粉粒径分布；采用 QBE-9 型全自动比表面积测定仪，测定磨细钼尾矿、粒化高炉矿渣、脱硫石膏、水泥熟料的比表面积；采用帕纳科 X'Pert Powder 型 XRD 鉴定钼尾矿的矿物成分；采用 SUPRA55 型 SEM 分析钼尾矿的微观形貌。

抗压强度测试：参照静浆试块及胶砂块的制备方法，制备四组胶砂试块，记为 A-0、A-1、A-2、A-3，测试其抗压强度，其中水胶比为 0.5，胶凝材料与标准砂为 1∶3，PC 减水剂用量为 0.4%。

3.4.3 试验结果分析

1. 不同细度钼尾矿的粒径分布

由图 3-19、表 3-14 可知，随着研磨时间的增加，钼尾矿粒径越来越细，粒径分布范围变窄，并逐渐向粒径小的方向集中。当粉磨时间由 40min 增加到 60min 时，D_{50}减少 33.91%，D_{90}减少 74.85%；粉磨时间由 80min 增加到 100min 时，D_{50}减少 38.81%，D_{90}减少 42.44%。可以看出，钼尾矿早期粒径变化较大后期较小，主要原因是分子、原子间绝大多数化学弱键断裂，而剩下的高能化学键难以分离，导致粒径不会进一步缩小[76]，使得粉磨效率快速下降，粉磨趋于平衡。粉磨钼尾矿作为矿物掺合料，其价值主要体现在对胶凝浆体的物理填充效应上。经过充分粉磨的钼尾矿可以填充到硬化浆体的孔隙中，从而有效降低浆体的孔隙率，进而提高其力学性能，所以要实现良好的填充效应，钼尾矿必须要有合理的粒径

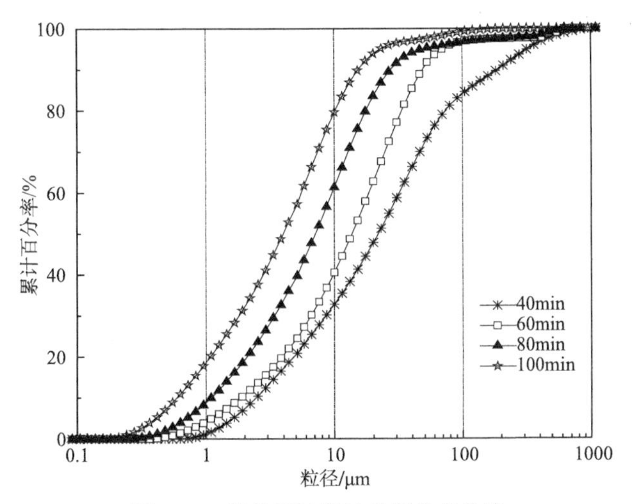

图 3-19 粉体颗粒累计粒径分布曲线

分布。研究表明，水泥粉体堆积结构中存在大量5μm以下的孔隙，掺加粒径小于5μm的粉体能填充水泥颗粒之间的孔隙，获得紧密堆积结构[77]，从图3-19可以看出，粉磨80min的钼尾矿中粒径小于5μm的颗粒占40%，粉磨100min的钼尾矿中粒径小于5μm的颗粒占58%，因此有大量的粒径小于5μm的钼尾矿颗粒可以填充到堆积结构的孔隙中，从而形成紧密的堆积结构，微观上改善硬化浆体的孔径结构，为胶凝材料的力学性能提供重要保障[78]。

表 3-14　粉磨钼尾矿的特征粒径及比表面积

比表面积/(m^2/kg)	390	445	500	650
D_{50}/μm	20.166	13.327	7.152	4.376
D_{90}/μm	181.978	45.766	26.364	15.174

2. 不同细度钼尾矿的 SEM 分析

从图 3-20（a）和（b）可以看出，原尾矿形状不均匀且有不规则棱角，粒径差异较大，毫米、微米级颗粒并存；粉磨时间为 40min 时，钼尾矿颗粒棱角逐渐变得圆润，不规则程度减小，毫米级颗粒不复存在，取而代之的是小于 600μm 的细小颗粒。由图 3-20（c）和（d）可知，粉磨时间为 60min 时，钼尾矿粉磨效果最为明显，由表 3-14 也可看出，此时 D_{90} 由粉磨 40min 的 181.978μm 变为 45.766μm，粉磨时间为 80min 时，出现了亚微米级颗粒，从图 3-19 中不难发现，此时亚微米级颗粒接近 10%，此外，这些亚微米级颗粒表面呈弧形，拥有较好的球形度，可有效提高胶凝材料的流动性。从图 3-20（e）和（f）中可以发现，粉磨时间为 100min 时，颗粒形状粒径基本一致，表面光滑，颗粒之间相互聚集且黏结紧密，呈现出整体的团簇状。钼尾矿经过超细粉磨后产生的部分亚微米及纳米尾矿颗粒的晶格畸变和表面能快速增加，具备了一定的火山灰反应活性。当磨细钼尾矿作为矿物掺合料应用到水泥混凝土体系中时，这部分亚微米及纳米颗粒可发生火山灰活性反应，将对混凝土的强度产生积极贡献[79]。

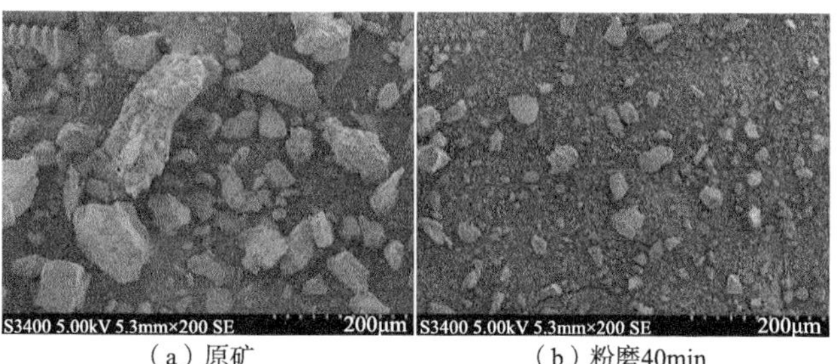

（a）原矿　（b）粉磨40min

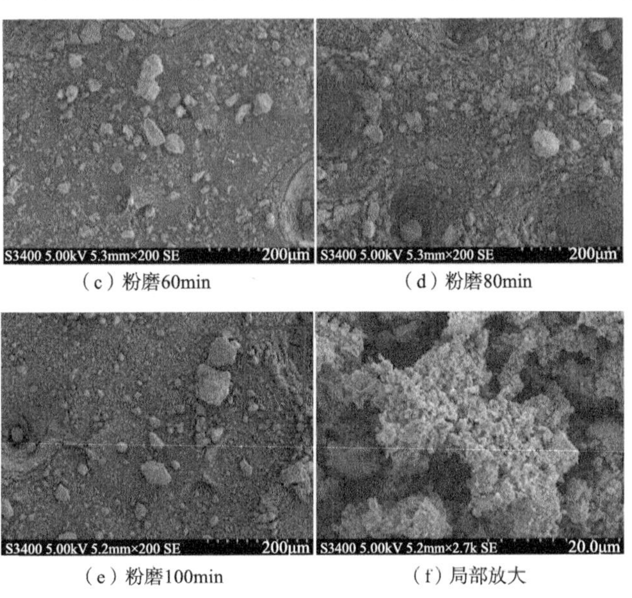

（c）粉磨60min　（d）粉磨80min

（e）粉磨100min　（f）局部放大

图 3-20　不同细度钼尾矿的 SEM 照片

3. 不同细度钼尾矿的活性分析

参照《用于水泥混合材的工业废渣活性试验方法》（GB/T 12957—2005），计算不同细度钼尾矿的活性指数（图 3-21）；其中，试块按照水泥：钼尾矿：脱硫石膏=65：30：5（质量比），水胶比 0.5，胶凝材料与标准砂为 1：3 配合，PC 减水剂为 0.4%。

从图3-21可以看出，随着细度的增大，钼尾矿的活性不断提高；当钼尾矿比

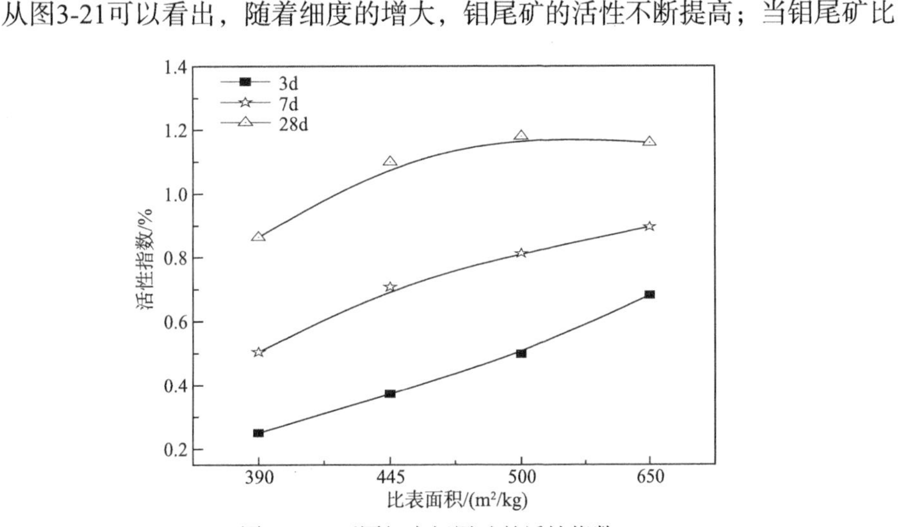

图 3-21　不同细度钼尾矿的活性指数

表面积为390m^2/kg时，活性指数低于1，说明此时的钼尾矿未经充分研磨，不具备火山灰活性；随着比表面积的增大，试块的活性指数逐渐大于1，在粉磨80min时，钼尾矿28d活性达到最大值1.18，机械力化学效应对颗粒产生较大影响，使得分子、原子间的弱化学键断裂，粒子晶体结构破坏，无定形程度加深；当粉磨时间为100min时，结合钼尾矿的SEM照片分析可得，钼尾矿产生的亚微米和纳米级圆润颗粒有助于火山灰活性进一步提高，然而颗粒间的静电力大于其自身的重力，使得颗粒之间相互吸附，出现“团聚”现象，导致颗粒实际参与反应的表面积减少，进而阻碍了火山灰活性的进一步发挥，因此钼尾矿28d活性有所下降。考虑到钼尾矿的活性、经济性、实用性等因素，最终选取钼尾矿最优比表面积为500m^2/kg。

4. 钼尾矿掺量对复合胶凝材料性能的影响

选取比表面积为 500m^2/kg 的钼尾矿，按胶砂比 1∶3，测定不同龄期复合胶凝材料的抗压强度（图 3-22）。

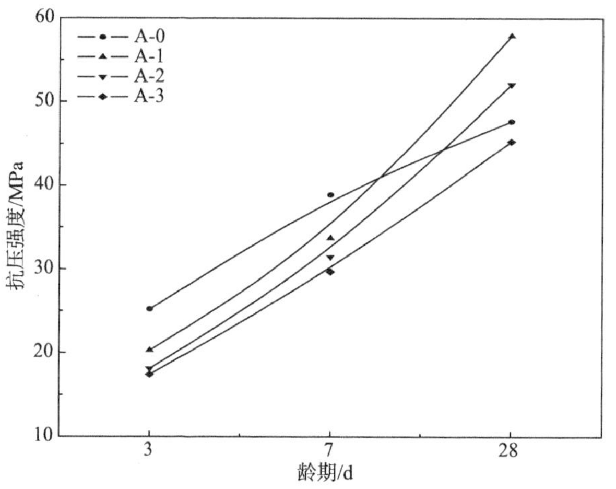

图 3-22　不同龄期复合胶凝材料的抗压强度

由图 3-22 可知，随着钼尾矿掺量的增加，其各龄期内的抗压强度逐渐降低，因为试块抗压强度的发展取决于水化反应的程度，即反应越充分抗压强度越高，而水化反应又受到胶凝材料矿物组分活性、颗粒细度的影响。一般来说，矿物活性越高、粒径越细，其水化反应越激烈。当龄期为 3d、7d 时，因水泥熟料中含有大量 C_3S，而 C_3S 水化速率较快，使得 A-0 试块的抗压强度高于其他组，从图 3-21 中也可看出，水化反应在 7d 以前，钼尾矿活性指数小于 1，即活性低于水泥。吴蓬等[80]研究发现，矿渣粉磨比表面积小于 600m^2/kg 时，其 3d、7d 活性指数也小于 1，因此钼尾矿和矿渣的早期水化反应速率比水泥低，造成 A-0 组早期强度高于其他组试块。另外，矿渣早期与水接触后就具备一定的火山灰反应效应[81]，相比之下，钼尾矿中含有较多的 SiO_2 和 Al_2O_3，其玻璃体网络形成体结构更稳定，因而活性相对矿渣较低，在反应初期，矿渣对体系中的水化反应起到了稀释作用，本质上增加了体系的水胶比，从而提高了水化反应速率，这便是同龄期内矿渣掺量越高抗压强度越高的一个重要原因。与 7d 抗压强度相比，A-1 组 28d 抗压强度为 57.9MPa，强度增加 71.8%，而 A-0 组 28d 抗压强度为 47.7MPa，强度增加仅为 22.6%，可以看出，A-1 组后期强度发展远高于 A-0 组，说明其后期水化反应速率加快。究其原因，反应后期 A-0 组中 C_3S 含量逐渐减少，水化反应减弱，而其他组中含有矿渣，矿渣受到水化体系中碱性环境的激发，水化反应速率进一步提高；硬化浆体结构中含有大量的细小孔隙，而矿渣、钼尾矿颗粒微小，在反应体系中起到填充效应，导致硬化浆体孔隙率降低，结构致密，强度提高[82]。另外，矿渣也可为水泥水化提供成核位点，通过"成核效应"改善水泥浆体系力学性能[83]。综合考虑经济、强度及钼尾矿的资源化利用等因素，选取钼尾矿掺量为 40%较为合理。

5. 复合胶凝材料的 XRD 分析

选取钼尾矿掺量为 40%，即 A-2 组配合比，胶砂比为 1∶3，PC 减水剂用量为 0.4%，分析不同龄期胶凝材料的矿物相，不同龄期胶凝材料水化产物的 XRD 谱图见图 3-23。

由图 3-23 可见，水泥熟料中的 C_3S 与体系中的 CaO 发生水化反应生成 $Ca(OH)_2$。从 $Ca(OH)_2$ 特征峰高度逐渐降低可以看出，$Ca(OH)_2$ 含量逐渐降低。由于矿渣、钼尾矿中含有较多的 CaO，而 CaO 是一种具有潜在活性的玻璃结构，且具有良好的水硬化特性[84]，因此在碱性介质 $Ca(OH)_2$ 的激发下，体系中的 Ca^{2+}、

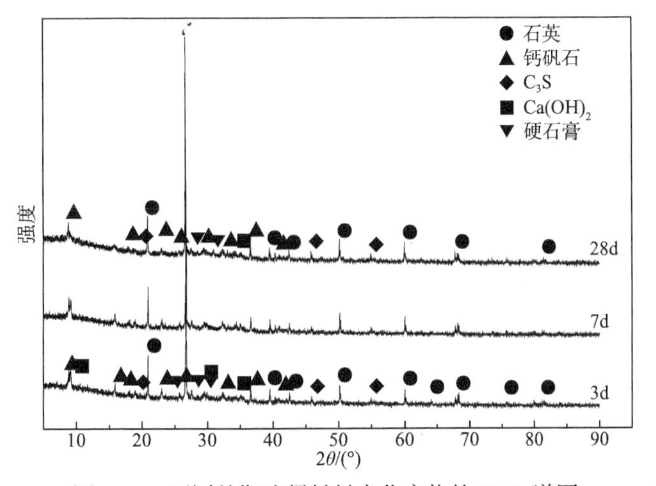

图 3-23　不同龄期胶凝材料水化产物的 XRD 谱图

Al^{3+}和SiO_4^{2-}可溶解，进而与$Ca(OH)_2$形成C-S-H凝胶[85]。从图3-23可以看出，AFt的衍射峰随龄期增长逐渐升高，并且当养护龄期为28d时，AFt大量存在，这说明在养护过程中，石膏遇水后迅速溶出Ca^{2+}和SiO_4^{2-}，并与式（3-2）中形成的$[Al(OH)_6]^{3-}$结合生成AFt，随着水化反应的增强，钼尾矿、矿渣等物料不断解聚，并释放AlO_2^-，这些离子与液相中的Ca^{2+}和SiO_4^{2-}持续反应，使得体系中不断生成AFt[86]。具体反应如下式，其中钙矾石基本结构单元是多面柱$\{Ca_6[Al(OH)_6]_2\cdot 24H_2O\}^{6+}$[87]。

$$AlO_2^- + 2OH^- + 2H_2O = [Al(OH)_6]^{3-} \quad (3\text{-}2)$$

$$2[Al(OH)_6]^{3-} + 6Ca^{2+} + 24H_2O = \{Ca_6[Al(OH)_6]_2\cdot 24H_2O\}^{6+} \quad (3\text{-}3)$$

$$\{Ca_6[Al(OH)_6]_2\cdot 24H_2O\}^{6+} + 3SiO_4^{2-} + 2H_2O = \{Ca_6[Al(OH)_6]_2\cdot 24H_2O\}[3SO_4{}^{2-}\cdot 2H_2O] \quad (3\text{-}4)$$

在 XRD 谱图中可以明显发现，随着养护龄期的增加和水化反应的加深，石英衍射峰高度降低且数量减少，原因是石英中的活性 SiO_2 在体系中活性 Al_2O_3、$Ca(OH)_2$ 及脱硫石膏共同作用下，参与火山活性反应。

6. 复合胶凝材料的 SEM 分析

按照上述配合比制备胶凝材料，用无水乙醇溶液终止其水化后，通过 SEM 观察其不同水化反应阶段的水化产物微观结构。不同龄期胶凝材料水化产物的 SEM 照片见图 3-24。

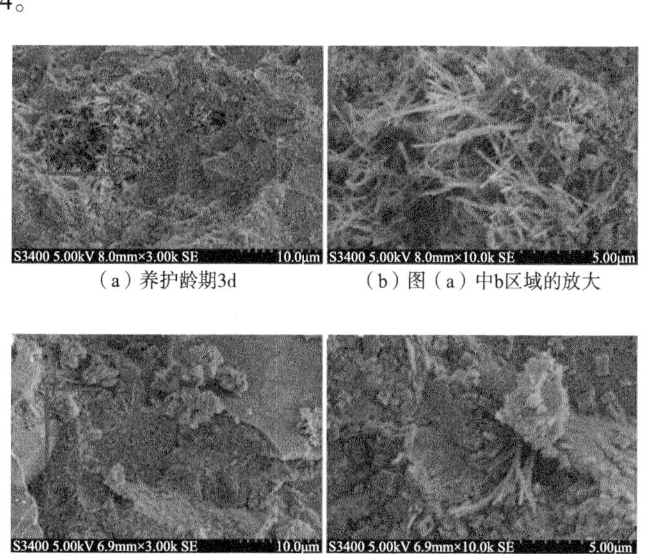

（a）养护龄期3d　（b）图（a）中b区域的放大
（c）养护龄期7d　（d）图（c）中d区域的放大

（e）养护龄期28d

（f）图（e）中f区域的放大

图 3-24　钼尾矿胶砂试样不同龄期的 SEM 照片

由图 3-24 可知，养护龄期为 3d 时，水化反应尚不充分，水化产物中的 C-S-H 凝胶存在很多凝胶孔和毛细孔，影响结构紧密性；另外，熟料颗粒外围出现大量树枝分叉状 AFt，这些 AFt 相互交织呈网状结构，并通过少量 C-S-H 凝胶包裹填充，构成硬化浆体的主要骨架，成为试块前期强度的重要来源。龄期为 7d 时，随着水化反应的进一步深化，结晶度较高的针状钙矾石晶体相互搭接，使得“树枝分叉”数量锐减，C-S-H 凝胶和未反应的尾矿微粒填充在其中，相互黏结，使硬化浆体结构逐渐变得密实；与此同时，C-S-H 凝胶中的凝胶孔也受到尾矿微粒的填充效应，使得凝胶本身更加紧密，提高了试块的密实度。由图 3-24（d）中仍然可以看出散落的颗粒状物质，可能为未反应的 SiO_2。当龄期为 28d 时，水化反应充分完成，AFt 已被 C-S-H 凝胶充分包裹，同时未参与反应的亚微米级和纳米级颗粒填充在硬化浆体中，降低了体系的孔隙率，形成了非常致密的微观结构，使试块的整体性增强，强度也随之进一步增强。

3.4.4　结论

（1）通过对钼尾矿进行不同程度的粉磨及活性分析得出，在粉磨时间为 80min、比表面积为 $500m^2/kg$ 时，其 28d 活性指数接近 1.2，同时考虑到钼尾矿的经济性、实用性等因素，选取粉磨时间为 80min 最为合理。

（2）在充分利用钼尾矿的基础上，选取钼尾矿最优掺量为 40%，制备出 28d 抗压强度为 52MPa 的胶砂块，钼尾矿：水泥熟料：矿渣：脱硫石膏=4：2：3：1，胶凝材料与标准砂质量比为 1：3，水胶比 0.5，PC 减水剂用量为 0.4%。

（3）复合胶凝材料水化反应初期，主要为水泥熟料的水化反应，伴随着生成水化硅酸钙和钙矾石，为胶砂块提供了早期强度；随着水化反应的继续，原料体系中活性 SiO_2 和 Al_2O_3 与 $Ca(OH)_2$ 及石膏发生二次水化反应，生成大量水化硅酸钙、水化铝酸钙及钙矾石等水化产物，尾矿中的残余颗粒及水化产物的凝聚效应为胶砂块强度提供了保障。

3.5　钒尾矿泡沫混凝土的制备及性能

石煤提钒尾渣是石煤经破碎、焙烧、浸出等工艺，提取金属钒后产生的尾渣，其主要化学成分为 SiO_2，同时还有少量 Al_2O_3 [88,89]。利用石煤每生产 1t 的 V_2O_5 将产生 150t 尾矿，大量的尾渣堆积给许多国家带来了经济、环境和健康等方面的问题[90,91]。尾矿的回收利用是改善环境、提高经济效益的有效途径[92]。研究表明[93,94]，高硅尾矿经超细粉磨将具有与 $Ca(OH)_2$ 等碱性化合物反应的活性，其中活性 SiO_2 和 Al_2O_3 与 $Ca(OH)_2$、$CaSO_4$ 可反应生成硅酸钙、铝酸钙或硫铝酸钙等。因此，将尾矿作为硅质材料生产建筑材料具有可行性[95-97]。

传统的泡沫混凝土是将胶凝材料、矿物掺合料、外加剂、发泡剂和稳泡剂按照一定的配合比制备成的一种多空轻质混凝土[98]。它具有自重小、流动性好、保温性能好、密度范围广（300～1850kg/m^3）等特点[99-101]，可以替代传统的黏土砖，节约土地资源，是一种节能环保的材料[102-105]。随着环保形势的发展，矿渣、粉煤灰、偏高岭土、钢渣、脱硫石膏等固体废弃物被作为原料制备泡沫混凝土，但研究中存在固体废弃物利用率低，制备的泡沫混凝土强度较低，缺少废弃物在体系中的水化机理研究等问题，且未见以钒尾矿为主要原料制备泡沫混凝土的研究[106-111]。本研究采用钒尾矿为主要原料制备泡沫混凝土，采用粒径分析法、强度测试法、XRD、SEM 等测试手段，研究了钒尾矿最优细度和掺量，并对钒尾矿泡沫混凝土的水化产物和微观结构进行了分析，为钒尾矿的资源化利用提供了理论支撑。

3.5.1　试验原料

1. 原料性质

（1）钒尾矿：采用石煤钒矿直接经过酸性提钒后得到的废渣，外观呈黑色、pH 呈酸性，密度为 2.609g/cm^3。图 3-25 为钒尾矿的 XRD 谱图，由图可知，钒尾矿的主要矿物成分为石英、正长石及少量的半水石膏、黄铁矿等。钒尾矿的化学成分见表 3-15，由表可知，钒尾矿主要化学成分为 SiO_2，采用 0.08mm 方孔筛筛余为 93.67%。

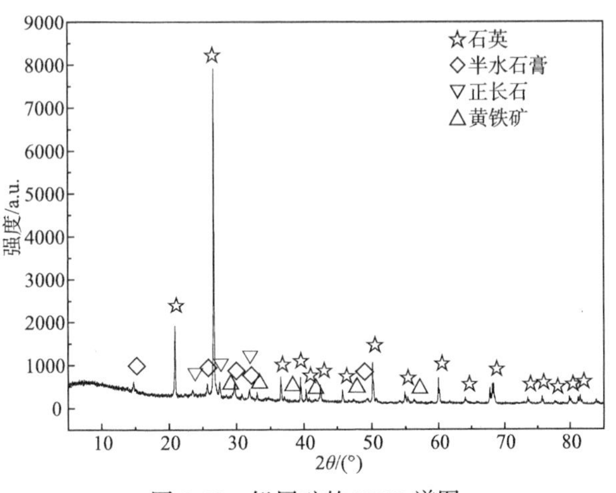

图 3-25 钒尾矿的 XRD 谱图

表 3-15 原材料的化学成分 （单位：%）

成分	SiO_2	Al_2O_3	Fe_2O_3	FeO	CaO	Na_2O	K_2O	MgO	SO_3	V_2O_5	LOI
钒尾矿	64.20	6.41	3.53	0.07	6.60	0.13	3.20	0.37	5.39	0.23	9.46
矿渣	34.90	14.65	0.70	—	35.46	0.27	0.35	10.52	1.11	—	2.03
水泥	22.50	4.86	3.43	0.21	66.30	0.24	0.31	0.83	—	—	0.12
脱硫石膏	3.14	1.48	0.71	0.02	45.31	0.10	0.35	0.58	47.26	—	—
生石灰	5.45	3.85	1.68	0.08	78.76	0.39	1.25	3.59	0.45	—	3.93

（2）矿渣：试验所用的矿渣均为粒化高炉矿渣，其化学成分见表 3-15。矿渣的 CaO 含量为 35.46%，SiO_2 含量为 34.90%，为碱性矿渣[$M=(w_{CaO}+w_{MgO})/(w_{SiO_2}+w_{Al_2O_3})=1.737$][112]。试验选用的矿渣粉比表面积为 522$m^2$/kg。

（3）水泥：使用 P·O 42.5 普通硅酸盐水泥，其化学成分见表 3-15。水泥的初凝时间 118min，终凝时间 190min，符合国家标准《通用硅酸盐水泥》（GB 175—2007）的要求。

（4）脱硫石膏：外观呈浅黄色，0.08mm 方孔筛筛余为 1%～3%，化学成分见表 3-15。

（5）生石灰：消解温度为 67℃，消解时间为 14min，0.08mm 方孔筛筛余小于 15%，符合《硅酸盐建筑制品用生石灰》（JC/T 621—2009）的要求，化学成分见表 3-15。

（6）铝粉膏：活性铝含量为 88%，固体含量为 77%，发气 16min 为 91%、30min 大于 99%，200 目筛余 1.5%，水分散性好，无团粒，盖水面积 5150cm^2/g。

2. 主要检测设备

采用 Ms2000 激光粒度分析仪测定磨后钒尾矿的粒径分布，采用 QBE-9 型全自动比表面积测定仪测定磨后钒尾矿的比表面积。

参照《泡沫混凝土》（JG/T 266—2011）检测制品的绝干密度、抗压强度和吸水率。抗压强度测定使用 WDW-50 微机控制电子万能试验机进行，试验机应符合《试验机 通用技术要求》（GB/T 2611—2007）的规定，测量精度应为±1%，试件破坏荷载应大于压力机量程的 20%且小于压力机量程的 80%，加压速度为 2.0kN/s。

采用荷兰帕纳科公司 X 射线衍射仪对钒尾矿和制品进行矿物相分析，工作电压为 40kV，工作电流为 50mA。采用德国蔡司 SUPRA™ 55 FE-SEM 对泡沫混凝土水化产物的微观形貌进行分析。

3.5.2　试验方法

将钒尾矿用电热恒温鼓风干燥箱烘干到含水率小于 0.1%，称取 5kg 钒尾矿试样装入 SMΦ500mm×500mm 型球磨机，对钒尾矿进行粉磨。将磨好的钒尾矿与矿渣、生石灰、水泥、脱硫石膏按一定的比例搅拌混匀，然后按照水灰比为 0.6 加入 50℃的温水搅拌 90s，再按干料总量的 0.07%加入铝粉膏搅拌 40s，试验配合比见表 3-16。将混合料浇注、发气、静停、脱模后进行养护得到混凝土制品，测定试块的绝干密度、抗压强度。浇注模具尺寸为 100mm×100mm×100mm，发气和静停的温度为 55℃，静停和养护时间为 10h。

表 3-16　试验配合比

编号	干物料配合比/%					水灰比	发泡剂
	钒尾矿	矿渣	生石灰	水泥	脱硫石膏		/%
D1	30	45					
D2	35	40					
D3	40	35	4	11	10	0.6	0.07
D4	45	30					
D5	50	25					

3.5.3　试验结果分析

1. 钒尾矿细度对泡沫混凝土性能的影响

不同粉磨时间钒尾矿粉的粒径分布结果如图 3-26 和表 3-17 所示。从图 3-26

和表 3-17 中可以看出，粉磨整体表现为粒径减小，比表面积增大的现象。随着粉磨时间从 30min 增加到 60min，钒尾矿的粒径分布范围由宽变窄，并逐渐向粒径值小的方向集中。当粉磨时间从 30min 增加到 60min 时，钒尾矿粉的 D_{10} 由 2.412μm 降低到 1.524μm，特征粒径降低了 36.8%；D_{50} 由 19.793μm 降低到 7.852μm，特征粒径降低了 60.3%；D_{90} 由 73.909μm 降低到 34.209μm，特征粒径降低了 53.7%。粉磨 50min 和 60min 时，对应的比表面积分别为 768m²/kg 和 796m²/kg，比表面积增加变慢，钒尾矿颗粒的粉磨效率降低，继续以延长粉磨时间来提高钒尾矿比表面积的意义不大。由此说明，在粉磨早期，钒尾矿颗粒主要是形状上的减小，随着细度的增加，钒尾矿颗粒减小的速度降低。在粉磨时间延长到一定程度时，继续延长粉磨时间可能达到粉磨平衡状态，颗粒粒径不再减小，甚至出现“团聚”现象[79,113]。

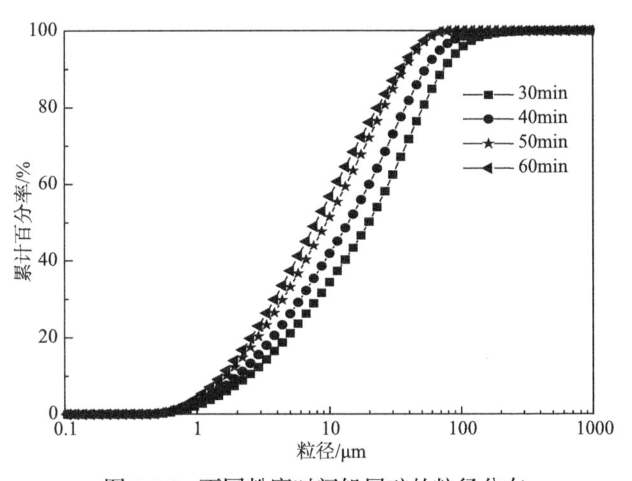

图 3-26　不同粉磨时间钒尾矿的粒径分布

表 3-17　不同粉磨时间钒尾矿的特征粒径及比表面积

指标		粉磨时间/min			
		30	40	50	60
平均粒径/μm	D_{10}	2.412	2.004	1.648	1.524
	D_{50}	19.793	13.902	9.466	7.852
	D_{90}	73.909	53.526	34.577	34.209
比表面积/(m²/kg)		475	600	768	796

图 3-27 反映了细度对钒尾矿水化反应活性的影响，试验将不同比表面积的钒尾矿以 30%的掺量与 P·O 42.5 普通硅酸盐水泥混合。按照《用于水泥混合材的工

业废渣活性试验方法》（GB/T 12957—2005）计算得到水泥胶砂 28d 抗压强度比（活性指数 R_{28}）。经机械粉磨后的钒尾矿活性指数如图 3-27 所示，从图中可以看出，随着比表面积的增大，钒尾矿的活性指数先下降，当比表面积为 475m²/kg 时，钒尾矿的活性指数最低，然后逐渐上升。当比表面积为 768m²/kg 时，钒尾矿的活性指数最高，达到 70.7%并且出现拐点。说明此时比表面积的增加对钒尾矿活性提高意义不大，这与钒尾矿粒径特征的变化相对应。

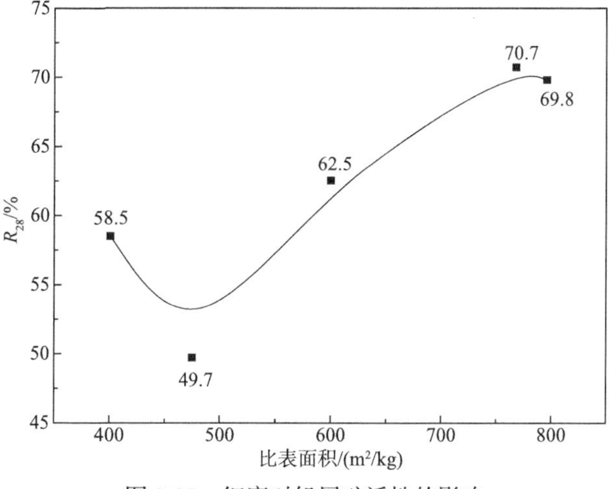

图 3-27　细度对钒尾矿活性的影响

2. 钒尾矿掺量对泡沫混凝土性能的影响

不同掺量的钒尾矿对泡沫混凝土制品物理性能的影响如图 3-28 所示。由图 3-28 可知，泡沫混凝土制品的抗压强度先增大再减小。当钒尾矿的掺量为 40%时，泡沫混凝土制品的强度达到 3.32MPa，满足《泡沫混凝土》（JG/T 266—2011）标准中 A06、C3.5 级泡沫混凝土要求。随着钒尾矿掺量的增加，泡沫混凝土制品的抗压强度开始降低。同时，泡沫混凝土制品的绝干密度随着钒尾矿掺量的增加呈现逐渐增加的趋势，钒尾矿掺量为 30%时，泡沫混凝土的绝干密度为 596.4kg/m³，当掺量增加到 50%时，绝干密度为 652.5kg/m³。这是因为钒尾矿泡沫混凝土的水化产物为钙钒石及 C-S-H 凝胶。钒尾矿中未参加反应的颗粒可以填充水化产物之间的缝隙，因此泡沫混凝土制品的绝干密度随着钒尾矿掺量的增加而提高[114]。当钒尾矿的掺量为 50%时，泡沫混凝土制品的孔隙完全被填充，因此绝干密度最高。但是，随着钒尾矿掺量的增加，当水灰比一定时，料浆的稠度增大，整体流动性变差，在发气过程中会导致憋气现象，使发气高度不能满足要求且泡沫混凝土制品的外观效果较差。为了最大限度地利用钒尾矿，从经济和性能上考虑，确定钒尾矿的掺量为 40%（表 3-16）。

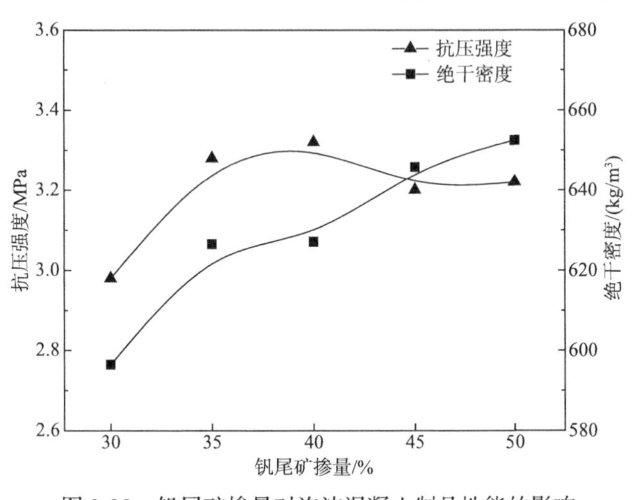

图 3-28　钒尾矿掺量对泡沫混凝土制品性能的影响

3. 钒尾矿泡沫混凝土制品的 XRD 分析

钒尾矿泡沫混凝土 D3 制品经过标准养护 3h、3d、7d、28d 后的 XRD 谱图如图 3-29 所示。从图 3-29 可以看出，随着养护时间的变化，泡沫混凝土制品的水化产物发生了相应的改变。对比图 3-25 发现，在图 3-29 的 3h 曲线中可以看出有原尾矿石英、正长石的特征峰，此时尚未出现 AFt 的衍射峰，说明此时尚未发生水化反应。随着养护时间的增长，原矿中各矿物相的衍射峰开始降低，同时有水化产物 AFt 的衍射峰出现，这是因为在标准养护过程中，水泥水化及泡沫混凝土中的活性颗粒开始与生石灰消解而形成的 $Ca(OH)_2$ 发生反应，生成相应的水化产物 C-S-H 凝胶和水化铝酸钙晶体，在有石膏存在的条件下，石膏溶解释放出的 Ca^{2+}、SO_4^{2-} 与料浆中的 OH^-、AlO_2^- 发生反应形成的水化铝酸钙又会迅速形成 AFt 晶体[115,116]。在 3d、7d、28d 的 XRD 谱图中可以看出石膏的衍射峰逐渐减弱，AFt 晶体衍射峰的峰值随着养护时间的增加而增强。曲线中 25°～35°出现“馒头峰”，这是由不定型或结晶能力差的水化产物生成，制品中小尺寸颗粒的存在导致衍射峰宽化[43]。水化产物 AFt 和 C-S-H 凝胶在制品养护前期开始逐渐形成，是泡沫混凝土坯体硬化的主要原因，并且随着数量的增多有利于泡沫混凝土制品后期强度的提高。原尾矿中的黄铁矿在原料体系中的数量较小，所以 XRD 衍射峰中未见黄铁矿衍射峰。石英、正长石经过 28d 标准养护后依然存在，但是衍射峰出现减弱的现象，可以初步确定这些矿物在标准养护的条件下未能全部参加反应[117]。钒尾矿中部分残余的石英、正长石、方解石和脱硫石膏作为骨料存在于制品中[118]。

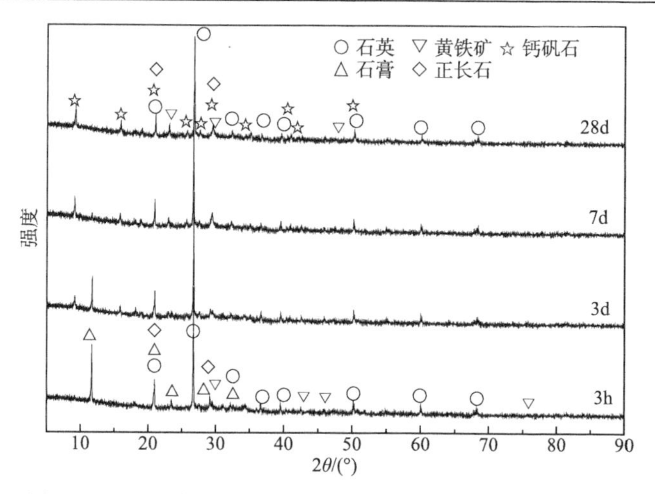

图 3-29　不同养护龄期的钒尾矿泡沫混凝土的 XRD 对比图

4. 钒尾矿泡沫混凝土制品的 SEM 分析

图 3-30 为泡沫混凝土制品不同龄期的微观形貌和局部放大照片。由图 3-30 中可以看出，随着养护龄期的增长，泡沫混凝土制品生长的晶体越来越多，晶体的结构越来越致密。图 3-30（a）为养护 1d 后的泡沫混凝土制品，可以看出此时已经有水化产物生成，水化产物主要为少量针棒 AFt 和团簇状 C-S-H 凝胶，由于制品的养护时间较短，此时尚未形成致密的结构体系[119]。由图 3-30（b）可以看出，在 3d 龄期时，水化产物的数量增多，几乎覆盖整个孔壁外表面，水化产物的结晶程度有所提高，生成了大量 C-S-H 凝胶和 AFt 晶体，AFt 晶体的尺寸明显长大，C-S-H 凝胶和 AFt 一起构成相对致密的结构体系，使泡沫混凝土制品在早期具有一定的强度，与图 3-29（a）相比，胶凝体系的致密度有所提高，硬化浆体网状结构基本形成[120]。此时钒尾矿颗粒中活性颗粒在石膏的激发作用下能够与 $Ca(OH)_2$ 发生反应，从而促进 C-S-H 凝胶和 AFt 的生成，使胶凝硬化浆体获得更高的结构强度[121,122]。随着养护时间增加到 28d，水化反应继续进行，从图 3-30（c）可以看出，泡沫混凝土制品的孔隙率降低，大量生成连续链状的 C-S-H 凝胶，水化产物的结晶程度大大提高，AFt 晶体更加粗壮，体系中针棒状 AFt 晶体纵向生长穿插于 C-S-H 凝胶之中，相互交织形成空间网状结构，使体系的结构更加致密，这种硬化浆体的网状结构可以改变泡沫混凝土制品的孔结构，在外部应力的作用下减少应力集中现象的发生，对提高泡沫混凝土制品的抗压强度有利，同时也对泡沫混凝土制品的保温和隔热性能起到积极的作用[123-125]。

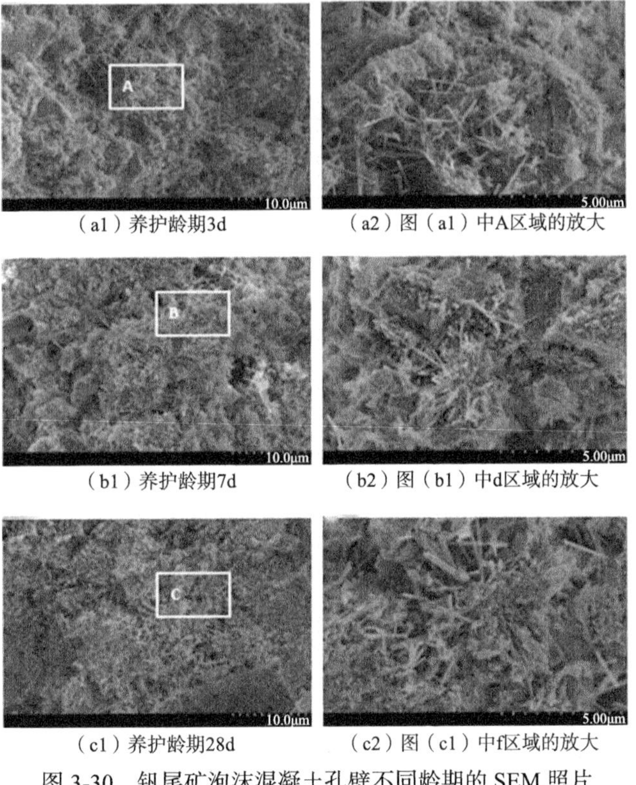

（a1）养护龄期3d　（a2）图（a1）中A区域的放大
（b1）养护龄期7d　（b2）图（b1）中d区域的放大
（c1）养护龄期28d　（c2）图（c1）中f区域的放大

图 3-30　钒尾矿泡沫混凝土孔壁不同龄期的 SEM 照片

3.5.4　结论

（1）利用钒尾矿成功制备出了总固废利用率达 82%，强度等级满足《泡沫混凝土》（JG/T 266—2011）行业标准要求的 A06、C3.5 级泡沫混凝土，对扩大泡沫混凝土原材料的来源、促进钒尾矿的综合利用、保护矿山环境具有积极意义。

（2）钒尾矿制备泡沫混凝土的优化方案：钒尾矿的比表面积为 $768m^2/kg$，配料质量比为：钒尾矿 40%、矿渣 34%、生石灰 5%、水泥熟料 13%、脱硫石膏 8%，外加干料总量的 0.07%的铝粉膏，水灰比为 0.6，浇注水温为 50℃，静停养护温度 55℃。

（3）通过 XRD 和 SEM 分析可知，在标准养护条件下，泡沫混凝土制品的水化产物主要为 C-S-H 凝胶和 AFt；钒尾矿中部分残余的石英、正长石和脱硫石膏作为骨料存在于制品中。

参 考 文 献

[1]　自然资源部. 2017 年中国主要矿产资源储量报告[J]. 中国地质, 2018, 45(6): 1315-1316.

[2] 罗冰, 王梓龙, 杜娟. 基于循环经济的铜尾矿综合利用浅析[J]. 矿业研究与开发, 2019, 39(3): 137-140.

[3] 兰志强, 蓝卓越. 铜尾矿资源综合利用研究进展[J]. 矿产保护与利用, 2015(5): 51-56.

[4] 王登权, 何伟, 王强, 等. 重金属在水泥基材料中的固化和浸出研究进展[J]. 硅酸盐学报, 2018, 46(5): 683-693.

[5] 王晶, 周永祥, 王伟, 等. 水泥固化作用对固体废弃物中重金属浸出特性的影响[J]. 粉煤灰, 2015, 27(1): 1-4.

[6] 陈烈. 金尾矿胶凝材料的制备及其固氯机理研究[D]. 邯郸: 河北工程大学, 2018.

[7] Cui H L, Zhang K F, Zhang G Q, et al. Grinding characteristics and cementitious properties of steel slag[J]. Acta Microscopica, 2019, 28(4): 835-847.

[8] 吴聪, 汪智勇, 黄永珍, 等. 重金属在水泥熟料中的挥发与固化[J]. 新世纪水泥导报, 2019, 25(3): 65-68.

[9] 商得辰. 重金属离子在水泥熟料中的固化行为及作用机理研究[D]. 武汉: 武汉理工大学, 2017.

[10] 陈彦合. 钙矾石对重金属离子的吸附固化及稳定性研究[D]. 重庆: 重庆大学, 2017.

[11] 苏静. 尾矿及其建筑材料的重金属迁移固化的研究[D]. 北京: 北京交通大学, 2017.

[12] Gineys N, Aouad G, Damidot D. Managing trace elements in Portland cement—Part I: Interactions between cement paste and heavy metals added during mixing as soluble salts[J]. Cement and Concrete Composites, 2010, 32: 563-570.

[13] Chen Q Y, Hills C D, Tyrer M, et al. Characterisation of products of tricalcium silicate hydration in the presence of heavy metals[J]. Journal of Hazardous Materials, 2007, 147(3): 817-825.

[14] 于竹青. 含重金属废弃物的水泥固化性能及作用机理[D]. 武汉: 武汉理工大学, 2009.

[15] Yousuf M, Mollah A. An infrared spectroscopic examination of cement-based solidification/stabilization systems-portland types V and IP with zinc[J]. Journal of Environmental Science and Health, 1992, 27(6): 1503-1519.

[16] Kakali G, Tsivilis S, Tsialtas A. Hydration of ordinary cement made from raw mix containing transition element osides[J]. Cement and Concrete Research, 1998, 28: 335-340.

[17] Andreas S, Krassimir G, GünterB, et al. Incorporation of zinc into calcium silicate hydrates, Part I: formation of C-S-H(I) with C/S=2/3 and its isochemical counterpart gyrolite[J]. Cement and Concrete Research, 2005, 35(9): 1665-1675.

[18] 刘玉单. 典型重金属离子对碱矿渣水泥水化及结构形成的影响[D]. 重庆: 重庆大学, 2015.

[19] Cui X W, Wang C L, Ni W, et al. Study on the reaction mechanism of autoclaved aerated concrete based on iron ore tailings[J]. Romanian Journal of Materials, 2017, 47(3): 46-53.

[20] Shu W S, Ye Z H, Lan C Y, et al. Acidification of lead-zinc mine tailings and its effect on heavy metal mobility[J]. Environment International, 2001, 26(5-6): 389-394.

[21] 王艳平. 铅锌尾矿系统管理的实证研究——以绍兴银山畈为例[D]. 杭州: 杭州电子科技大学, 2011.

[22] Zhang H B, Shi W, Yang M X, et al. Bacterial diversity at different depths in lead-zinc mine tailings as revealed by 16S rRNA gene libraries[J]. The Journal of Microbiology, 2007, 45(6): 479-484.

[23] Titshall L W, Hughes J C, Bester H C. Characterisation of alkaline tailings from a lead/zinc mine in South Africa and evaluation of their revegetation potential using five indigenous grass species[J]. South African Journal of Plant and Soil, 2013, 30(2): 97-105.

[24] Ye Z H, Shu W S, Zhang Z Q, et al. Evaluation of major constraints to revegetation of lead/zinc mine tailings using bioassay techniques[J]. Chemosphere, 2002, 47(10): 1103-1111.

[25] Yin S, Wu A, Hu K J, et al. The effect of solid components on the rheological and mechanical properties of cemented paste backfill[J]. Minerals Engineering, 2012, 35: 61-66.

[26] 郭建平, 吴甫成, 谢淑容, 等. 湖南临湘铅锌矿尾矿库环境状况及开发利用研究[J]. 土壤通报, 2007, 38(3): 553-557.

[27] Torsten S. New insights regarding sound protection with autoclaved aerated concrete[J]. Concrete Precasting Plant and Technology, 2004, 70(2): 136-137.

[28] Hauser A, Eggenberger U. Fly ash from cellulose industry as secondary raw material in autoclaved aerated concrete[J]. Cement and Concrete Research, 1999, 29(3): 297-302.

[29] 张志杰, 柯昌君, 刘平安, 等. 硅质固体废物蒸压反应活性的红外光谱研究[J]. 分析测试学报, 2010, 29(1): 68-72.

[30] 张志杰, 柯昌君, 刘平安, 等. 蒸压反应水石榴石形成与转变的分析表征及机理研究[J]. 分析测试学报, 2009, 28(9): 1008-1011.

[31] 王旻. 碱激发胶凝材料的反应产物[J]. 硅酸盐学报, 2009, 37(7): 1130-1136.

[32] 田晓峰, 张大捷, 侯浩波, 等. 矿渣胶凝材料稳定软土的微观结构[J]. 硅酸盐学报, 2006, 34(5): 636-640.

[33] Huang X Y, Ni W, Cui W H, et al. Preparation of autoclaved aeratedconcrete using copper tailings and blast furnace slag[J]. Construction and Building Materials, 2012, 27(1): 1-5.

[34] 杨力远, 万惠文, 李杰. 利用磷尾矿制备加气混凝土工艺参数的探索研究[J]. 武汉理工大学学报, 2011, 33(9): 41-44.

[35] 章未琴. 钨尾矿加气混凝土的制备及性能研究[D]. 南昌: 南昌大学, 2012.

[36] 陈杰. B05 级加气混凝土制备及其热工分析[D]. 武汉: 武汉理工大学, 2009.

[37] 李方贤, 陈友治, 龙世宗. 用铅锌尾矿生产加气混凝土的试验研究[J]. 西南交通大学学报, 2008, 43(6): 810-815.

[38] Roman A B, Victor V M, Vladimir V B. Mechanochemical activation as a tool of increasing catalytic activity[J]. Catalysis Today, 2009, 144(3-4): 212-218.

[39] Sydorchuk V, Khalameida S, Zazhigalov V, et al. Influence of mechanochemical activation in various media on structure of porous and non-porous silicas[J]. Applied Surface Science, 2010, 257(2): 446-450.

[40] Osvalda S, Piero S, Riccardo C, et al. Mechanochemical activation of high-carbon fly ash for enhanced carbon reburning[J]. Proceedings of the Combustion Institute, 2011, 33(2): 2743-2753.

[41] Yi Z l, Sun H H, Li C, et al. Relationship between polymerization degree and cementitious activity of iron ore tailings[J]. International Journal of Minerals, Metallury and Materials, 2010, 17(1): 116-120.

[42] 郑永超, 倪文, 徐丽, 等. 铁尾矿的机械力化学活化及制备高强结构材料[J]. 北京科技大

学学报, 2010, 32(4): 504-508.

[43] Bensted J, Barnes P. Structure and performance of cements[M]. 2nd ed. New York: Spon Press, 2002.

[44] 游宝坤, 陈富银, 韩立林, 等. UEA 水泥砂浆与混凝土长期性能的研究[J]. 硅酸盐学报, 2000, 28(4): 314-318.

[45] 阎培渝, 彭江, 覃肖. 大体积补偿收缩混凝土中延迟钙矾石生成产生危害的条件[J]. 硅酸盐学报, 2001, 29(2): 109-113.

[46] Scrivener K L, Damidot D, Famy C. Possible mechanisms of expansion of concrete exposed to elevated temperatures during curing (also known as DEF) and implications for avoidance of field problems[J]. Cement, Concrete and Aggregates, 1999, 21(1): 93-101.

[47] Zhang N, Liu X M, Sun H H, et al. Evaluation of blends bauxite-calcination-method red mud with other industrial wastes as a cementitious material: Properties and hydration characteristics[J]. Journal of Hazardous Materials, 2011, 185(1): 329-335.

[48] Singh M, Grag M. Acitvaiton of gypsum anhydrite-slag mixtures[J]. Cement and Concrete Research, 1995, 25(2): 332-338.

[49] 李明德, 秦勇. 用差热分析法鉴别相变类型[J]. 材料导报, 1996(4): 79-81.

[50] Klimesch D S, Ray A. DTA-TGA evaluations of the CaO-Al_2O_3-SiO_2-H_2O system treated hydrothermally[J]. Thermochim Acta, 1999, 334 (1-2): 115-122.

[51] Liu X M, Sun H H, Feng X P, et al. Relationship between the microstructure and reaction performance of aluminosilicate[J]. International Journal of Minerals, Metallurgy and Materials, 2010, 17(1): 108-115.

[52] Thomas M D A, Bamforth P B. Modelling chloride diffusion in concrete effect of fly-ash and slag[J]. Cement and Concrete Research, 1999, 29(4): 487-495.

[53] Tang L, Nilsson L O. Chloride binding capacity and binding isotherms of OPC pastes and mortars[J]. Cement and Concrete Research, 1993, 23(2): 247-253.

[54] 胡融刚. 钢筋/混凝土体系腐蚀过程的电化学研究[D]. 厦门: 厦门大学, 2004.

[55] 梁哲兵. 氯离子入侵水泥基材料过程分析[D]. 天津: 河北工业大学, 2012.

[56] Zibare H. Binding of external chloride by cement pastes[D]. Toronto: University of Toronto, 2001.

[57] 勾密峰, 管学茂, 张海波. 钙矾石结合氯离子能力的研究[J]. 材料导报, 2013, 27(5): 136-139.

[58] 余红发, 翁智财, 孙伟. 矿渣掺量对混凝土氯离子结合能力的影响[J]. 硅酸盐学报, 2007, 35(6): 801-806.

[59] 刘斌云, 李凯, 赵尚传. 复掺粉煤灰和硅灰对混凝土抗氯离子渗透性和抗冻性的影响研究[J]. 混凝土, 2011(11): 83-85.

[60] 胡红梅, 马保国. 矿物功能材料改善混凝土氯离子渗透性的实验研究[J]. 混凝土, 2004(2): 16-20.

[61] 谢友均, 马昆林, 龙广成, 等. 矿物掺合料对混凝土中氯离子渗透性的影响[J]. 硅酸盐学报, 2006(11): 1345-1350.

[62] 胡红梅. 矿物功能材料对混凝土氯离子渗透性影响的研究[D]. 武汉: 武汉理工大学, 2002.

[63] 中国地质调查局. 中国矿产资源报告(2017) 亮点纷呈[N]. 中国矿业报. [2017-09-29].
[64] 谭明洋, 吕宪俊, 姜梅芬, 等. 某金矿尾矿用作水泥混合材的实验[J]. 黄金, 2015, 36(4): 78-82.
[65] Ye D D, He W, Li Z, et al. Functional substitution of coordination polyhedron in crystal structure of silicates[J]. Science in China (Series D: Earth Sciences), 2002, 45(8): 702-708.
[66] 勾密峰, 管学茂. 水泥基材料固化氯离子的研究现状与展望[J]. 材料导报, 2010, 24(6): 124-127.
[67] 黄凡, 王登红, 王成辉, 等. 中国钼矿资源特征及其成矿规律概要[J]. 地质学报, 2014, 88(12): 2296-2314.
[68] 张照志, 王贤伟, 张剑锋, 等. 中国钼矿资源供需预测[J]. 地球学报, 2017, 38(1): 69-76.
[69] 伍红强, 刘诚, 陈延飞. 我国钼尾矿资源综合利用研究进展[J]. 金属矿山, 2018(8): 169-174.
[70] 于传兵. 从选钼尾矿中回收制钾肥长石选矿试验研究[J]. 中国矿业, 2014, 23(S2): 255-258.
[71] Khoshnevisan A, Yoozbashizadeh H, Mohammadi M. Separation of rhenium and molybdenum from molybdenite leach liquor by the solvent extraction method[J]. Mining, Metallurgy & Exploration, 2013, 30(1): 53-58.
[72] Mohammadikish M, Hashemi S H. Functionalization of magnetite-chitosan nanocomposite with molybdenum complexes: New efficient catalysts for epoxidation of olefins[J]. Journal of Materials Science, 2019, 54(8): 6164-6173.
[73] Ikramova Z A, Mukhamedzhanova M T. Microstructure formation in ceramic mixes based on tungsten-molybdenum ore flotation-wastes[J]. Glass Ceram, 2010, 67(5-6): 193-195.
[74] Mukhamedzhanova M T, Ikramova Z O, Ukhtaeva G G. Tungsten-molybdenum ore flotation tailings for ceramic tile production[J]. Glass and Ceramics, 2009, 66(3-4): 102-103.
[75] 崔孝炜, 狄燕清, 南宁, 等. 掺钼尾矿高性能混凝土的制备[J]. 金属矿山, 2017(1): 192-196.
[76] 杨南如. 机械力化学过程及效应(Ⅰ)——机械力化学效应[J]. 建筑材料学报, 2000, 3(1): 19-26.
[77] 陈改新, 纪国晋, 雷爱中, 等. 多元胶凝粉体复合效应的研究[J]. 硅酸盐学报, 2004, 32(3): 351-357.
[78] Singh N, Kalra M, Kumar M, et al. Hydration of ternary cementitious system: Portland cement, fly ash and silica fume[J]. Journal of Thermal Analysis & Calorimetry, 2015, 119(1): 381-389.
[79] 黄晓燕, 倪文, 祝丽萍, 等. 齐大山铁尾矿粉磨特性[J]. 北京科技大学学报, 2010, 30(10): 1253-1257.
[80] 吴蓬, 吕宪俊, 胡术刚, 等. 粒化高炉矿渣成分和细度对活性的影响[J]. 硅酸盐通报, 2014, 33(10): 2572-2577.
[81] 王冲, 杨长辉, 钱觉时, 等. 粉煤灰与矿渣的早期火山灰反应放热行为及其机理[J]. 硅酸盐学报, 2012, 40(7): 1050-1058.
[82] 冯春花, 盖海东, 黄超楠, 等. 矿渣-水泥硬化浆体水化产物结构研究[J]. 新型建筑材料, 2018, 45(12): 29-32.
[83] Thomas J J, Jennings H M, Chen J J. Influence of nucleation seeding on the hydration mechanisms of tricalcium silicate and cement[J]. The Journal of Physical Chemistry C, 2009,

113(11): 4327-4334.
[84] Sim J, Park C. Characteristics of basalt fiber as a strengthening material for concrete structures[J]. Composites Part B: Engineering, 2005, 36(6): 504-512.
[85] 颜帮川, 李中, 刘先杰, 等. 粉煤灰及矿渣对水泥浆体系早期水化热效应的控制研究[J]. 硅酸盐通报, 2019, 3(1): 52-59.
[86] 张娜, 刘晓明, 孙恒虎. 赤泥-煤矸石基中钙体系胶凝材料的水化特性[J]. 材料研究学报, 2014, 28(5): 325-332.
[87] 彭家惠, 楼宗汉. 钙矾石形成机理的研究[J]. 硅酸盐学报, 2000, 28(6): 511-515.
[88] 漆明鉴. 从石煤中提钒现状及前景[J]. 湿法冶金, 1999(4): 1-10.
[89] 罗勇鹏, 包申旭, 张一敏. 页岩提钒尾渣基地聚合物一体化制备研究[J]. 硅酸盐通报, 2019, 38(2): 332-338.
[90] Edraki M, Baumgartl T, Manlapig E, et al. Designing mine tailings for better environmental, social and economic outcomes: A review of alternative approaches[J]. Journal of Cleaner Production, 2014, 84: 411-420.
[91] Raja B V R. Vanadium market in the world[J]. Steelworld, 2007, 13(2): 19-22.
[92] Lu H J, Qi C C, Chen Q S, et al. A new procedure for recycling waste tailings as cemented paste backfill to underground stopes and open pits[J]. Journal of Cleaner Production, 2018, 188: 601-612.
[93] Wang X P, Yu R, Shui Z H, et al. Development of a novel cleaner construction product: Ultra-high performance concrete incorporating lead-zinc tailings[J]. Journal of Cleaner Production, 2018, 196: 172-182.
[94] Da Silva F L, Araújo F G S, Teixeira M P, et al. Study of the recovery and recycling of tailings from the concentration of iron ore for the production of ceramic[J]. Ceramics International, 2014, 40 (10): 16085-16089.
[95] 施正伦, 周宛谕, 方梦祥, 等. 石煤灰渣酸浸提钒后残渣作水泥混合材试验研究[J]. 环境科学学报, 2011, 31(2): 395-400.
[96] 谭明洋, 吕宪俊, 胡术刚. 硅质尾矿用作水泥混合材的可行性分析[J]. 现代矿业, 2014, 30(9): 193-195, 211.
[97] Van Deijk S. Foam concrete[J]. Concrete, 1919, 25(5): 49-53.
[98] 张文之. 新型高性能磷酸镁水泥泡沫混凝土的制备与研究[J]. 新型建筑材料, 2018, 45(10): 91-94.
[99] Narayanan N, Ramamurthy K. Structure and properties of aerated concrete: A review[J]. Cement and Concrete Composites, 2000, 22(5): 321-329.
[100] Chen B, Wu Z, Liu N. Experimental research on properties of high-strength foamed concrete[J]. Journal of Materials in Civil Engineering, 2012, 24(1): 113-118.
[101] Ramamurthy K, Nambiar E K K, Ranjani G I S. A classification of studies on properties of foam concrete[J]. Cement and Concrete Composites, 2009, 31(6): 388-396.
[102] Falliano D, Domenico D D, Ricciardi G, et al. Experimental investigation on the compressive strength of foamed concrete: Effect of curing conditions, cement type, foaming agent and dry density[J]. Construction and Building Materials, 2018, 165: 735-749.

[103] Narayanan J S, Ramamurthy K. Identification of set-accelerator for enhancing the productivity of foam concrete block manufacture[J]. Construction and Building Materials, 2012, 37: 144-152.

[104] Shi X, She W, Zhou H L, et al. Thermal upgrading of hui-style vernacular dwellings in China using foam concrete[J]. Frontiers of Architectural Research, 2012, 1(1): 23-33.

[105] 牛云辉，卢忠远，严云，等. 泡沫混凝土整体现浇墙体工程应用研究[J]. 新型建筑材料，2011, 38(3): 25-29.

[106] 王晴，丁纪楠，丁兆洋，等. 地聚物基泡沫混凝土制备与性能研究[J]. 混凝土，2018(11): 118-121, 126.

[107] 刘晓圣，王美娜，王振方，等. 全固废泡沫混凝土性能研究[J]. 混凝土与水泥制品，2018(10): 75-78.

[108] Sun Y F, Gao P W, Geng F, et al. Thermal conductivity and mechanical properties of porous concrete materials[J]. Materials Letters, 2017, 209: 349-352.

[109] 陈华，李辉，顾恒星，等. 基于正交设计与BP神经网络优化制备钢渣代砂环保型泡沫混凝土[J]. 硅酸盐通报, 2017, 36(7): 2447-2452.

[110] 李德忠，倪文，张静文，等. 铁尾矿在蒸压养护过程中的物相变化[J]. 硅酸盐学报，2011, 39(4): 708-713.

[111] Bouvard D, Chaix J M, Dendievel R, et al. Characterization and simulation of microstructure and properties of EPS lightweight concrete[J]. Cement and Concrete Research, 2007, 37(12): 1666-1673.

[112] 张仁水，王明远. 矿渣喷射混凝土胶结料研究[J]. 煤炭学报, 1996(1): 35-39.

[113] 崔孝炜，冷欣燕，南宁，等. 机械力活化对钢渣粒径分布和胶凝性能的影响[J]. 硅酸盐通报, 2018, 37(12): 3821-3826.

[114] Mitchell D R G, Hinczak I, Day R A. Interaction of silica fume with calcium hydroxide solutions and hydrated cement pastes[J]. Cement and Concrete Research, 1998, 28(11): 1571-1584.

[115] 李德忠，倪文，郑永超，等. 铁尾矿加气混凝土在蒸压养护条件下反应机理[J]. 北京科技大学学报, 2013, 35(6): 799-805.

[116] Shen W G, Zhou M K, Ma W, et al. Investigation on the application of steel slag-fly ash-phosphogypsum solidified material as road base material[J]. Journal of Hazardous Materials, 2009, 164(1): 99-104.

[117] 王长龙，梁庆，王颜军，等. 用首钢大石河铁尾矿制备蒸压加气混凝土[J]. 金属矿山，2013(2): 160-163, 168.

[118] 王长龙，乔春雨，王爽，等. 煤矸石与铁尾矿制备加气混凝土的试验研究[J]. 煤炭学报，2014, 39(4): 764-770.

[119] Cui X, Ni W, Ren C. Early hydration kinetics of cementitious materials containing different steel slag powder contents[J]. International Journal of Heat and Technology, 2016, 34(4): 590-596.

[120] Huang X, Wang Z, Liu Y, et al. On the use of blast furnace slag and steel slag in the preparation of green artificial reef concrete[J]. Construction and Building Materials, 2016, 112: 241-246.

[121] 陈伟, 倪文, 李德忠, 等. 金尾矿蒸压加气混凝土水化机理和微观结构分析[J]. 材料科学与工艺, 2015, 23(1): 32-37.
[122] Angulski D L C, Hooton R D. Influence of curing temperature on the process of hydration of supersulfated cements at early age[J]. Cement and Concrete Research, 2015, 77: 69-75.
[123] 崔孝炜, 倪文, 任超. 钢渣矿渣基全固废胶凝材料的水化反应机理[J]. 材料研究学报, 2017, 31(9): 687-694.
[124] Huang X, Ni W, Cui W, et al. Preparation of autoclaved aerated concrete using copper tailings and blast furnace slag[J]. Construction and Building Materials, 2012, 27(1): 1-5.
[125] 黄晓燕, 倪文, 王中杰, 等. 铜尾矿制备无石灰加气混凝土的试验研究[J]. 材料科学与工艺, 2012, 20(1): 11-15.

第 4 章　铁尾矿及多种固废协同利用绿色化技术研究

4.1　煤矸石与铁尾矿制备加气混凝土的试验研究

煤矸石作为煤炭开采和洗选过程的废弃物，排放量占煤炭产量的 15%～20%。截至 2012 年，我国煤矸石的堆存量已达 50 亿 t，而且仍在以每年 1.5 亿～2.0 亿 t 的速度递增[1,2]。煤矸石堆存占据了大量土地，给环境安全造成了隐患。事实上，煤矸石是有用的副产物资源，由于其含有大量碳和黏土矿物，可以燃烧发电、生产胶凝材料和矿井充填材料等[3-9]。煤矸石主要矿物成分是石英和长石，煤矸石与水单独反应的过程极慢，胶凝性能较弱，经过自燃或煅烧的煤矸石从外界获取的能量使其 Al—O 键和 Si—O 键被打开，晶格发生畸变，晶体结构发生破坏，从而激发产生较强的胶凝活性。随着钢铁产业的迅速发展，铁尾矿作为选铁中排放的固体废弃物堆存的比例越来越大，2007～2011 年，铁尾矿的堆存量增长了 28.99 亿 t，仅 2011 年就增长了 8.06 亿 t，而 2011 年我国尾矿综合利用总量仅为 3.07 亿 t，以铁尾矿作为主要硅质原料制备加气混凝土是近年来的一项新技术。铁尾矿活性较差，要作为胶凝材料在加气混凝土中使用，需通过机械粉磨使原料颗粒粒径减小、比表面积增大，表面自由能增加，反应活性随之增强[10-12]。目前，以煤矸石和铁尾矿为硅质原料制备加气混凝土的研究，在国内外鲜见报道。本节以煤矸石为主要研究对象，对其低温活化后，与磨细铁尾矿双掺作为硅质原料制备加气混凝土，研究了煤矸石的煅烧温度、物相转变过程和活化反应机理等，同时对双掺加气混凝土的制备工艺和产品性能进行了分析，为开发利用煤矸石和铁尾矿提供了新的技术工艺路线，以期为我国固体废弃物的综合利用提供一条新的路径。

4.1.1　试验原料

（1）煤矸石：煤矸石取自黑龙江省依兰县中煤龙化矿业有限公司，其铝硅比小于 1。

（2）铁尾矿：铁尾矿取自北京首云矿业股份有限公司密云铁矿尾矿。图 4-1 为铁尾矿的 XRD 谱图，可知铁尾矿的主要矿物组成为石英、角闪石、钙长石和绿泥石等。由表 4-1 可知，铁尾矿的全铁 TFe 含量为 5.1%，化学成分以 SiO_2

为主，多以石英形式存在。铁尾矿中含有氧化铁，多以磁铁矿形式存在，所以该铁尾矿属高硅石英岩型尾矿。铁尾矿采用 0.08mm 方孔筛筛余为 65.36%。

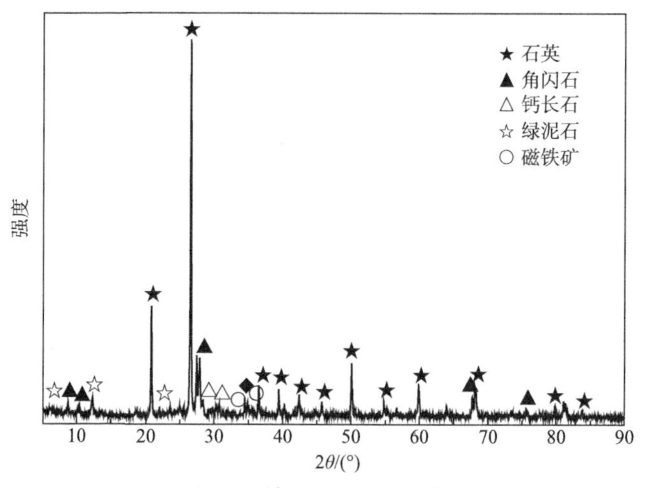

图 4-1　铁尾矿的 XRD 谱图

表 4-1　原料的化学成分　（单位：%）

原料	SiO_2	Al_2O_3	Fe_2O_3	FeO	MgO	CaO	Na_2O	K_2O	SO_2	LOI
煤矸石	34.05	26.00	0.49	1.70	0.61	0.67	0	0.16	0.280	32.76
煅烧后煤矸石	51.05	36.71	3.12	0.42	0.92	1.05	0	0.23	0	0.72
铁尾矿	68.96	7.68	2.32	4.47	3.64	4.35	1.41	1.85	0.024	2.49
生石灰	5.45	3.85	1.68	0.08	3.56	78.76	—	1.25	0.450	3.93
水泥	25.06	6.10	3.31	0.21	3.87	55.56	0.23	0.95	—	4.16
脱硫石膏	2.84	0.78	0.25	0.03	0.47	40.13	0.14	0.12	33.210	—

（3）生石灰：生石灰采用 0.08mm 方孔筛筛余小于 15%，其有效 CaO 含量为 73%，SiO_2 为 5.45%，MgO 为 3.56%，消解时间 13min，消解温度 66℃，符合《硅酸盐建筑制品用生石灰》（JC/T 621—2009）中的要求。

（4）水泥：使用 P·O 42.5 普通硅酸盐水泥，初凝时间 118min，终凝时间 190min。

（5）脱硫石膏：化学成分列于表 4-1，其细度为 0.08mm 方孔筛筛余小于 8%。

（6）铝粉膏：活性铝含量为 89%，固体含量为 78%，发气率 16min 为 92%、30min 大于 99%，200 目筛余为 1.4%，水分散性好，无团粒，盖水面积为 5153cm²/g。

4.1.2 试验方法

1. 材料的预处理

将煤矸石破碎至粒径小于 2mm 后进行烘干处理，至含水率在 1%以下，利用 SMΦ500mm×500mm 型球磨机粉磨，磨机的装料量为 5kg，粉磨后煤矸石细度为 0.08mm 方孔筛筛余在 8%以下，用 CD-1400X 型马弗炉进行煅烧，保温时间 4h，煅烧煤矸石水淬冷却至常温。

将铁尾矿烘干后利用球磨机粉磨，粉磨后其细度为 0.08mm 方孔筛筛余在 7.5%以下。

2. 加气混凝土的制备

将预处理好的煤矸石和铁尾矿与水泥、生石灰、脱硫石膏搅拌混匀，而后加入温水（55℃）搅拌 90s，再加入铝粉膏搅拌 40s，将混合料经浇注、静停、脱模和蒸压养护流程后得到 7 组制品。试验中煤矸石掺入量（质量分数，下同）为 35%、30%、25%、20%、15%、10%和 5%，铁尾矿掺入量为 25%、30%、35%、40%、45%、50%和 55%，每组制品中生石灰、水泥和脱硫石膏掺入量分别固定为 25%、10%、5%，铝粉膏掺入量为干料总用量的 0.06%，水加入量为干料总用量的 0.60。浇注中使用模具的尺寸为 100mm×100mm×100mm，发气和静停的温度为 55℃，试件经过 3h 的静停养护。将成型的和预养护的坯体放入蒸压釜中进行饱和蒸气压力蒸压养护。蒸压制度为：升温 2h，恒温恒压 8h（最高压力 1.25MPa，温度 185℃），降温 2h，得到加气混凝土制品。用不同掺量煤矸石制备出的加气混凝土制品的对应编号为 CT1、CT2、CT3、CT4、CT5、CT6 和 CT7。

3. 性能表征

煤矸石铁尾矿加气混凝土制品的绝干密度、强度等性能测定参照《蒸压加气混凝土性能试验方法》（GB/T 11969—2008）；胶砂试块强度测试按照《水泥胶砂强度检验方法（ISO 法）》（GB/T 17671—1999）。

煤矸石、铁尾矿和加气混凝土制品的物相分析采用日本理学 Rigaku D/MAX-RC 12KW 旋转阳极衍射仪，衍射仪为 Cu 靶，波长 1.5406nm，工作电压 40kV，工作电流 150mA；煤矸石的 DSC 和 TG 分析用德国 NETZSCH 公司的综合热分析仪，工作气氛为空气，工作温度 0～1000℃；加气混凝土制品水化产物的微观形貌分析采用德国蔡司 SUPRA™ 55 FE-SEM。

4.1.3　试验结果分析

1. 煅烧温度对煤矸石活性的影响

图 4-2 为煤矸石的 XRD 谱图，可以看出，煤矸石的主要矿物组成有石英和黏土矿物（高岭石、伊利石、蒙脱石和白云母），同时还存在少量菱铁矿和斜长石等。石英和斜长石晶体分别属于三方晶系和三斜晶系，化学性质比较稳定，不易被活化，而高岭石、伊利石和蒙脱石属于层状结构或片状结晶的铝硅酸盐矿物，受热易分解，从而使煤矸石的物相组成和微观结构被改变，其火山灰反应活性被提高。因此，将煤矸石通过低温活化制备加气混凝土。

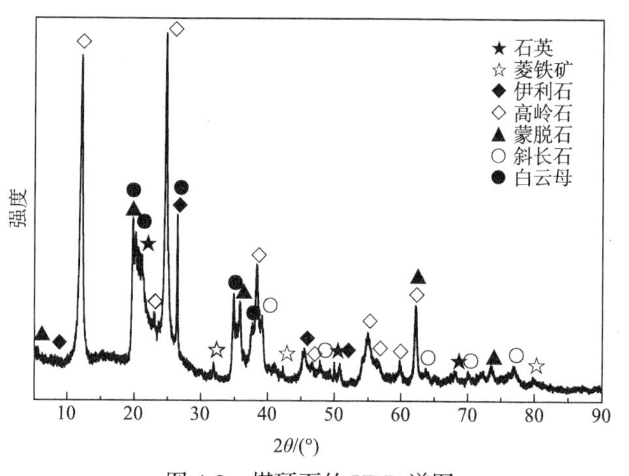

图 4-2　煤矸石的 XRD 谱图

图 4-3 为煤矸石的 TG-DSC 曲线，可以看出随着温度升高，煤矸石的 TG 曲线呈降低趋势，说明煤矸石在加热过程中是连续失重的，其失重范围（250～600℃）较宽且一直延续到 600℃以上，250℃之前主要是失去游离水和吸附水。由 DSC 曲线可知，在 379℃出现一个明显的吸热峰，应为吸附水脱除引起。在 250～600℃出现明显的放热峰，随温度升高累计失重达 25.21%，451℃处的放热谷可能是由碳质燃烧及部分 400～500℃菱铁矿分解并氧化成赤铁矿引起的；525℃处形成吸热峰是由于高岭石脱去羟基，转变为偏高岭石[13]，大部分伊利石脱去羟基，α-石英转变为 β-石英，同时剩余大部分菱铁矿在 500～600℃吸热分解被氧化成赤铁矿和少量磁铁矿[14]。600～1000℃发生轻微失重（0.99%），850～950℃部分白云母发生吸热反应脱去羟基，976℃偏高岭石发生相变，生成无定形 Al_2O_3，SiO_2 放热[14]。

按照《煤的工业分析方法》（GB/T 212—2008）测得煤矸石空气干燥基水分 0.43%、干燥基灰分 72.81%、干燥基挥发分 15.98%和干燥基固定碳 10.78%，与

图 4-3 煤矸石的 TG-DSC 分析结果基本相近。

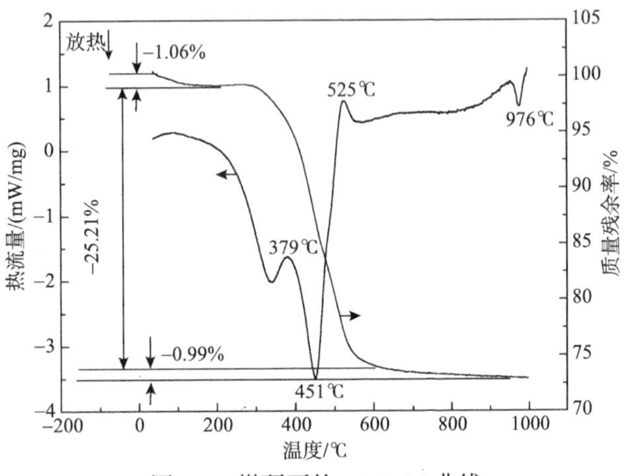

图 4-3　煤矸石的 TG-DSC 曲线

煤矸石经煅烧后生成的偏高岭石是其活性的主要来源。通过煅烧可以破坏煤矸石中 Al—O 和 Si—O 的化学键结构，形成具有活性的非晶相[15]。热活化温度决定着煅烧煤矸石的活性，温度过低，煤矸石中的碳质燃烧不充分，煤矸石中主要组分高岭石分解不彻底，导致活性降低；当温度过高，大于 1050℃时，无定形态组分就会结合生成莫来石，导致活性降低[16]。

结合图 4-3，选取在 5 个温度（500℃、600℃、700℃、800℃、900℃）下煅烧煤矸石。将煅烧后煤矸石以 30%掺量加入水泥中制作 5 组胶砂试块进行强度测试，依次编号为 CGC1、CGC2、CGC3、CGC4 和 CGC5，其中以水泥制作的胶砂试块为 CGC0。分析不同的煅烧温度对煤矸石活化程度的影响，强度测试结果见表 4-2。

表 4-2　胶砂试块力学性能测试结果

编号	抗折强度/MPa		抗压强度/MPa	
	3 d	28 d	3 d	28 d
CGC0	7.52	10.38	39.15	59.99
CGC1	4.92	8.17	18.35	34.83
CGC2	6.53	10.62	24.83	45.82
CGC3	6.09	9.46	24.15	44.11
CGC4	5.67	9.55	25.16	42.57
CGC5	5.91	8.93	21.35	39.78

从表 4-2 可以看出，煤矸石质胶凝材料的胶砂强度低于同龄期的普通硅酸盐

水泥，CGC1 和 CGC5 水化 28d 的抗压强度分别为 34.83MPa 和 39.78MPa（<42.5MPa），其他试块均大于 42.5MPa 水泥强度标准，其中 CGC2 的 28d 抗压强度最高，为 45.82MPa。综上可知，最佳煅烧温度为 600℃，主要化学成分见表 4-1，以 SiO_2 和 Al_2O_3 为主，固定碳含量为 0.72%。

图 4-4 为 600℃直接煅烧煤矸石的 XRD 谱图，煅烧后煤矸石中高岭石、伊利石和蒙脱石的特征谱线完全消失，而石英、钙长石和白云母的特征峰仍然存在，衍射峰的强度变化不明显，石英的峰形变得更加尖锐明显，说明煅烧后石英的结晶度高，晶型完整。煅烧后出现新的物相赤铁矿和磁铁矿是由于煤矸石中菱铁矿经煅烧、吸热分解后被氧化。而黏土矿物伊利石、蒙脱石大量分解且结晶度低或无定形化，高岭石转变为偏高岭石，是 2θ 在 20°～30°的衍射峰下有宽泛的“凸包”背景的原因。

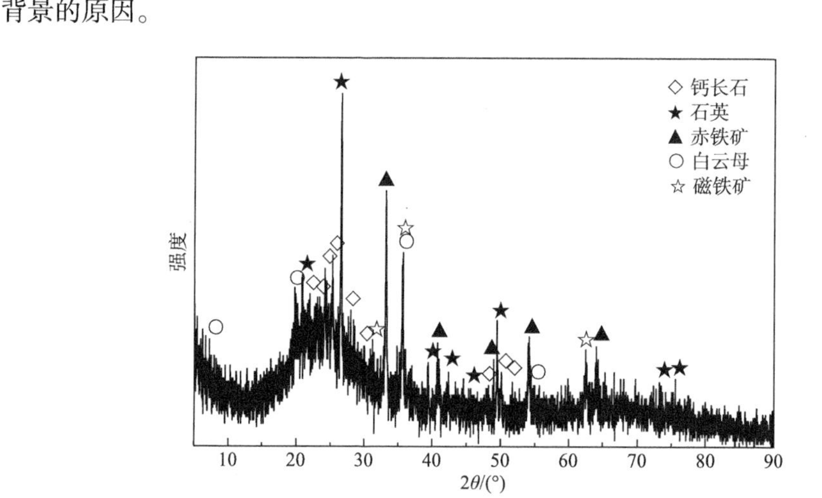

图 4-4　600℃直接煅烧煤矸石的 XRD 谱图

2. 煤矸石掺量对加气混凝土性能的影响

图 4-5 为经过 600℃煅烧后不同掺量煤矸石对加气混凝土性能的影响。由图 4-5 可以看出，随着煤矸石掺量的降低，加气混凝土制品的绝干密度和抗压强度呈现升高趋势。随着煤矸石掺量由 35%减小到 5%，加气混凝土制品的绝干密度由 586kg/m^3 升高到 613kg/m^3，说明原料体系中煤矸石掺量对加气混凝土的绝干密度影响较大。由于 CT1 制品中煤矸石的掺量为 35%，铁尾矿掺量为 25%，较少的铁尾矿不能完全填充水化产物之间的孔隙，而 CT7 制品中煤矸石掺量为 5%，铁尾矿的掺量为 55%，足够的铁尾矿颗粒可完全填充制品的孔隙，使 CT7 制品的绝干密度最大。而随着煤矸石掺量的减少，制品的抗压强度从 2.25MPa 升高到 4.30MPa。当加气混凝土制品中煤矸石掺量在 20%、15%、10%和 5%时，CT4、CT5、CT6 和 CT7 制品的抗压强度分别为 3.64MPa、3.88MPa、4.12MPa 和 4.30MPa，

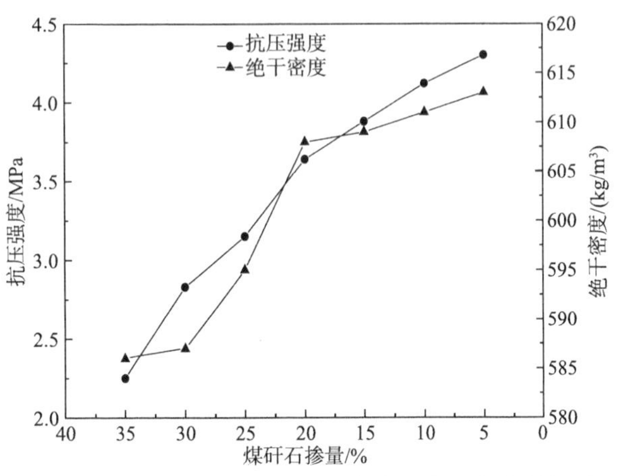

图 4-5　不同掺量煅烧煤矸石对加气混凝土性能的影响

制品的性能符合《蒸压加气混凝土砌块》（GB 11968—2006）中A3.5、B06级合格品的要求。同时，试验中发现煤矸石掺量为35%的CT1制品和30%的CT2制品浇注中料浆的稠化速度快，料浆流动性较差，坯体内气孔结构不均匀，且CT1制品的外表面有垂直于制品发气方向的较大裂纹，CT2制品存在垂直于发气方向的细小裂纹，说明在本节试验条件下，煤矸石用量太大对制品的性能会造成不利影响，煤矸石对物料体系料浆的浇注稳定性影响显著，综合料浆浇注稳定性及制品的物理力学性能，以尽可能多地利用煤矸石为目标，选择煤矸石掺量为20%的加气混凝土制品CT4为最优配合比。

3. 加气混凝土制品组成和形貌分析

为了验证 CT4 号配方的可靠性，采用 XRD 对 CT4 制品蒸压前后的物相组成进行了初步研究，测试结果如图 4-6 所示。通过对比可知，蒸压前氢氧化钙大量参与反应，而煤矸石和铁尾矿原料体系中硅溶出较少，参与反应的 Si^{4+}不足，氢氧化钙过量，所以蒸压前制品中水化产物托贝莫来石生成量比较少，即图 4-6 中蒸压前托贝莫来石的衍射峰比较弱，氢氧化钙的衍射峰比较明显。蒸压后两种硅质原料在碱性条件下有大量 Si^{4+}溶出，相应的氢氧化钙提供的 Ca^{2+}与新溶出的 Si^{4+}促进了水化产物托贝莫来石结晶生成，蒸压前后的制品中存在的石英特征峰减弱说明，生成的托贝莫来石的数量增加。随着蒸压时间的延长，氢氧化钙达到平衡，之后钙的供应终止，所以蒸压后的 XRD 曲线中托贝莫来石的衍射峰总体呈现增强趋势，同时蒸压后的矿物相中没有氢氧化钙的特征峰。蒸压前制品中出现水化产物钙矾石，是由于体系中水泥在水化初期生成水化铝酸钙（C-A-H）和石膏中 SO_4^{2-} 结晶物水化硫铝酸钙（AFT），由于钙矾石的分解温度大约为 70℃，分解为单硫型水化硫铝酸钙（AFm）、Al^{3+}和 SO_4^{2-} [17]。在蒸压的恒温阶段，AFm 继续分解成六水铝酸三钙（C_3AH_6）和 $CaSO_4$，所以图 4-6 中蒸压后曲线中没有钙矾石的特征谱线。由于原料体系中加入了起缓凝作用的石膏及 AFm 高温蒸压后分解，蒸压后曲线中石膏的衍射峰高于蒸压前。

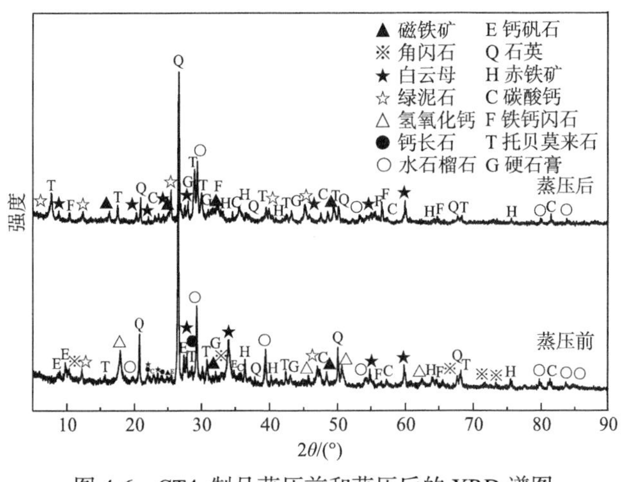

图 4-6　CT4 制品蒸压前和蒸压后的 XRD 谱图

水钙铝榴石是水石榴石的一种，与水石榴石一样同属于铝硅酸盐矿物。由于煤矸石和铁尾矿原料体系中 Al 元素的存在，水钙铝榴石是 $CaO-Al_2O_3-SiO_2-H_2O$ 体系在蒸压过程中最先出现的含铝硅酸盐相，随着蒸压时间延长，孔溶液 OH^- 含量降低，水钙铝榴石会逐渐转变为更加稳定的铝硅酸盐矿物相，如托贝莫来石等[18]，它对加气混凝土制品的性能有重要影响[19]。水钙铝榴石可在很宽的温度范围获得，由于蒸压前氢氧化钙大量参与反应，而煤矸石和铁尾矿中溶出的参与水化反应的 Si^{4+} 和 Al^{3+} 比较少，水钙铝榴石可以快速生成[20]。随着蒸压时间延长，部分水钙铝榴石转化为托贝莫来石，但由于蒸压时间有限，水钙铝榴石未完全转变为托贝莫来石，因此图 4-6 中 CT4 制品蒸压后的 XRD 谱线中，出现水化产物水钙铝榴石与托贝莫来石共存的现象。

制品中的铁钙闪石为双链状结构，由于原料在高碱环境中大量溶出了 Al^{3+} 及添加了活性铝粉膏，在高温蒸养条件下，Ca^{2+} 和 Al^{3+} 分别与角闪石中的 Fe^{2+} 和 Si^{4+} 发生了离子置换，形成铁钙闪石。原料体系中原有的脉石矿物钙长石物相经蒸压后分解，形成了新的矿物相，进入托贝莫来石结构，这对制品强度的发展极为有利。图 4-6 中蒸压后石英的衍射峰强度明显下降，部分残余的石英作为主要骨料存在于制品中。制品中形成的碳酸钙是由制备中 $Ca(OH)_2$ 碳化导致的。白云母、绿泥石、磁铁矿和赤铁矿没有参与到蒸压反应中，这些矿物相作为骨料存在于制品中。

此外，从图 4-6 可看出，图中有宽泛的“凸包”背景存在于 26°～34°的衍射峰下，说明在 CT4 制品中存在大量的无定形（无衍射性）的非晶态和结晶度极低物质，一些尺寸小的颗粒存在于制品中，导致衍射峰宽化，同时并入 XRD 衍射背景中。

经蒸压后加气混凝土 CT4 制品水化产物形貌（FE-SEM）如图 4-7 所示。可以看出制品中水化产物密集丛生，试样断面上生成大量结晶度比较好的板片状托贝莫来石和结晶比较差的 C-S-H 凝胶[图 4-7(a)中 A 处]及直径为 0.5～1.0μm 的球状和葡萄状颗粒[图 4-7(b)]。作为“黏结剂”的 C-S-H 凝胶将这些密集的水化产物相互胶结在一起，形成良好的网络状空间结构体系，该体系能够较好地抵抗外界的荷载，在外界应力作用下不易引起应力集中，对制品物理力学性能的提高起到了一定作用[21-23]。制品中 C-S-H 非晶态凝胶说明了图 4-6 中 26°～34°衍射峰中出现“凸包”背景的原因。图 4-8 为图 4-7（b）中 C 区域水化产物的 EDX 图，表明其化学成分存在以下关系：$n(Ca)/n(Si+Al)=0.72$，与水钙铝榴石 $[Al_2Ca_3(SiO_4)_{2.16}(OH)_{3.36}]$的$[n(Ca)/n(Si+Al)=0.72]$组成一致。

（a）放大3000倍　（b）B处放大10000倍

图 4-7　CT4 制品的水化产物的 SEM 照片

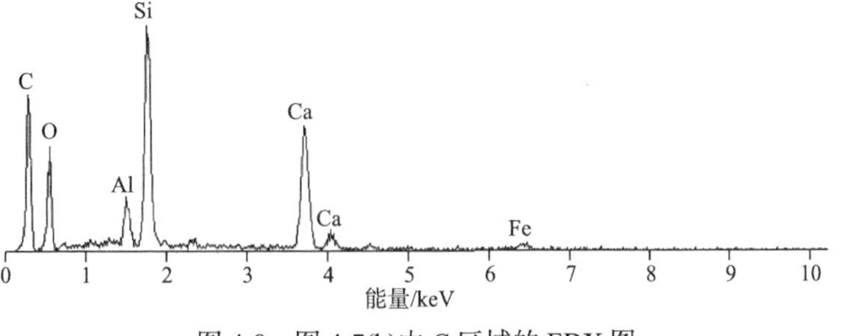

图 4-8　图 4-7(b)中 C 区域的 EDX 图

4.1.4　结论

（1）试验所选的中煤龙化矿业有限公司煤矸石有效活化的煅烧温度为 600℃。

（2）以煅烧后的煤矸石和磨细的铁尾矿为主要硅质原料，其生产加气混凝土的优化方案（质量分数）为煤矸石：铁尾矿：生石灰：水泥：脱硫石膏=20：40：25：10：5，铝粉膏掺量为干料总量的0.06%，水加入量为干料总量的0.60，浇注水温55℃，静停养护温度55℃。蒸压养护条件为：升温2h，恒温恒压8h，降温2h。制品符合《蒸压加气混凝土砌块》（GB 11968—2006）中A3.5、B06级合格品的要求。

（3）煤矸石铁尾矿加气混凝土蒸压前的水化产物为托贝莫来石、水钙铝榴石、钙矾石、C-S-H 凝胶；蒸压后制品的钙矾石分解，水化产物为大量结晶良好的针状或棒状的托贝莫来石、低结晶度或无定形的C-S-H凝胶及未完全转变为托贝莫来石的直径为0.5～1.0μm的球状和葡萄状水钙铝榴石。

4.2　粉煤灰与铁尾矿粉矿物掺合料胶凝性能的研究

高性能混凝土（HPC）是新型的高技术混凝土，代表混凝土的发展方向，它预示着混凝土建筑材料向高科技材料迈出了一大步，材料的耐久性得到了大幅度提高[24-27]。矿物掺合料已经成为高性能混凝土不可或缺的第六组分，其中粉煤灰是目前配制混凝土中使用最广泛、量最大的矿物掺合料，它的应用可减少泌水，使水泥水化热降低，改善混凝土耐久性，提高混凝土后期强度等[28-30]。沈旦申和张荫济[31]在 1981 年通过研究混凝土中掺入粉煤灰后的性质及粉煤灰在混凝土中起到的作用与行为，提出了“粉煤灰效应”包含微集料效应、颗粒形态效应和火山灰反应效应的假说。其中，前两种效应是物理作用，而火山灰反应效应（即活性效应）是由粉煤灰活性成分所产生的化学效应[32]。粉煤灰在混凝土浇注早期活性较低，主要表现为物理填充作用，后期起到明显的化学作用[33]。大量对粉煤灰在复合胶凝材料中水化程度的研究表明[34-38]，粉煤灰在水化初期，其水化程度几乎可以忽略或基本不参与反应。蒋林华等[39]和龙广成等[40]着重对粉煤灰活性进行了研究，并试图以化学激发剂激发粉煤灰活性，增强其在混凝土中的作用效应。Mehta[41]、Payá 等[42]、蒋永惠和阎春霞[43]、孙鑫鹏等[44]的研究表明，在复合胶凝材料中粉煤灰除具有火山灰反应效应外，它所起的微集料填充作用对复合胶凝材料的力学性能影响较大。以上的分析表明，国内外对粉煤灰等活性矿物掺合料微集料填充效应和火山灰反应效应已经开展了很多研究工作。但对铁尾矿粉作为复合胶凝材料的报道较少，尤其是对铁尾矿粉作用效应的研究很少。本节试验对比研究了相同条件下，在胶凝材料中掺入粉煤灰或铁尾矿粉，对复合胶凝材料砂浆强度和混凝土自收缩的影响。

4.2.1 试验原料

（1）粉煤灰：所用的粉煤灰为石景山发电厂生产的Ⅰ级粉煤灰，其标准稠度用水量为 32%，其化学成分见表 4-3，主要矿物成分为石英、莫来石、$Ca(OH)_2$ 和硬石膏，含有大量的非晶相，结晶相含量少。粉煤灰中的 $Ca(OH)_2$ 和硬石膏可能为烟气脱硫中混入的杂质。

表 4-3　粉煤灰、铁尾矿粉和水泥的化学组成　　（单位：%）

物料	SiO_2	Al_2O_3	Fe_2O_3	MgO	CaO	Na_2O_{equi}	SO_3	LOI
粉煤灰	54.8	13.12	6.28	1.82	18.43	0.78	0.37	3.01
铁尾矿	71.21	5.04	10.62	1.84	3.22	0.32	0.23	2.88
水泥	22.15	4.86	3.43	0.83	64.30	0.23	0.31	2.96

注：$Na_2O_{equi}=Na_2O+0.658K_2O$。

（2）铁尾矿：为首钢大石河铁矿选矿车间综合尾矿中分多次从流程中截取，经过沉淀、烘干、混匀、缩分，取得的有代表性的研究矿样。其化学成分列于表 4-3，可知，铁尾矿的 SiO_2 含量高于 70%，属于高硅铁尾矿。铁尾矿的主要矿物组成为石英，伴有少量的角闪石、斜长石和黑云母等。铁尾矿 90%左右的颗粒粒径小于 0.63mm，16%左右粒径小于 0.10mm。试验中使用的铁尾矿粉，为铁尾矿烘干后利用 SMΦ500mm×500mm 型球磨机粉磨 30min 后得到的。

（3）水泥：试验所用水泥为冀东水泥生产的 P·O 42.5 普通硅酸盐水泥，其化学成分见表 4-3。

（4）其他原料：混凝土配制中粗集料石子采用粒径为 5～25mm 的石灰石碎石。采用细度模数为 2.8、含泥量小于 3%的中砂为细骨料。减水剂为 UNF-5 减水剂（萘系）。胶砂块采用 ISO 标准砂。

采用 LMS-30 型激光粒度仪分析的铁尾矿粉、粉煤灰和水泥粒径分布，如图 4-9 所示。由图可知：粉煤灰 0.1～15μm 颗粒含量略低于铁尾矿粉；在粒径大于 15μm 范围内，粉煤灰的颗粒含量略高于铁尾矿粉。因此，粉煤灰的粒径比铁尾矿粉稍大，但整体相差不大。试验选用的水泥、粉煤灰、铁尾矿粉 3 种粉体材料，粉煤灰的颗粒最粗，而水泥最细。

用 SUPRA^{TM} 55 FE-SEM 分析粉煤灰及粉磨后铁尾矿粉，结果如图 4-10 所示。由图 4-10（a）可以看出，粉煤灰颗粒多为球形的玻璃体结构和少量的不规则粒径，主要集中在 3～10μm，且表面光滑，个别球形颗粒表面存在的黑点可能是粉煤灰中残余碳。图 4-10（b）中粉磨后铁尾矿粉中的粗颗粒，棱角尖锐无规则外形，球形度较差，颗粒中个别呈长条状，同时，一些较细颗粒相互团聚或在较粗颗粒表面吸附[45]。

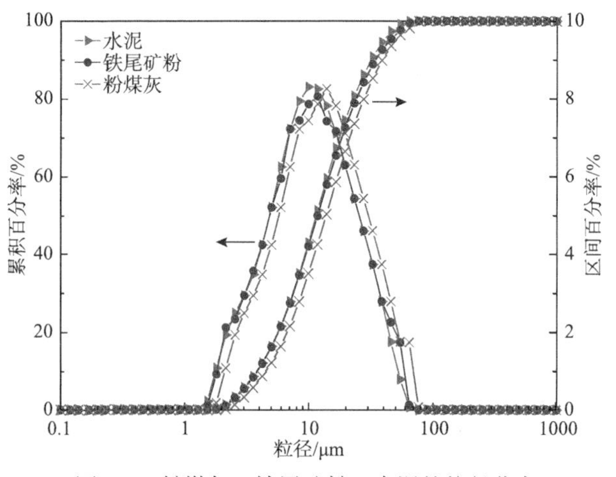

图 4-9　粉煤灰、铁尾矿粉、水泥的粒径分布

（a）粉煤灰　（b）铁尾矿粉

图 4-10　矿物掺合料的颗粒形貌

4.2.2　试验方法

试验中胶砂块抗压强度测定按国家标准《水泥胶砂强度检验方法（ISO 法）》（GB/T 17671—1999）进行，复合胶凝材料的水胶比及配合比见表 4-4。胶砂块试验中胶砂比为 1∶3（质量比，下同），试件尺寸为 40mm×40mm×160mm，成型后的试件在标准条件下养护至规定龄期，测定试件的抗压强度。

表 4-4　复合胶凝材料的水胶比及配合比

样品	水胶比	配合比/%		
		水泥	铁尾矿	粉煤灰
C0HW	0.48	100	—	—
T0HW		70	30	—

续表

样品	水胶比	配合比/%		
		水泥	铁尾矿	粉煤灰
F0HW		70	—	30
T1HW	0.48	50	50	—
F1HW		50	—	50
C0LW		100	—	—
T0LW		70	30	—
F0LW	0.34	70	—	30
T1LW		50	50	—
F1LW		50	—	50

混凝土的自收缩测定采用CABR-NES型非接触式混凝土收缩变形测定仪（精度可达到±1μm/m）并参照文献[46]进行，仪器自动采集混凝土初凝后168h内自收缩数据，混凝土的配合比见表4-5。

表4-5　混凝土的配合比

样品	水胶比	混凝土配合比/(kg/m^3)						
		水泥	铁尾矿	粉煤灰	沙子	石子	水	UNF-5
C0AS		500	—	—	621	1154	125	3.0
T0AS		450	50	—	621	1154	125	3.0
F0AS		450	—	50	621	1154	125	3.0
T1AS	0.25	400	100	—	621	1154	125	3.0
F1AS		400	—	100	621	1154	125	3.0
T2AS		350	150	—	621	1154	125	3.0
F2AS		350	—	150	621	1154	125	3.0
C0BS		500	—	—	604	1121	175	2.4
T0BS		450	50	—	604	1121	175	2.4
F0BS		450	—	50	604	1121	175	2.4
T1BS	0.35	400	100	—	604	1121	175	2.4
F1BS		400	—	100	604	1121	175	2.4
T2BS		350	150	—	604	1121	175	2.4
F2BS		350	—	150	604	1121	175	2.4

4.2.3　试验结果分析

1. 胶砂试块的强度

图 4-11 为经标准养护后水胶比（w/b）为 0.48 和 0.34 的胶砂块抗压强度，比较了不同水胶比条件下，不同种类矿物掺合料胶砂块 1d、3d、7d、28d、90d 和 180d 的抗压强度。可以看出，水胶比、矿物掺合料种类和掺量 3 个因素对复合胶凝材料胶砂块的抗压强度影响较大。在 7d 龄期内，掺铁尾矿粉和粉煤灰的胶砂块抗压强度相差不大，其强度发展规律基本相同。随着养护时间延续，水胶比为 0.34，掺量为 30%的胶砂块抗压强度的发展规律基本相同。掺 50%粉煤灰的试件抗压强度一直保持增长，在水化龄期 180d 时，其强度已经超过或接近 100%使用水泥的试件，而掺加了铁尾矿粉的试件抗压强度停止增长。

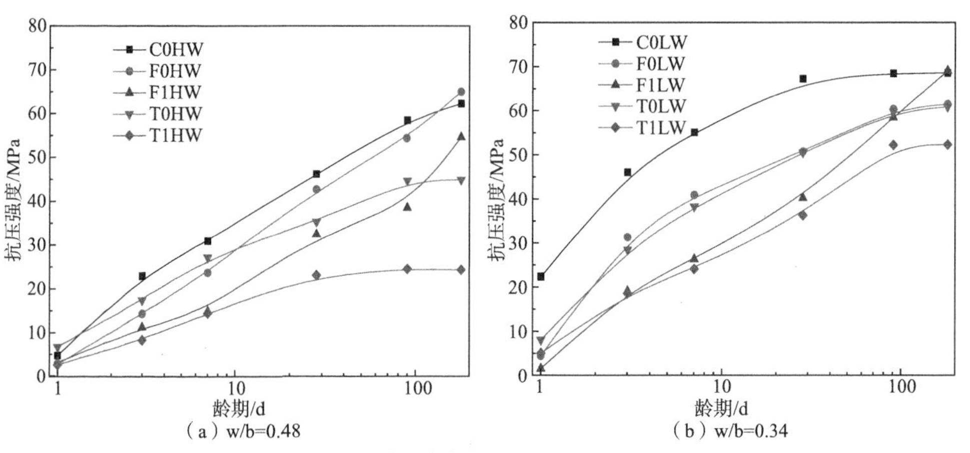

图 4-11　标准养护条件下胶砂块试件的抗压强度

从图 4-11 可以看出，随着水胶比从 0.48 降到 0.34，胶砂块试件的抗压强度增大；而矿物掺合料粉煤灰和铁尾矿粉的加入使抗压强度呈下降趋势。在水化初期，粉煤灰或铁尾矿粉可以看作不参与水泥胶砂体系水化反应的惰性掺合料，相当于使水泥的实际水灰比相应增大，是提高水泥水化程度的稀释反应[9]。通常在较高水胶比情况下，胶砂试块存在较高的孔隙率，水泥的水化产物相对含量提高，试块的密实度相应提高，抗压强度增大。水胶比为 0.48 时，掺 30%矿物掺合料的 F0HW 和 T0HW 试件与 C0HW（纯水泥试件）相比，当龄期较长时，由于体系中水泥水化趋于终止，T0HW 试件内部孔隙率不再变化，其抗压强度也趋于停止。掺 30%和 50%粉煤灰的试件 F0HW 和 F1HW 180d 龄期的抗压强度，分别可以达到 C0HW 抗压强度的 105%和 88%，这是由于掺加了粉煤灰的 F0HW 试件有火山灰反应的发生，其内部孔隙率进一步减小，其抗压强度保持持续增长。当水胶比为 0.34，矿物掺和量为 30%时，胶砂块试件内部初始的密实度高于 0.48 水胶比，水泥水化后生成的水化产物对内部孔隙的填充作用减小，因此 F0LW 和 T0LW 的抗压强度增长趋势在 180d 水化龄期以内基本相同；而掺量为 50%时，胶砂块试件内部的孔隙率高，水泥的相对含量较低，水泥水化生成的水化产物相对量较少，因此水化反应结束后，测得试件的抗压强度低。由于 T1LW 中掺加的铁尾矿粉表现为惰性，新的水化产物不再生成，所以抗压强度不再增长。而 F1LW 中有能够发生火山灰反应的粉煤灰掺入，有新的水化产物生成，使胶砂块试件的内部结构更加密实，所以抗压强度继续增长[32]。

由图 4-11 分析可知，试验选用的粉煤灰和铁尾矿矿物掺合料只有当掺量大时才对胶砂块试件后期强度存在一定的影响，当掺加比例为 30%时对胶砂块抗压强度无影响。铁尾矿粉不参与体系的水化反应，表现为惰性，在胶砂块试件内对强度的影响通过其物理填充作用实现。当矿物掺合料的掺量为 30%时，掺入粉煤灰和铁尾矿粉的试件强度发展规律趋于相同，掺入胶砂块内部的粉煤灰微集料的填充起主导作用，而粉煤灰起的火山灰反应效应很小。由于铁尾矿粉颗粒自身大多以多棱状无规则外形形式存在，如图 4-10（b）所示，与粉煤灰相比，其存在胶砂块试件内部时颗粒间的嵌锁功能较强[32]，因此当水胶比为 0.34 时，T0LW 试件的 1d、3d、7d、28d、90d、180d 龄期的抗压强度小于 F0LW 的抗压强度。

2. 混凝土的自收缩

图 4-12 为粉煤灰等量代替水泥 10%、20%和 30%，水胶比为 0.25、0.35 混凝土自收缩曲线。

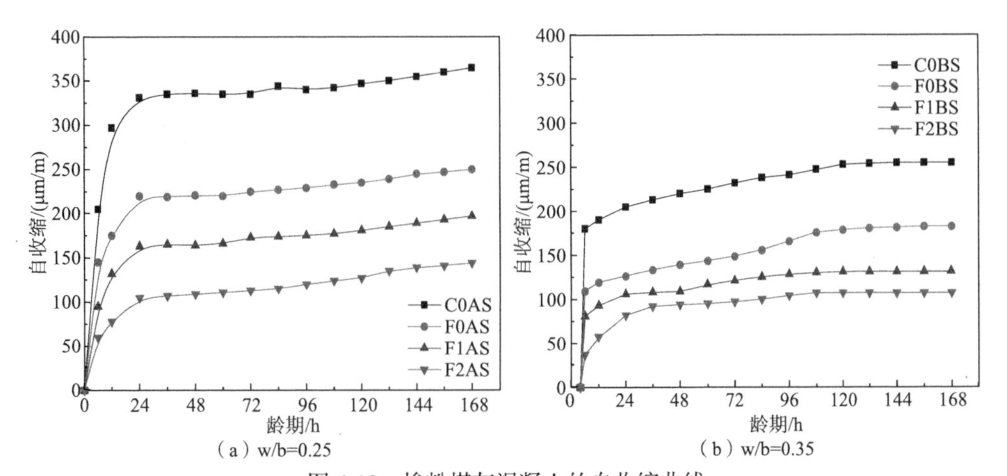

图 4-12　掺粉煤灰混凝土的自收缩曲线

（1）掺入粉煤灰后的混凝土，自初凝至7d龄期的自收缩变化规律与使用纯水泥的普通混凝土相近：其收缩变化可以被划分为快速增长期（初凝至1d期间）和趋于稳定期（1～7d）两个阶段[47]。通常情况下，初凝后至1d内是形成混凝土自收缩差异的主要阶段，这期间混凝土自收缩发展急剧，而本节试验中初凝后至12h的自收缩增长最为迅速，如当水胶比为0.25时，C0AS、F0AS、F1AS和F2AS混凝土的自收缩分别达到7 d总收缩的81.4%、70.0%、67.0%和54.2%。1d后进入稳定期，自收缩趋于平缓或发展趋势减慢。混凝土的自收缩从本质上讲是化学收缩引起的，而化学收缩的产生是由于胶凝材料自身的水化。在快速增长期，混凝土初凝硬化后，胶凝材料的浆体逐渐形成刚性的水泥石，化学收缩被限制，导致大量毛细孔在水泥浆体中生成，如果水泥水化中水分消耗速度大于水分供应速度，那么原有毛细孔内水分由饱和状态向不饱和转变，引起自干燥，使孔内产生负压，从而引起混凝土的自收缩，即宏观体积收缩。

（2）水化龄期相同时，随着粉煤灰替代水泥的用量增大，混凝土的自收缩降低。例如，当水胶比为0.25时，粉煤灰等量取代水泥为10%、20%和30%，水化龄期为12h时，试件F0AS、F1AS和F2AS较纯水泥混凝土分别下降了41.1%、55.6%和73.7%；当水胶比为0.35时的同等条件下，试件F0BS、F1BS和F2BS较纯水泥混凝土分别下降了37.4%、51.1%和70.0%。掺粉煤灰混凝土自收缩降低主要是因为粉煤灰在混凝土中的火山灰反应效应要比水泥迟缓得多，通常要混凝土达到14 d龄期时才能发挥，所以混凝土中早期水化产物的形成主要源自水泥，因而水化产物形成的相对数量少，进而化学减缩量低。此外，粉煤灰等量代替水泥后，水泥用量降低，且因粉煤灰自身“微珠”结构[图4-10(a)]，消耗体系中的水量少，相当于增大了水胶比，可以降低自干燥，减小自收缩。混凝土中掺入粉煤灰后，水泥石中形成的毛细孔孔隙相对粗化，水泥水化中消耗的水分趋于在大孔中，临界半径递减得比较缓慢，自干燥速度降低，所以水胶比相同时，掺粉煤灰混凝土较纯水泥混凝土自收缩小[47]。

（3）普通的纯水泥混凝土和粉煤灰混凝土的自收缩随着水胶比的增大而减小。从图4-12可见，水胶比从0.25增加到0.35，自收缩降低效果明显，且随着粉煤灰替代水泥用量的增加，自收缩呈比例降低。由于取代部分水泥的粉煤灰在胶凝材料体系内早期不发生水化反应，粉煤灰的掺入降低了发生水化反应的水泥用量，减弱了水化产物对内部结构的填充，同时有效水灰比得到增大，毛细孔孔隙内水含量增大，增大了临界半径，毛细孔内负压作用相对降低，混凝土自收缩得到降低。

图4-13为水胶比为0.25、0.35，铁尾矿粉等量代替水泥10%、20%和30%，龄期为初凝至7d的混凝土自收缩曲线。与图4-12对比发现：掺入铁尾矿粉的混

凝土自收缩变化规律及大小与粉煤灰混凝土基本相同。自收缩曲线也可以分为快速增长期和趋于稳定期两个阶段。由于铁尾矿粉在混凝土中起到惰性填充的作用，早期不参与体系的水化反应，铁尾矿粉的加入减少了胶凝材料水泥的加入量，水泥水化生成的水化产物相对数量减少，自干燥减弱，化学减缩量减小，相应的自收缩减小。在水胶比相同的条件下，随着铁尾矿粉取代水泥的用量增加，生成的水化产物的数量相应减少，混凝土的自收缩呈现准线性递减。

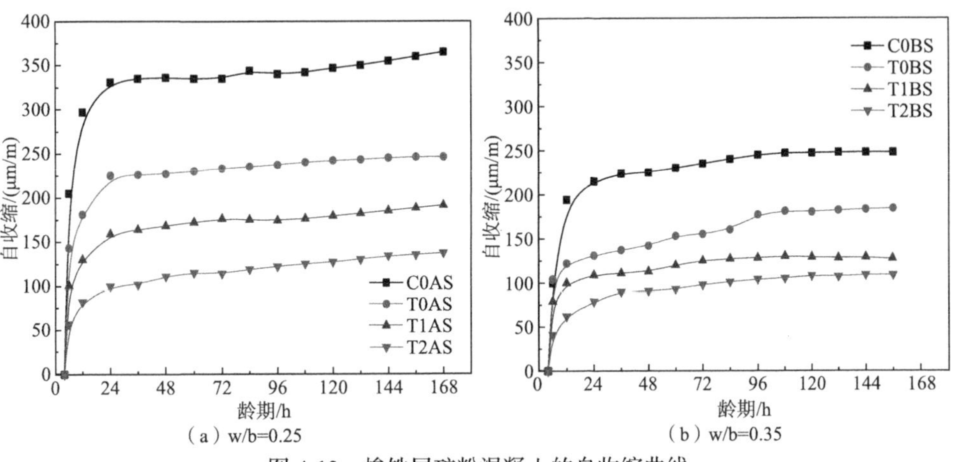

（a）w/b=0.25　　（b）w/b=0.35

图 4-13　掺铁尾矿粉混凝土的自收缩曲线

4.2.4　结论

（1）通过对掺入粉煤灰和铁尾矿粉胶砂块抗压强度的研究发现，水化初期，粉煤灰和铁尾矿粉在复合胶凝材料水化硬化过程中主要起到物理填充作用，随龄期延长，粉煤灰的火山灰反应效应才逐渐显现。

（2）在水化初期，矿物掺合料的物理因素（颗粒形貌等）对复合胶凝材料胶砂块抗压强度的影响作用超过化学因素（反应程度等），同时活性与惰性矿物掺合料的作用基本相同。

（3）通过对混凝土自收缩研究发现，矿物掺合料粉煤灰和铁尾矿粉对混凝土自收缩影响规律基本相同；当水胶比相同时，随粉煤灰或铁尾矿粉掺量的增加，混凝土的自收缩均呈准线性递减。

4.3　煤矸石与铁尾矿制备微晶玻璃的技术研究

4.3.1　利用煤矸石与铁尾矿制备 $CaO-MgO-Al_2O_3-SiO_2$ 系微晶玻璃

过去的几十年，我国的资源开采产生了大量的工业固体废弃物铁尾矿和煤矸石。截至 2012 年，我国的煤矸石堆存量已达 50 亿 t，且堆存量以每年 1.5 亿～2.0 亿 t 递增[48-51]。煤矸石的堆存占据了大量土地资源且对环境造成严重的影响，特别是煤矸石的风化、自燃、重金属离子浸出引起了大气污染、地面或地下水质污染[52]。另外一种大量堆存的工业固体废弃物是选铁过程中排放的铁尾矿，其堆存量已经超过 40 亿 t。煤矸石和铁尾矿的堆存成了一个紧迫的环境问题，因此对煤矸石和铁尾矿进行综合利用是必要的。对煤矸石和铁尾矿的综合利用有许多方法，其中大部分是将处理后的煤矸石和铁尾矿用于传统的建筑材料，如水泥[53,54]和砖[55,56]。通常情况下，煤矸石和铁尾矿的主要矿物组成为石英和长石[57]，其主要化学成分为 SiO_2、Al_2O_3、Fe_2O_3 和 CaO，以及其他的一些次要氧化物 K_2O、TiO_2，这些成分是制备微晶玻璃所必需的。相比较其他的工业废料和矿物质，如粉煤灰、高岭石和红柱石等，其组分内 SiO_2 的含量高达 70%，因此可以被看作在微晶玻璃产业潜在的低成本硅源。微晶玻璃是细粒径的多晶材料，由于其具有机械强度高、耐腐蚀和耐磨损的特点[58-60]，从而得到广泛的关注和应用。传统微晶玻璃的生产以化学原料为主，其生产成本高、资源及能源消耗大[18]。自 1965 年炉渣微晶玻璃被命名为 Slagceram 以来，利用固体废弃物为主要原料生产微晶玻璃已经成为微晶玻璃的重要发展方向[61]。但是，利用煤矸石和铁尾矿为主要原料制备微晶玻璃鲜见报道。

本节采用 DSC、XRD、SEM 等测试方法，分析了微晶玻璃的结晶行为、微观结构和机械性能，同时探讨了煤矸石微晶玻璃的析晶活化能，为研究煤矸石与铁尾矿制备 $CaO\text{-}MgO\text{-}Al_2O_3\text{-}SiO_2$ 系微晶玻璃提供了理论参考和技术基础。

1. 试验原料及方法

1）试验原料

煤矸石和铁尾矿分别取自七台河矿业精煤（集团）有限责任公司富强煤矿和北京首云矿业股份有限公司密云铁矿，其化学成分见表 4-6。其中，煤矸石为预先破碎至粒径小于 2mm，而后采用球磨机粉磨至 0.08mm，方孔筛筛余小于 8%，经 800℃煅烧 2h 后去除有机杂质的原料。由表 4-6 可知，煤矸石和铁尾矿中 SiO_2 及 Al_2O_3 组分总量分别为 85.05%和 76.64%，属高硅铝原料，原料中含有一定量的 TiO_2，为微晶玻璃晶体成核提供了条件，不需外加晶核剂。煅烧后煤矸石的矿物成分以石英和钙长石为主，伴有少量白云母、赤铁矿和磁铁矿，铁尾矿的矿物成分以石英为主，伴有角闪石、钙长石等。

表 4-6　原料的化学组成　（单位：%）

原料	SiO_2	Al_2O_3	MgO	CaO	Fe_xO_y	TiO_2	其他
煤矸石	55.05	30.00	1.48	6.78	2.60	1.31	2.78

续表

原料	SiO_2	Al_2O_3	MgO	CaO	Fe_xO_y	TiO_2	其他
铁尾矿	68.96	7.68	3.64	4.35	6.79	0.63	7.95

注：Fe_xO_y表示 FeO 和 Fe_2O_3。

由于试验所用原料属于高硅铝原料，原料中含有少量其他金属氧化物，因此以多组分硅酸盐体系作为研究对象比较适合，依据 CaO-MgO-Al_2O_3-SiO_2 四元体系[62]进行基础微晶玻璃配方的设计。为降低玻璃的熔融和析晶温度，基础玻璃成分选择为普通辉石，具体组成为煤矸石 66%、铁尾矿 13%、CaO11%、MgO10%。为改善微晶玻璃使用性能和工艺性能，外加入配料总量 2%的 CaF_2 作为助熔剂，以及 3%澄清剂：$NaNO_3$: Sb_2O_3=3 : 1（质量比），调整微晶玻璃的基础结构。熔制后玻璃的主要成分为：SiO_2 为 45.30%，Al_2O_3 为 20.80%，CaO 为 16.04%，MgO 为 11.45%，Fe_xO_y 为 2.60%，TiO_2 为 0.95%，其他为 2.86%。

2）试验方法

将一定配合比的煤矸石、铁尾矿与成分助熔剂、澄清剂等原料混匀放入刚玉坩埚，然后置入 CD-1700X 型马弗炉中，由室温升至 1500℃并保温 5h，升温速率为 1℃/min，使混合料充分融化。将少量的熔融浆体急冷水淬得到水淬玻璃颗粒，通过烘干、球磨制成粒径小于 0.074mm 的玻璃粉，得到基础玻璃粉末，作为 DSC 试样。

将剩余大部分熔融浆体浇注成 12cm×12cm×4cm 的大块并迅速放入 650℃的晶化炉保温 5h，以 1℃/min 的速率降至室温以消除玻璃内应力，从而得到 12cm×12cm×4cm 的玻璃大试块；将上述玻璃大试块切磨成 5mm×5mm× 45mm 长条试块，放入 CD-1400X 型马弗炉中，在 697℃下保温 2h；然后在晶化温度（890℃、940℃、990℃、1040℃、1090℃）下保温 2h，冷却后得到微晶玻璃样品。

微晶玻璃的弯曲强度采用电子万能试验机（GWKZ/17 型）测定。采用德国生产的综合热分析仪（STA 409C/CD Netzsch Gertebau GmbH，Selb）测试基础玻璃粉末的 DSC 曲线，测试中在氩气保护气氛下，温度设定为室温至 1000℃，升温速率为 10℃/min。XRD 分析采用日本理学智能 X 射线衍射仪，额定管电压 20～60kV，最大额定电流 500mA。微晶玻璃的微观形貌分析采用德国蔡司 SUPRA™ 55 FE-SEM。

2. 试验结果与讨论

1）热分析与组成

微晶玻璃预定晶相产生的关键工序是热处理，在一定程度上其核化和晶化两个阶段可同时进行，核化阶段形成晶核温度较低，晶化阶段以析晶为主，同时晶体长大，此时温度较高，所以在热处理过程中玻璃的热力学状态不稳定，从玻璃态转为结晶态，伴随着能量释放[63]。DSC 中发生吸热和放热效应，为微晶玻璃的核化温度（T_g）和晶化温度（T_c）的确定提供了重要依据。由图 4-14 可知，DSC 曲线上有两处明显的与热相关的反应，即 747℃处首先出现的吸热峰和 893℃处出现的放热峰。747℃的吸热现象并不是由核化吸热引起的，而是基础玻璃粉末在 747℃热处理中微观结构重排吸热发生的软化变形时的玻璃化转变温度。实际上，玻璃化转变温度是一个温度区间（700～800℃），为讨论微晶玻璃制备中核化温度的影响，选择核化温度为 697℃。893℃处尖锐的放热峰对应玻璃的析晶放热反应，计算放热峰面积可得析晶放热量为 229.3J/g。为讨论微晶玻璃制备中晶化温度的影响，选择晶化温度为 890℃、940℃、990℃、1040℃和 1090℃。

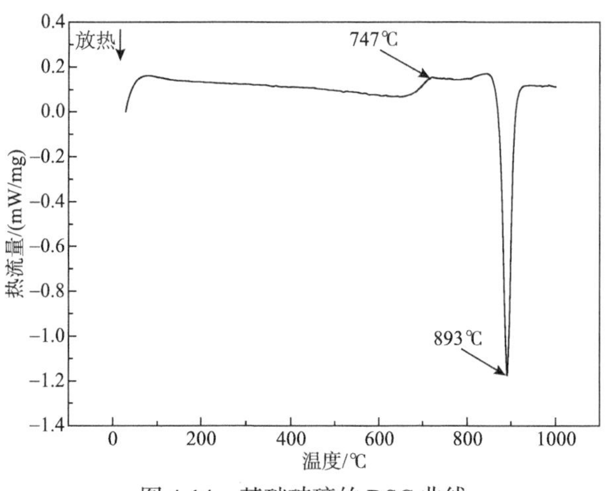

图 4-14　基础玻璃的 DSC 曲线

玻璃的原料成分控制主晶相的种类和数量，而热处理工艺影响玻璃的结构和性能[64]。为优化玻璃的热处理温度，将微晶玻璃在 697℃下核化 2h，然后在 890℃、940℃、990℃、1040℃、1090℃下晶化 2h，所得的基础玻璃粉末和不同核化温度与晶化温度微晶玻璃的 XRD 分析结果如图 4-15 所示。

图 4-15 中曲线（a）为通过急冷处理基础玻璃粉末的 XRD 谱图，2θ 在 16°～40°范围内有较明显的“馒头峰”，曲线呈现一个完整的无定形物质，说明通过急冷处理的基础玻璃粉末中含有一定的玻璃相。曲线（b）为 697℃核化温度下保温 2h 得到的玻璃基体，和曲线（a）相似，含有一定的玻璃相，同时 2θ 在 29.658°处可以看见少量的普通辉石[$Ca(Mg, Fe, Al)(Si, Al)_2O_6$]的主晶相衍射峰，说明玻璃基体中已经有部分晶核形成。将玻璃样品在 697℃核化 2h 后，分别在 890℃、940℃、990℃、1040℃和 1090℃晶化处理 2h，XRD 结果为曲线（c）～曲线（g）。可

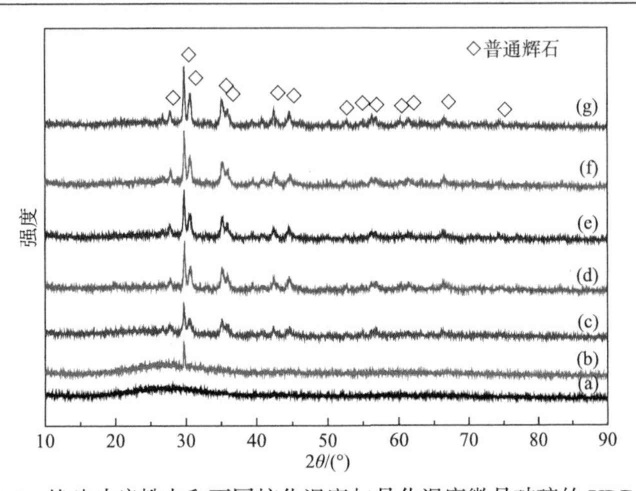

图 4-15　基础玻璃粉末和不同核化温度与晶化温度微晶玻璃的 XRD 谱图

(a)基础玻璃粉末；(b)697℃核化 2 h；(c)～(g)697℃核化 2h 后在 890℃、940℃、990℃、1040℃、1090℃下晶化 2h

以看出，在5种不同的晶化温度下，微晶玻璃样品析出晶相种类相对于曲线（b）没有发生变化，均为普通辉石，但是随着晶化温度从890℃升高到1090℃，普通辉石晶相的衍射峰呈逐渐增强趋势，曲线（f）中微晶玻璃在1040℃晶化处理后，其主晶相衍射峰最强，当晶化处理温度升高到1090℃时，曲线（g）中的晶体衍射峰减弱。

图 4-16 为基础玻璃粉末及固定核化温度 697℃核化处理 2h，而后经过不同晶化温度 890℃、940℃、990℃、1040℃和 1090℃晶化处理 2h 的微晶玻璃样品的显微形貌。图 4-16（a）的视域内可见少量粒径小于 40nm 的颗粒状晶体结构，图 4-16（b）中可见颗粒状晶体结构的尺寸在增大，颗粒分散无序，颗粒尺寸 30～100nm 不等，有少量颗粒形貌清晰可见且小颗粒团聚在一起，所以图 4-15 中曲线（b）可见少量普通辉石主晶相衍射峰。图 4-16（c）显示玻璃相晶体较小，数量较多，微小颗粒是未发生团聚的结晶相。随着晶化温度的升高，图 4-16（d）中晶粒似链状排列有序，晶粒尺寸均匀，约 100nm。图 4-16（e）中一些 40～60nm 的微小颗粒晶相团聚成 100～200nm 晶粒，彼此紧密排列。图 4-16（f）中，大部分颗粒形貌更接近于圆形，颗粒间界限明确，一些颗粒尺寸大于 100nm 的颗粒团聚在一起，排列紧密，这有利于微晶玻璃物化性能的提高，是比较理想的晶化处理结果。图 4-16（g）中出现了部分晶体回熔在一起的现象，晶体尺寸变小，相对数量减少，晶体结构变得疏松，这也是图 4-15 曲线（g）中衍射峰减弱的原因。从图 4-16（c）～（g）可以看出，随着晶化温度升高，晶体尺寸增大，其形状和分布更趋向规则化，结构更加致密，在晶化温度为 1040℃时处理效果最好，但随着温度升高到 1090℃，部分晶体已发生重熔，影响微晶玻璃的物化性能。因此，由 XRD 与 SEM 结果可以确定最佳的晶化温度为 1040℃。

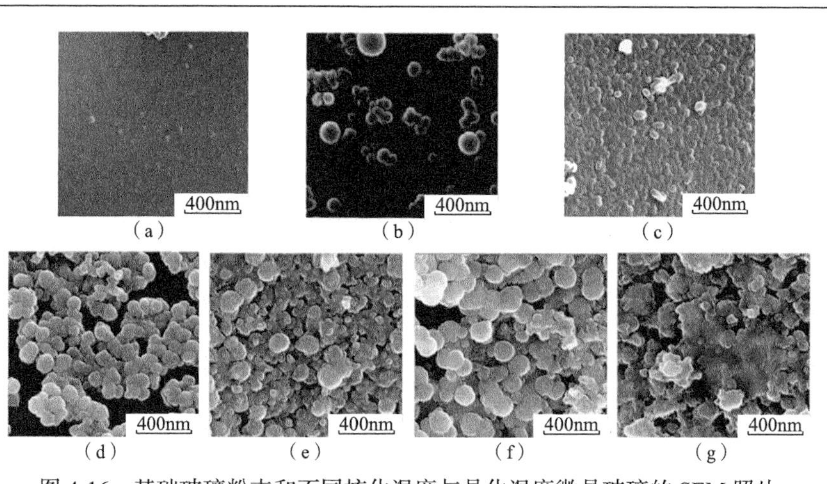

图 4-16　基础玻璃粉末和不同核化温度与晶化温度微晶玻璃的 SEM 照片

(a)基础玻璃粉末；(b)697℃核化 2h；(c)～(g)697℃核化 2h 后在 890℃、940℃、990℃、1040℃和 1090℃下晶化 2h

对核化温度 697℃与不同晶化温度（890℃、940℃、990℃、1040℃、1090℃）的微晶玻璃进行弯曲强度和耐酸性测试，测试结果见表 4-7。

表 4-7　微晶玻璃性能

试样	弯曲强度/MPa	耐酸性/%
1（697℃核化 2h）	59.60	91.32
2（697℃核化 2h 后经 890℃晶化 2h）	168.48	98.56
3（697℃核化 2h 后经 940℃晶化 2h）	199.21	98.67
4（697℃核化 2h 后经 990℃晶化 2h）	208.57	99.20
5（697℃核化 2h 后经 1040℃晶化 2h）	216.49	99.21
6（697℃核化 2h 后经 1090℃晶化 2h）	157.62	98.14

由表 4-7 可知，晶化处理对煤矸石微晶玻璃的弯曲强度影响较大。当微晶玻璃仅在 697℃核化 2h 时，弯曲强度为 59.60MPa；在相同的核化条件下，微晶玻璃分别在 890℃、940℃、990℃、1040℃和 1090℃晶化 2h，弯曲强度大大增加，其中 1040℃为最佳的晶化温度。当晶化温度高于 1040℃时，微晶玻璃的弯曲强度会严重降低，由表 4-7 与图 4-16 可知，这是由于试样 6 发生了晶粒重熔现象，导致晶体结构产生了缺陷。微晶玻璃的机械强度受表面微裂纹的分布以及裂纹的严重程度控制[65]，通常发生断裂的材料多是沿着晶界断裂，微晶玻璃内部晶相含量高，则晶界长，裂纹延伸得也长，机械弯曲强度高[66]，试样 5 晶粒分布均匀且细小，因此机械弯曲强度高。与之相似，晶化处理也会很大限度地影响微晶玻璃的

耐酸性。如仅核化处理的微晶玻璃耐酸性为 91.32%，晶化处理微晶玻璃后，耐酸性最高可达 99%以上。然而，在 1090℃晶化 2h 后，微晶玻璃的耐酸性下降，这是由于晶体回熔、玻璃相增多。多数情况下，微晶玻璃的玻璃相首先被侵蚀，因为玻璃相中的阳离子和 H^+，尤其是玻璃相中小半径碱金属离子与其他同类的离子相比比较活泼，容易从玻璃内部析出，发生（$\equiv SiO—R+H^+ \longrightarrow \equiv SiO—OH+R^+$）离子交换，从而易被侵蚀[66]。由图 4-16（b）～（g）可知，试样 5 的晶化程度最高，相对玻璃相较少，致密性好，因此其耐酸侵蚀性最强。

2）析晶活化能分析

由于晶态物质有更低的自由能，与玻璃体相比更稳定，但玻璃态向晶态转变过程却不能够自发生，这个过程的进行需要克服亚稳玻璃态向稳定晶态的能量势垒，而析晶活化能是晶格质点重排所必需的，玻璃动力学研究中析晶活化能是主要参数之一。图 4-17（a）为 5℃/min、10℃/min、15℃/min、20℃/min 升温速率下基础玻璃试样的 DSC 曲线，可以看出，随升温速率增加，晶化温度逐渐由低温偏移向高温（870～914℃），晶化峰也逐渐尖锐化。

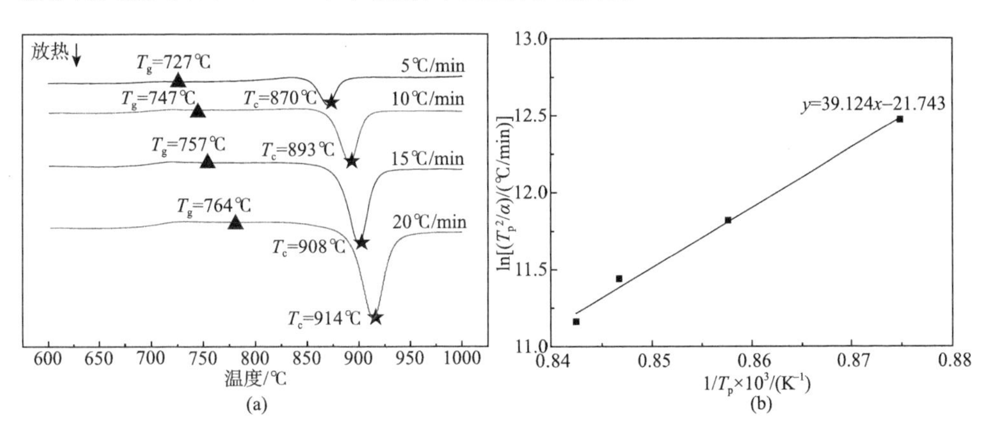

图 4-17 （a）不同升温速率下基础玻璃试样的 DSC 曲线；（b）基础玻璃试样的 $\ln(T_p^2/\alpha)$与 $1/T_p$ 的关系

通常析晶活化能 E 在一定程度上反映微晶玻璃析晶能力的大小。由 Avrami[67,68]提出的动力学计算方法，可以得到析晶活化能 E、析晶温度 T_p 和升温速率 α 关系的 Kissinger 方程[69]，即

$$\ln\left(T_p^2 / \alpha\right) = ERT_p + \ln ER - \ln v \qquad (4\text{-}1)$$

式中，T_p为析晶温度，即DSC曲线中T_c的热力学温度，K；v为频率因子；R为摩尔气体常数，R=8.314J/(mol·K)。

结合图4-17（a）中 T_c 数据，以 $1/T_p$ 为横坐标，$\ln(T_p^2/\alpha)$ 为纵坐标，得出图4-17（b）的拟合直线。由直线斜率 ER，截距 $\ln ER-\ln v$，计算得出频率因子 v 及析晶活化能 E，进而得出析晶转变速率系数 $k(T_p)$。

$$k(T_p)=v\exp[-E/(RT_p)] \quad (4\text{-}2)$$

在已知析晶活化能 E 的条件下，可由 Augis-Bennett 方程[70]计算得出晶化指数 n，即

$$n=\frac{2.5}{\Delta T}\cdot\frac{RT_p^2}{E} \quad (4\text{-}3)$$

式中，ΔT 为DSC曲线中析晶放热峰中半高宽的温度。当晶化指数 n 接近1时，玻璃试样表现为表面晶化；接近3时表现为体积晶化。由式（4-1）～式（4-3）可以得到试样析晶活化能 E、析晶转变速率系数 $k(T_p)$ 和晶化指数 n，计算结果见表4-8。

表4-8　不同试样的析晶参数

α/(℃/min)	E/(kJ/mol)	$k(T_p)$	n
5	325.17	0.15	3.34
10	325.38	0.29	3.62
15	325.84	0.42	3.71
20	324.75	0.55	3.92

通过固态相变理论可知，在晶化开始时，整个晶化过程被表面形核和形核长大所控制，此时 $n\leqslant 2$；当 $2<n<3$ 时，随着晶化过程的延续，晶核在晶化过程中表现为形核的三维预存长大；$n>3$ 是体相形核的三维长大[71]。由表4-8可知，基础玻璃试样的析晶活化能随着升温速率的增大而先增大后减小，20℃/min 升温速率试样的析晶活化能最低，为 324.75kJ/mol，而析晶转变速率系数 $k(T_p)$ 和晶化指数 n 呈现增大的趋势。当试样以较慢速率升温时，玻璃态向晶态转变的过程孕育时间长，整个转变过程在温度较低时就已经开始，因此试样的析晶温度较低，整个转变过程时间充分，其瞬时转变的 $k(T_p)$ 较小，表现在 DSC 曲线中为析晶转变峰平缓；而当温度升温速率较快时，玻璃析晶转变整体过程滞后，析晶温度被提高，瞬时转变的 $k(T_p)$ 较大，表现在 DSC 曲线中为析晶峰尖锐[72]。因此，在 DSC 曲线上，随升温速率 α 增加，析晶温度 T_p 增加，这与图4-17（a）的结果一致。随着升温速率的增大，4个试样的晶化指数计算结果均大于3，表明非等温条件下该煤矸石尾矿微晶玻璃的晶核为三维生长，整体结晶，4个试样的晶核生长方式一样，这与图4-16（c）～（g）的分析结果一致。

3. 结论

（1）以 66%煅烧后煤矸石（800℃煅烧 2h），外加入配料总量 2%的 CaF_2 作为助熔剂，以及 3%澄清剂，可以制备 $CaO\text{-}MgO\text{-}Al_2O_3\text{-}SiO_2$ 系主晶相为普通辉石微晶玻璃。

（2）随着核化和晶化温度的升高，主晶相的物相未发生变化，但其衍射峰强度以先增强后减弱的趋势变化；最佳热处理温度为 697℃核化 2h 后经 1040℃晶化 2h，弯曲强度为 216.49MPa，耐酸性为 99.21%。

（3）对于不同升温速率的基础微晶玻璃试样，20℃/min 升温速率的试样析晶活化能最低，为 324.75kJ/mol，$k(T_p)=0.55$，$n=3.92$，4 个试样的晶化指数计算结果均大于 3，表明非等温条件下玻璃晶核为三维生长，整体结晶，4 个试样的晶核生长方式相同。

4.3.2 煤矸石与铁尾矿制备微晶玻璃的微观结构和力学性能

目前我国的能源结构以煤炭为主，煤炭的开采、洗选过程中产生的大量煤矸石堆存占地约 1.2 万 hm^2[73]。煤矸石和选铁产生的铁尾矿堆存量接近 100 亿 t，因此煤矸石和铁尾矿的资源化利用是相当有必要的。微晶玻璃具有耐磨损、耐腐蚀、机械强度高的特性[74]。煤矸石和铁尾矿中赋存的矿物是制备微晶玻璃的必需原料。采用固体废弃物为原料已成为微晶玻璃的发展方向。本节工作以固体废弃物煤矸石和铁尾矿为硅质原料，采用熔融法浇注制备微晶玻璃，对微晶玻璃的机械性能进行测试，利用 DSC、XRD、SEM 等分析方法，探讨了微晶玻璃微观结构对机械性能的影响。

1. *试验原料及方法*

1）试验原料

试验选用的煤矸石和铁尾矿的化学成分列于表 4-9。由表 4-9 可知，所用的煤矸石（煅烧后）和铁尾矿中 SiO_2 及 Al_2O_3 含量合计分别为 85.05%和 76.64%，属高硅铝原料，此外，原料中的 TiO_2 可以作为微晶玻璃的晶核剂。为改善微晶玻璃使用性能和工艺性能，在煤矸石和铁尾矿主要原料的基础上，加入化学分析纯 SiO_2 与 Al_2O_3 作为成分调整剂，化学分析纯 $NaNO_3$ 与 Sb_2O_3 作为澄清剂，同时少量 CaF_2 作为降低熔点的助熔剂，调质后基础玻璃的化学成分见表 4-9。

表 4-9 原料的化学组成 （单位：%）

原料	SiO_2	Al_2O_3	Fe_xO_y	MgO	CaO	Na_2O	TiO_2	Sb_2O_3	CaF_2	其他
800℃煤矸石	55.05	30.00	2.60	1.48	6.78	0	1.31	0	0	2.78

续表

原料	SiO_2	Al_2O_3	Fe_xO_y	MgO	CaO	Na_2O	TiO_2	Sb_2O_3	CaF_2	其他
铁尾矿	68.96	7.68	6.79	3.64	4.35	1.41	0.63	0	0	6.54
基础玻璃	47.93	17.75	3.25	8.79	17.74	0.69	0.86	0.40	0.86	1.73

注：Fe_xO_y表示FeO和Fe_2O_3。

2）试验方法

（1）材料的预处理。

将煤矸石破碎至粒径小于2mm后烘干至含水率在1%以下，用装料量为5kg，质量级配为钢球60kg、钢锻40kg的SMΦ500mm×500mm型球磨机粉磨，控制磨后细度为0.08mm方孔筛筛余在8%以下，用CD-1400X型马弗炉于800℃煅烧2h去除有机杂质。

（2）微晶玻璃的制备。

将按照表4-9调配好的基础玻璃混匀放入刚玉坩埚，置于CD-1700X型马弗炉，在1450℃下充分融化、澄清，保温100min。然后，将熔融渣倒入模具内浇注成型，随即将模具置于685℃的马弗炉内进行热处理，经685℃保温60min后，以5℃/min升温至980℃并保温60min，随炉冷却至常温。

按《建筑装饰用微晶玻璃》（JC/T 872—2019）标准进行强度测试，用SUPRA^{TM} 55 FE-SEM观察样品形貌。用STA 409C/CD型DSC分析样品的热性能。用D/MAX-RB 12KW型XRD分析样品物相。用Nano Indenter XP型纳米显微力学探针分析样品的微观力学性能。

2. 结果与讨论

1）煤矸石铁尾矿微晶玻璃的强度测试

微晶玻璃的机械强度是它最重要的性能之一。煤矸石铁尾矿微晶玻璃的强度如表4-10所示。煤矸石铁尾矿微晶玻璃的抗压强度为981MPa，弯曲强度为129MPa，冲击韧性为2.92kJ/m^2，磨耗量为0.018g/cm^2，显微硬度为7.93GPa。

表4-10　煤矸石铁尾矿微晶玻璃的机械性能

序号	抗压强度/MPa	弯曲强度/MPa	冲击韧性/(kJ/m^2)	磨耗量/(g/cm^2)	显微硬度/GPa
1	1042	118	2.57	0.026	7.95
2	839	125	3.03	0.011	8.06
3	932	128	3.02	0.022	8.04
4	1192	132	3.53	0.018	7.98
5	1048	129	2.42	0.019	7.65

续表

序号	抗压强度/MPa	弯曲强度/MPa	冲击韧性/(kJ/m²)	磨耗量/(g/cm²)	显微硬度/GPa
6	831	142	2.94	0.013	7.91
平均值	981	129	2.92	0.018	7.93

2）基础玻璃的 DSC 分析

基础玻璃经高温熔融后急冷水淬可以得到基础玻璃的水淬渣。水淬渣的 DSC 曲线如图 4-18 所示，在 730.2℃左右的吸热峰对应玻璃化转变温度。实际上玻璃化转变温度为一个温度区间（700～800℃）。在 979.8℃左右有 1 个放热峰，该峰对应的温度是玻璃结晶温度。

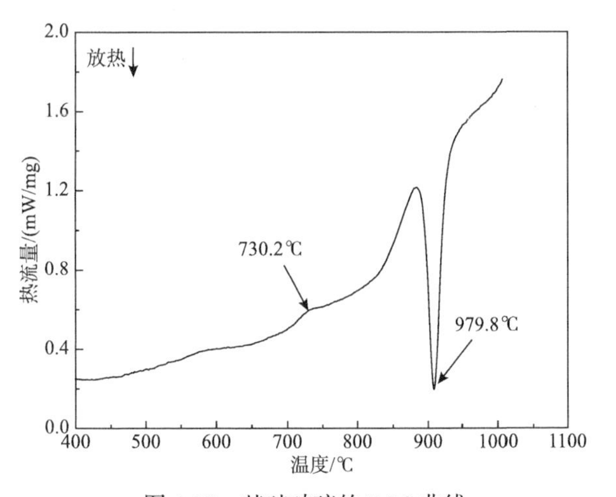

图 4-18　基础玻璃的 DSC 曲线

3）煤矸石铁尾矿微晶玻璃的 XRD 分析

图 4-19 是煤矸石铁尾矿微晶玻璃的 XRD 谱图，其主晶相为铝含量高的普通辉石[Ca(Mg, Fe, Al)(Si, Al)$_2$O$_6$]；微晶玻璃内还含有少量的透辉石[$CaMgSi_2O_6$]。另外，XRD 谱中含有数目众多的毛刺小峰，说明微晶玻璃中含有一定数量的玻璃相。根据 XRD 法[75]，定量分析煤矸石铁尾矿微晶玻璃结晶度的公式为

$$X_c = \frac{I_c}{I_c + KI_a} \tag{4-4}$$

式中，I_c为结晶相的累计衍射强度；I_a为玻璃态物质的累计衍射强度；K为常数，由试验测得。如果忽略结晶相与玻璃态物质的吸收作用及试验条件对测定结果的影响，这时K值近似等于1，则结晶度为

$$X_c = \frac{I_c}{I_c + I_a} \tag{4-5}$$

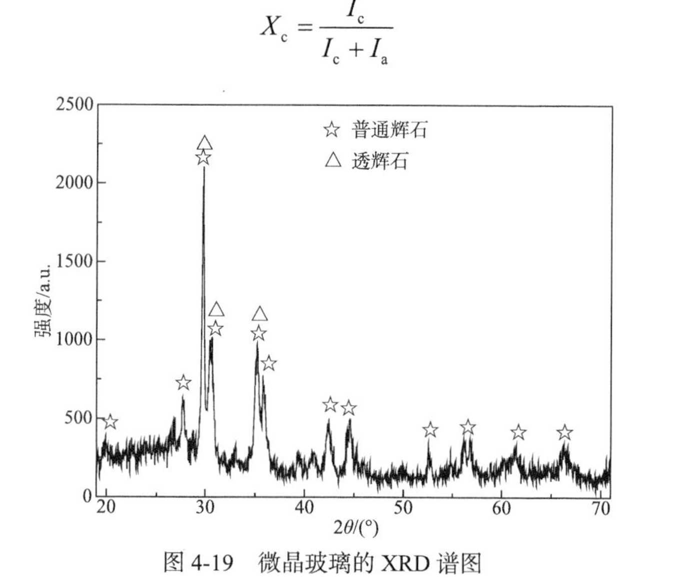

图 4-19　微晶玻璃的 XRD 谱图

通过多峰分离法，从积分峰强度定量测出结晶相的含量为 72.1%，玻璃相含量为 27.9%。

4）煤矸石铁尾矿微晶玻璃的 SEM 和 EDS 分析

图 4-20 是微晶玻璃的 SEM 照片和 EDS 图。可以看出，微晶玻璃的晶体为直径 200～300nm 的粒状晶体。对粒状晶体进行 EDS 半定量分析并结合 XRD 分析可知，该微晶玻璃的晶体为普通辉石与透辉石。微晶玻璃具有致密的显微结构，它的晶体具有相当均匀的尺寸，并且是杂乱取向的。没有定向排列意味着微晶玻璃的性质是各向同性的。尽管微晶玻璃晶体生长呈粒状，但是它的成核密度大，且玻璃相含量也对机械性能具有重要影响。因此，这种具有粒状晶体的微晶玻璃

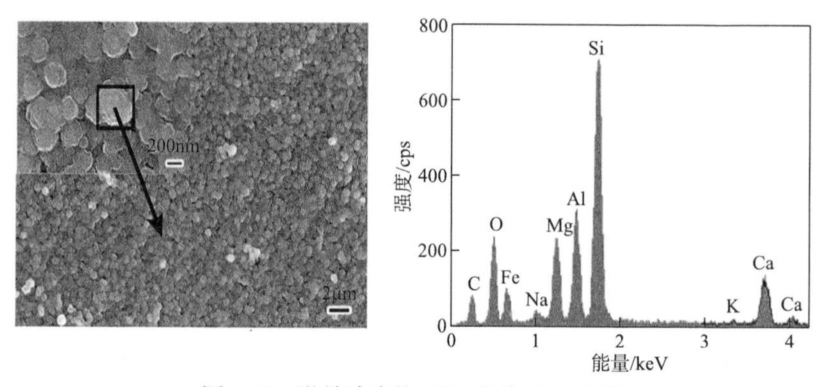

图 4-20　微晶玻璃的 SEM 照片和 EDS 图

材料具有高的机械强度。

5）晶体的形成、生长与形貌

核化处理能够使微晶玻璃形成数目众多的晶核。如图 4-21（a）所示，当微晶玻璃在 685℃保温 30min，玻璃基体中生长出大量的晶核，同时有些晶核开始接触并团聚成一个整体。图 4-21（b）是微晶玻璃在核化温度与晶化温度之间升温过程中 735℃时的粒状晶体，晶体的尺寸明显长大，由孤立的分布状态向相互接触连通转变，属于孤岛结构的微晶玻璃[76]。当温度上升至晶化温度并保温 1h 后，如图 4-21（c）～（f）所示，微晶玻璃中数目众多的微球晶已经占据整个空间，由此构成了致密的微晶玻璃整体。

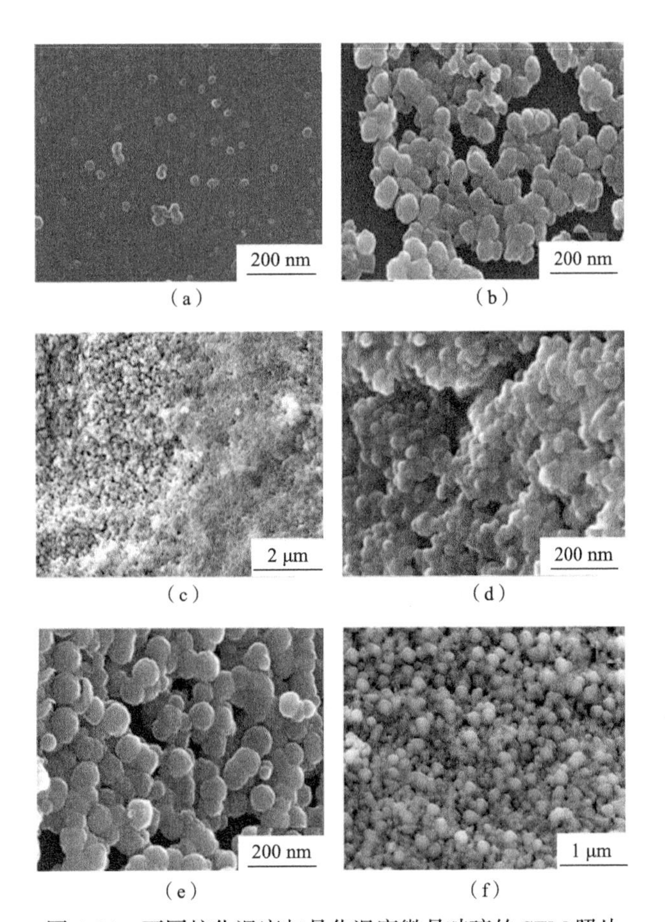

图 4-21　不同核化温度与晶化温度微晶玻璃的 SEM 照片

(a) 核化温度 685℃的 SEM 照片；(b)晶化温度前期升温至 735℃的 SEM 照片；(c)～(f)晶化温度 980℃的 SEM 照片

在微晶玻璃显微结构中，有两种不同形貌的粒状晶体。如图 4-21（c）所示，左部分为非常规则的球状晶粒，右部分是尺寸仅为前者一半的粒状晶体，且组成晶粒的微晶粒的单晶数量明显少于前者。图 4-21（d）与（e）为两种粒状晶体的 SEM 照片。相比较图 4-21（c）～（e），图 4-21（f）中微晶玻璃颗粒的含量更多，规则球状晶粒之间掺有大量的较小尺寸的不规则粒晶，这种结构能够大大提高晶体的含量，有利于微晶玻璃的力学性能。

6）煤矸石铁尾矿微晶玻璃晶粒与机械性能

煤矸石铁尾矿微晶玻璃晶体尺寸几乎全部在 200～500nm 范围内，空间分布非常致密。可以观察到，结晶度为 72.1%的煤矸石铁尾矿微晶玻璃中，玻璃相在相邻晶体间形成薄层，或有的在晶界处形成孤立的小块，这样的微观结构具有高的机械强度。Griffith 为了解释玻璃的理论强度与实际强度的差异，提出微裂纹理论[77]。这也是解释微晶玻璃脆性断裂的主要理由。Griffith 认为实际材料中总是存在许多细小的裂纹或缺陷，在外力作用下，这些裂纹和缺陷附加产生应力集中现象。当应力达到一定程度时，裂纹开始扩展而导致断裂。机械强度的计算方程式为

$$\sigma = \sqrt{\frac{2E\gamma}{\pi c}} \tag{4-6}$$

式中，E为弹性模量；γ 为断裂表面能；c为微裂纹的临界长度。Griffith微裂纹理论说明脆性断裂的本质是微裂纹扩展，该理论与试验相符，并解释了强度的尺寸效应[78]。提高微晶玻璃的强度应该增大弹性模量和断裂表面能，并减小微裂纹的临界长度。

Utsumi 和 Sakka[76]认为微晶玻璃的机械强度可参考 Griffith 微裂纹理论，建议微晶玻璃的机械强度 σ 和晶粒的平均直径 d 具有下列关系：

$$\sigma=K\sqrt{\frac{1}{d}} \tag{4-7}$$

式中，K为常数。由式（4-6）和式（4-7）可知，裂纹长度和晶粒直径成正比。通过减少晶粒直径可以降低裂纹长度，从而增加微晶玻璃的机械强度。

图 4-22 为微晶玻璃在不同热处理条件下的 SEM 照片。图 4-22（a）显示了经 1030℃核化保温 1h 后生成花瓣状 1～2μm 微晶玻璃晶体，晶粒尺寸明显大于图 4-22（b）中的，且图 4-22（a）中的晶体机械强度更优，这是由于图 4-22（b）的显微结构中含有明显的微裂纹。

(a) 晶化温度为1030℃

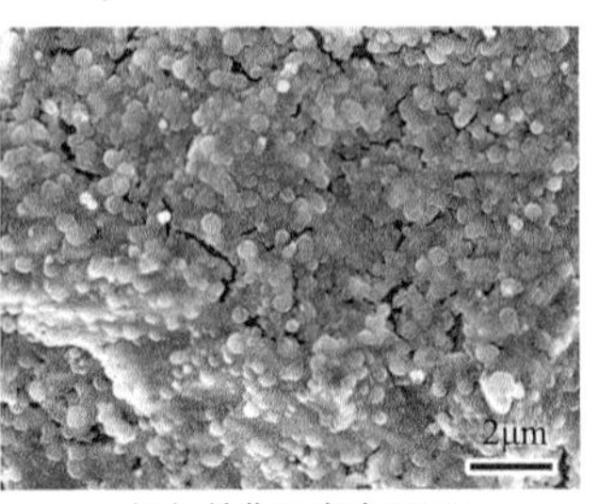

(b) 晶化温度为980℃

图 4-22　微晶玻璃在晶化条件下的 SEM 照片

微晶玻璃的力学性质不仅受到构成该材料的晶体晶粒的影响，还受到微晶玻璃中的微应力、玻璃相等非晶相、气孔、裂纹等因素的影响。如果排除这些因素，可以认为煤矸石铁尾矿微晶玻璃的成核密度越大，晶粒越小，则机械强度越高。

7）Griffith 微裂纹扩展

煤矸石铁尾矿微晶玻璃的结晶相是全部从一个均匀玻璃相中通过晶体生长而产生的。因此，利用研究玻璃的 Griffith 微裂纹理论分析煤矸石铁尾矿微晶玻璃的力学性能是可行的。Griffith 假定在玻璃的表面或内部潜在着使外应力明显集中的大小不同的缺陷，也就是潜在有 Griffith 裂纹，因而容易在低应力下引起断裂。在利用煤矸石铁尾矿浇注制备微晶玻璃的过程中，不可避免地会与其他固体接触，或者浇注过程中有粉尘吸附在表面，这些因素均会产生裂纹。

煤矸石铁尾矿玻璃经过热处理，整体析晶生成微晶玻璃。由于玻璃中晶体不断生长，玻璃相的体积分数与组成会不断地变化。微晶玻璃中结晶相具有比玻璃相略高的热膨胀系数，则对结晶相与玻璃相径向应力均为张应力，圆周方向对晶体是张应力而对玻璃是压应力，这就易促成晶粒间破裂。对于晶粒尺寸仅为 200～500nm 的粒状晶体，断裂形式也只能为晶粒间破裂。由于两相的热膨胀系数相差不大，通过缓慢降温，可以降低微晶玻璃中的微应力对机械性能的影响。

利用熔融态煤矸石和铁尾矿浇注而成的玻璃和该玻璃经过核化、晶化处理后制备成的微晶玻璃，两者的动弹性模量与机械强度见表 4-11。但是，煤矸石铁尾矿微晶玻璃较同成分的玻璃动弹性模量增加了 30.4%，而显微硬度却增加了 59.9%，弯曲强度提高了 2 倍以上。这说明，动弹性模量的增加只是机械强度增大的一部分原因。Mcmmillan 等[79]研究表明，晶体与玻璃相的收缩差异引起对强度有利的显微应力的产生，是增大机械强度的又一原因。同时，微晶玻璃中的晶粒可以造成裂纹尖端的弯曲和可能的钝化，增加了破裂功，并且减缓甚至阻止了裂纹穿过结晶相和玻璃相的界面，而在玻璃中则有一个不受阻碍的断裂路径。

表 4-11　煤矸石铁尾矿玻璃与煤矸石铁尾矿微晶玻璃的力学性能

样品	密度/(g/cm^3)	动弹性模量/GPa	显微硬度/GPa	弯曲强度/MPa
煤矸石铁矿尾矿玻璃	2.86	109.8	4.96	39.67
煤矸石铁矿石尾矿微晶玻璃	3.04	143.2	7.93	129

虽然密实排列的粒状晶体决定了煤矸石铁尾矿微晶玻璃具有优异的机械性能，但是脆性特征仍制约其广泛使用。通过在粒状晶体之间生长另外一种晶体，或在微晶玻璃基体中加入高强度的纤维或晶须，改进微晶玻璃断裂韧性，需要进一步研究。

3. 结论

（1）利用煤矸石和铁尾矿能够制备具有优异机械强度的微晶玻璃。该微晶玻璃的结晶相为粒状晶体，结晶度为 72.1%。晶体与残余玻璃决定了煤矸石铁尾矿微晶玻璃的力学性能。

（2）煤矸石铁尾矿微晶玻璃的粒状晶体越小，则机械强度越高。同时，机械强度受到材料的显微应力、气孔、裂纹等因素的影响。

（3）浇注法制备煤矸石铁尾矿微晶玻璃会产生 Griffith 微裂纹，通过热处理在玻璃中生长晶粒，可以造成裂纹尖端的弯曲和钝化，阻碍微裂纹的扩展，提高煤矸石铁尾矿微晶玻璃的机械强度等性能。

4.3.3　热处理对煤矸石铁尾矿微晶玻璃微观结构和力学性能的影响

长期以来煤矸石和铁尾矿的堆存已经成为紧迫的环境问题。其中铁尾矿的堆存量占到了金属矿山尾矿堆存量的 1/3[80,81]。本节以煤矸石和铁尾矿为主要原料，采用熔融法浇注制备玻璃，同时分析微晶玻璃的结晶行为、微观结构和性能，为研究煤矸石和铁尾矿制备 $CaO\text{-}MgO\text{-}Al_2O_3\text{-}SiO_2$ 系微晶玻璃提供理论依据和技术基础。

1. 试验原料与方法

1）试验原料

试验选用房山煤矸石（煅烧后）和山西灵丘铁矿尾矿，其化学成分列于表 4-12。由表 4-12 可知，煤矸石、铁尾矿原料中 SiO_2 及 Al_2O_3 组分总计为 79.35%和 62.40%，原料中含有的 TiO_2 为微晶玻璃晶体成核提供了条件。煤矸石煅烧后其矿物成分以石英和钙长石为主，伴有少量白云母、赤铁矿，铁尾矿的矿物成分以石英为主，伴有角闪石、斜长石等。为改善微晶玻璃使用性能和工艺性能，在煤矸石和铁尾矿主要原料的基础上，加入化学分析纯 SiO_2 与 Al_2O_3 作为成分调整剂，化学分析纯 $NaNO_3$ 与 Sb_2O_3 作为澄清剂，调质后的基础玻璃的化学成分见表 4-12。

表 4-12　原料的化学组成　（单位：%）

原料	SiO_2	Al_2O_3	Fe_xO_y	MgO	CaO	Na_2O	TiO_2	Sb_2O_3	ZrO_2	LOI
煤矸石	62.45	16.90	3.31	5.87	6.29	1.40	1.45	0	0	1.19
铁尾矿	54.41	7.99	19.59	5.75	5.06	0.98	0.19	0	0	2.90
基础玻璃	48.29	12.19	4.88	14.62	15.81	1.05	0.98	0.40	0.76	1.02

注：Fe_xO_y 表示 FeO 和 Fe_2O_3。

2）试验方法

（1）材料的预处理。

原状煤矸石经预先破碎至粒径小于 2mm 后烘干至含水率在 1%以下，用装料量为 5kg，质量级配为钢球 60kg、钢锻 40kg 的 SMΦ500mm×500mm 型球磨机粉磨，控制磨后细度为 0.08mm 方孔筛筛余在 10%以下，用 CD-1400X 型马弗炉经 750℃煅烧 3h 去除原料有机杂质。

（2）微晶玻璃的制备。

将一定配合比的原料与成分调节剂、澄清剂等原料置于刚玉坩埚，然后置于 CD-1700X 型马弗炉，在 1500℃下充分融化、澄清，保温 180min。将均一的熔浆体浇注成 12cm×12cm×4cm 的大块并迅速放入 650℃的晶化炉保温 2h，以 1℃/min 降至室温以消除玻璃内应力。在马弗炉内升温至 1450℃，并保温 4h 充分澄清、均化。将均匀的熔浆体浇注成 12cm×12cm×4cm 的大块并迅速放入 650℃的晶化炉保温 5h，以 1℃/min 降至室温以消除玻璃内应力。

将上述玻璃大块切磨成 6mm×10mm×40mm 长条试块。分别置于核化温度 680℃、720℃、760℃、800℃，核化时间 3h，晶化温度 920℃、960℃、1000℃、1040℃，晶化时间 1 h 条件下，进行强度测试。

试验所用的强度测试方法按照《精细陶瓷弯曲强度试验方法》（GB/T 6569—2006）进行。DSC 分析采用差热分析仪（STA 409C/CD Netzsch Gerätebau GmbH，Selb）；XRD 分析仪为 M21X 超大功率 X 射线衍射仪，额定管电压 20～60 kV，最大额定电流 500mA；SEM 分析所用仪器为聚焦离子束场发射扫描电子显微镜。

2. 结果与讨论

1）热分析与组成

DSC 能够精确地测定物质与热量有关的物理化学反应，为微晶玻璃的核化和晶化温度的确定提供了重要依据。将 1500℃熔融的煤矸石铁尾矿微晶玻璃浆体急冷水淬，制备成水淬渣，经过烘干、破碎、研磨至 74μm 基础玻璃粉末进行 DSC 分析。图 4-23 为煤矸石铁尾矿基础玻璃的热分析曲线，从中可见曲线上有两处明显与热相关的反应：即 745℃的吸热反应和 917℃的放热反应。745℃的吸热峰对应转变温度，不是核化吸热，而是在热处理中基础玻璃粉末吸热发生软化变形后微观结构重排引起的。实际上，玻璃化转变温度为 700～800℃区间。为了讨论微晶玻璃制备中核化温度的影响，选择核化温度为 680℃、720℃、760℃和 800℃。917℃处尖锐的放热峰对应玻璃的析晶放热反应，为了讨论微晶玻璃制备中晶化温度的影响，选择晶化温度为 900℃、940℃、980℃和 1020℃。

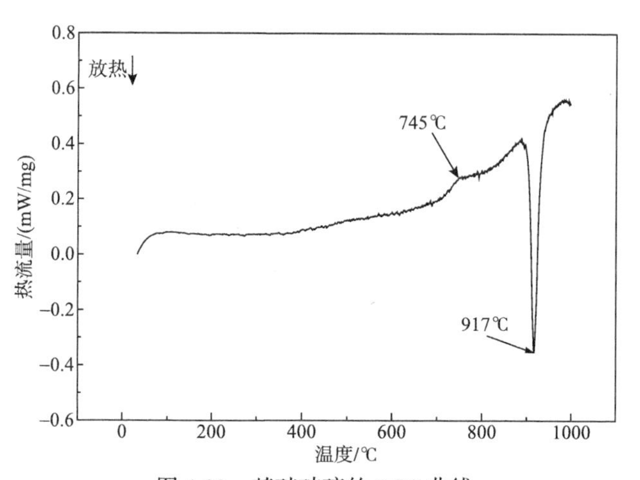

图 4-23　基础玻璃的 DSC 曲线

2）核化温度对微晶玻璃结构和性能的影响

玻璃的主晶相的种类和数量被原料成分控制，而玻璃的结构和性能受热处理工艺制度影响。为了优化玻璃的热处理温度，将微晶玻璃在 680℃、720℃、760℃和 800℃下核化 3 h，所得不同核化温度微晶玻璃的 XRD 结果如图 4-24 所示。

图 4-24 中曲线（1）对应经核化后的微晶玻璃试样，在 2θ=26.48°、29.66°与 43.22°处显示有晶体小峰，其主晶相为普通辉石[$Ca(Mg,Fe,Al)(Si,Al)_2O_6$]，说明玻璃试样中已经有部分晶核形成。此外，XRD 谱中含有数目众多的毛刺小峰，说明微晶玻璃中含有一定数量的玻璃相。玻璃试样经 720℃、760℃和 800℃核化保温 3h 后[曲线（2）～曲线（4）]，析出晶相种类均为普通辉石，但是随温度从

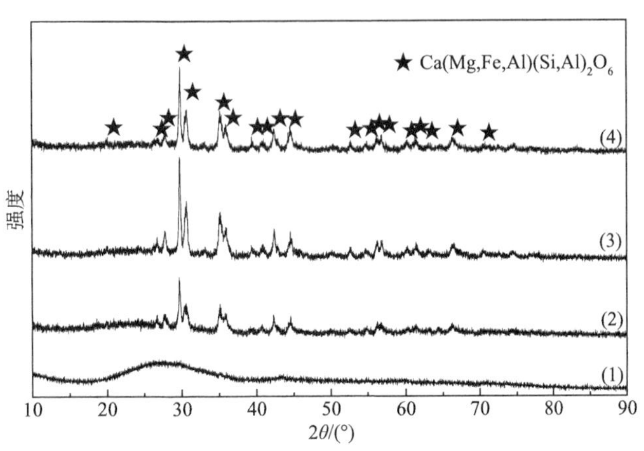

图 4-24　不同核化温度微晶玻璃的 XRD 谱图

720℃升高到 800℃，衍射峰呈现逐渐增强趋势，说明析出的普通辉石晶相数量有变化，经 800℃核化处理后的微晶玻璃试样[曲线（4）]，其主晶相衍射峰最强。

核化后（680℃、720℃、760℃、800℃）保温 2h 的 4 组微晶玻璃经 1% HF 溶液腐蚀、清洗、干燥并喷碳处理后，进行了 SEM 和 EDS 分析，结果如图 4-25 所示。

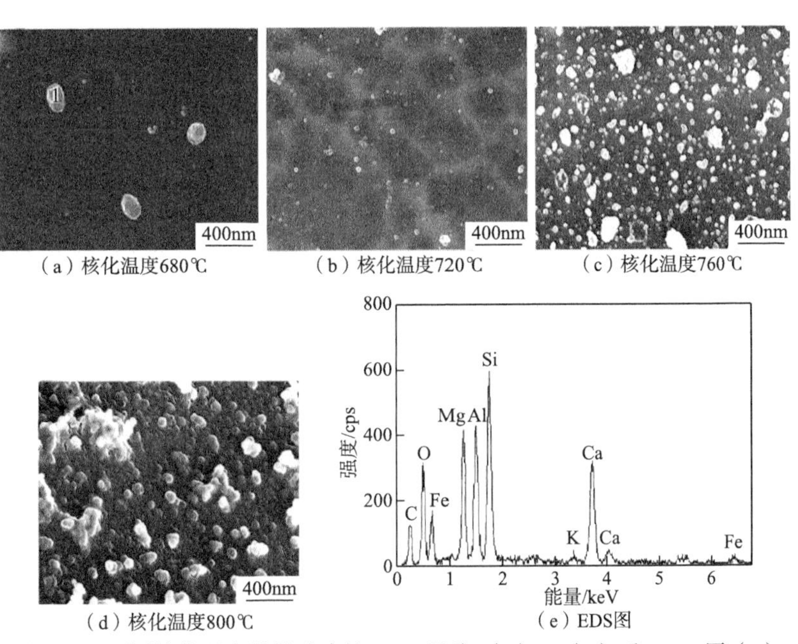

（a）核化温度680℃　（b）核化温度720℃　（c）核化温度760℃　（d）核化温度800℃　（e）EDS图

图 4-25　不同核化温度微晶玻璃的 SEM 照片[（a）～（b）]和 EDS 图（e）

从图 4-25 的 SEM 照片中可以观察到微球状颗粒析出，且随着核化温度的升高，微球状颗粒的分布越来越均匀，致密度也相应提高。从图 4-25（a）中可以看出，核化温度为 680℃时开始出现微晶玻璃的单粒状晶体，也出现了几个粒径较大的球状晶粒，晶粒尺寸约为 200nm，其中还存在少数晶粒为 30～40nm 不等的小晶粒，这些微晶粒的出现预示着试样结晶的开始。对粒状晶体 1[图 4-25（a）]进行 EDS 半定量分析，结果如图 4-25（e）所示，结合图 4-24 的 XRD 分析可知，该晶体为普通辉石。经 720℃核化处理后，微晶玻璃的晶粒[图 4-25（b）]开始变小而且均匀化，晶粒尺寸为 30～100nm，视域中可见个别形貌清晰的晶粒凝聚现象，左上角的团簇是由若干个 30～40nm 晶粒凝聚而成约的 100nm 的微晶粒，同时在右下角区域可见粒径在 100nm 以下的微球粒。经 760℃核化处理后的微晶玻璃中纳米级别的微晶粒数量增多，遍布于整个视域中，晶粒大小更加均匀，晶粒尺寸为 50～100nm，图中可见个别粒径较大的晶粒，由若干个 30～40nm 晶粒团簇凝聚而成，其粒径约 200nm。经 800℃核化处理后的微晶玻璃的 SEM 照片[图 4-25（d）]中，可以观察到晶粒比较典型的凝聚成团的现象，晶粒呈现大量凝聚，纳米级的晶粒边界开始消失。

由于弯曲强度离散性小，准确可靠，而且试样容易制备，因而弯曲强度为考察微晶玻璃强度的主要指标之一[82]。将经过核化保温的 4 组微晶玻璃试样，以 5℃/min 升温速率匀速升温至 900℃后，晶化保温 1h，分析核化温度对弯曲强度的影响。通过测得的数据，得到不同的核化温度对微晶玻璃弯曲强度影响的关系图（图 4-26）。

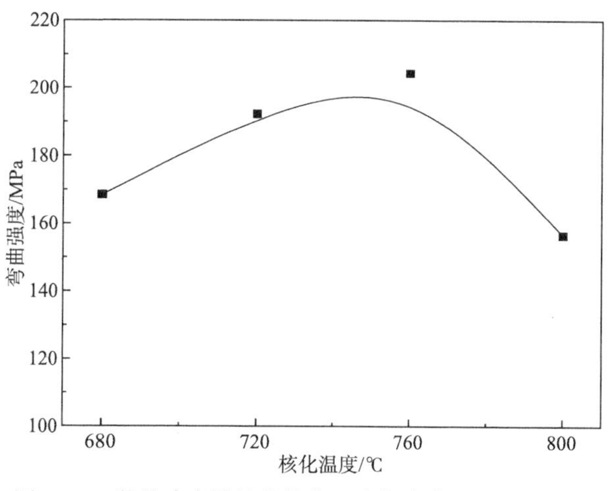

图 4-26　微晶玻璃样品的核化温度与弯曲强度的关系图

从图 4-26 中可以看出，在晶化温度为 900℃保温 1h 条件下，试样的弯曲强度呈现为随着核化温度的升高，在 760℃时微晶玻璃试样强度最大，达到 204.32MPa。随着核化温度的进一步提高，微晶玻璃的弯曲强度减小，当核化温度达到 800℃

时，微晶玻璃试样弯曲强度下降到 156.47MPa。结合图 4-25 可知，随着核化温度的升高，微晶玻璃的晶粒数量呈增大趋势，致密度提高，且晶粒分布越来越均匀，虽然有大量细小均匀的晶粒产生，但微晶玻璃内仍有大量连续的玻璃体存在（图 4-24），微晶玻璃材料的破坏通常是沿着晶界玻璃体进行的，由于基体内玻璃体的存在断裂强度较大，所以微晶玻璃的弯曲强度较低[83]。经 760℃核化处理后，微晶玻璃基体内晶粒明显增多，其内部玻璃体减少，玻璃体的连续性被打破，晶粒间分布均匀致密，此时微晶玻璃有最大的弯曲强度值。而经 800℃核化处理后，微晶玻璃内部的微观组织出现缺陷，这可能是过高的核化温度使得晶粒凝聚、重熔导致微晶玻璃内部的组织应力过大而出现微裂纹，从而使微晶玻璃的弯曲强度下降[83]。

3）晶化温度对微晶玻璃结构和性能的影响

为了确定微晶玻璃优化的热处理温度，将基础玻璃试样在 760℃下核化 3h，然后在 900℃、940℃、980℃和 1020℃晶化处理 1h，所得微晶玻璃试样的 XRD 分析结果如图 4-27 所示。

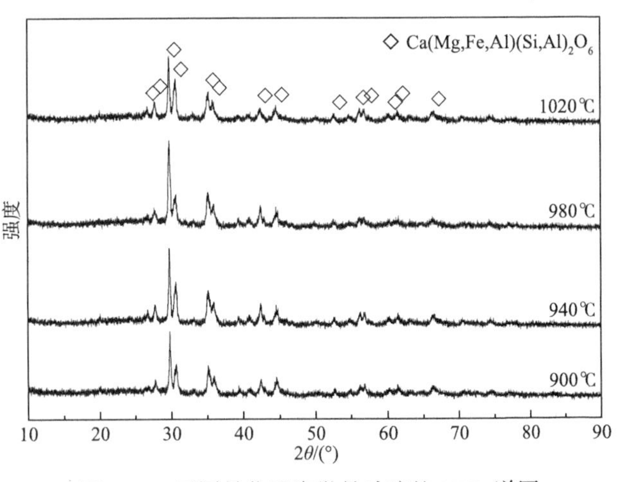

图 4-27　不同晶化温度微晶玻璃的 XRD 谱图

由不同的晶化温度得到的 XRD 谱图可以看出，在 900℃、940℃、980℃和 1020℃晶化温度下得到的主晶相为普通辉石。2θ 在 30°和 35°时，XRD 曲线中有由非晶相引起的比较平缓的“馒头峰”，这说明微晶玻璃试样中不仅存在普通辉石的晶态结构，同时有未完全结晶的非晶成分，馒头峰整体比较平缓，说明晶化处理后的微晶玻璃析晶情况良好。随着晶化温度从 900℃升高到 1020℃，主晶相普通辉石的衍射峰呈现逐渐增强趋势，微晶玻璃试样在 980℃晶化处理后，主晶相衍射峰最强，当晶化处理温度升高到 1020℃时，晶体衍射峰减弱。

图 4-28 为经 900℃、940℃、980℃和 1020℃晶化处理后的微晶玻璃试样的SEM 照片。试样经过核化后，晶化处理能够形成数目众多的晶核。经过 900℃晶化处理的图 4-28（a）中，有大量形貌接近于圆形形态的晶粒生成，一些晶粒尺寸为 30～50nm 的晶粒团聚在一起，排列紧密，同时视域中左上角还存在一些尺寸约 100nm 的晶粒，晶体排列相对疏松。随着晶化温度的升高，从经 940℃晶化处理的图片[图 4-28（b）]中可以观察到晶粒比较典型的凝聚成团现象，大量尺寸约 100nm 的晶粒之间排列紧密，晶粒间的边界相对于图 4-28（a）晶粒尺寸增大，其形状更趋向规则化且结构致密。这对提高微晶玻璃的物化性能有利，是比较理想的晶化处理结果。与图 4-28（b）相比较，图 4-28（c）中尺寸约 100nm 的晶粒间相互接触，但晶粒边界清晰可见，图中区域出现两块大的晶粒凝聚，晶粒间的边界开始消失。在图 4-28（d）中，在整个空间内出现了晶粒的大量凝聚，在团簇体中的某些区域已经观察不到纳米晶粒的边界，部分晶粒已发生重熔。

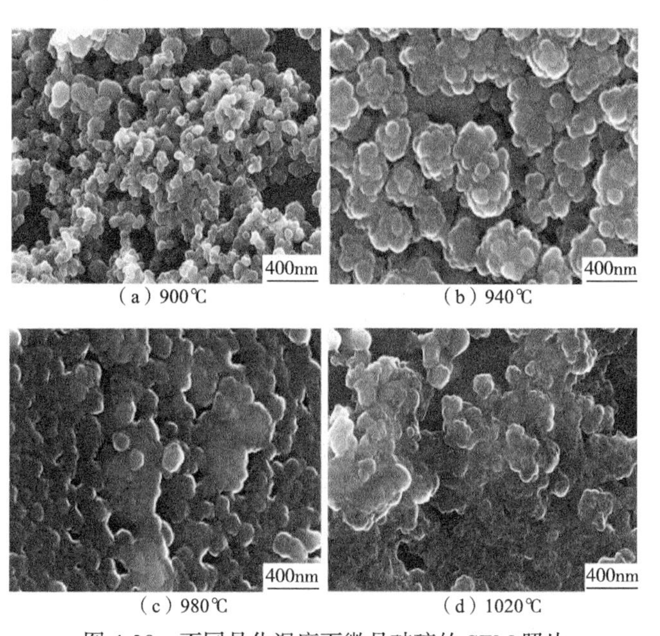

图 4-28　不同晶化温度下微晶玻璃的 SEM 照片

图 4-29 为微晶玻璃试样的晶化温度与弯曲强度的关系。可以看出，随着晶化温度的升高，弯曲强度呈现先增大后降低的趋势，在 980℃时弯曲强度的值最大，达到 236.63MPa。当晶化温度为 1020℃时，弯曲强度下降到 199.27MPa。微晶玻璃的力学性质不仅受晶体粒晶（材料构成）的影响，还受到气孔、裂纹、玻璃相等因素的影响。考虑到这些影响因素，可以认为微晶玻璃的晶粒越小，成核密度越大，则强度越高。

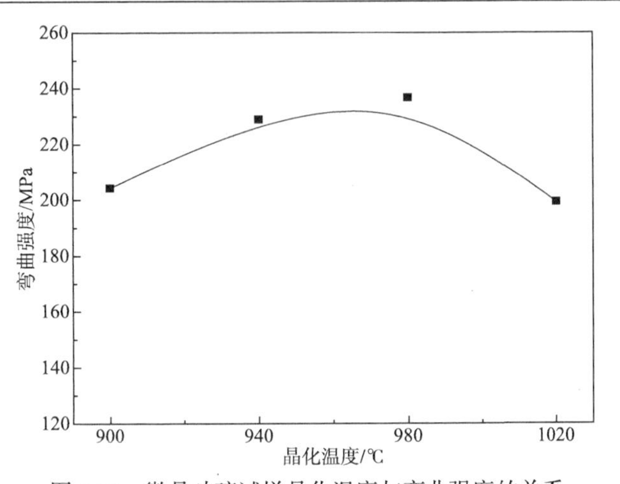

图 4-29 微晶玻璃试样晶化温度与弯曲强度的关系

结合图 4-28 可知，随着晶化温度的升高，微晶玻璃试样形成晶粒数量逐渐增多，晶体含量增加，且晶粒分布越来越均匀，致密度提高。经 980℃晶化处理后，微晶玻璃基体内产生了大量细小均匀的晶粒，整体析晶状况良好，此时微晶玻璃的弯曲强度值最大。而经 1020℃晶化处理后，微晶玻璃内部的微观组织出现缺陷，发生了晶粒重熔现象，导致晶体内部结构产生了缺陷，试样的弯曲强度反而降低。

3. 结论

（1）利用煤矸石和铁尾矿为主要原料，可以制备具有优异机械强度的 CaO-MgO-Al_2O_3-SiO_2 系微晶玻璃，其主晶相为普通辉石。

（2）通过热处理制度对微晶玻璃结构和性能影响的研究可知，煤矸石、铁尾矿在最佳热处理制度：760℃核化 3h，晶化温度 980℃，保温 1h 的条件下，可制备弯曲强度为 236.63MPa 的微晶玻璃。

（3）随着热处理温度的升高，煤矸石铁尾矿微晶玻璃主晶相的种类没有改变，但其衍射峰呈现先增强后减弱的趋势。同时，微晶玻璃的弯曲强度会提高，但热处理温度过高使内部出现晶粒凝聚，重熔导致的微晶玻璃内部过大的组织应力进而出现微裂纹，从而使微晶玻璃的弯曲强度下降。

4.3.4 热处理制度对 CaO-MgO-Al_2O_3-SiO_2 系微晶玻璃机械强度与结晶度的影响

工业生产产生的煤矸石和铁尾矿带来了土壤、空气和水体等一系列的污染问题[84,85]。目前我国煤矸石和铁尾矿的堆存量超过了 200 亿 t[86-89]。煤矸石、铁尾矿生产微晶玻璃可实现两种大宗工业固体废弃物的高附加值应用。王长龙等[90-92]的前期研究表明，直接将熔融态煤矸石和铁尾矿浇成型，经过热处理可制备 $CaO-MgO-Al_2O_3-SiO_2$ 系微晶玻璃。

热处理工艺的目的在于把玻璃转变为具有优于原始玻璃性能的微晶玻璃，使得微晶玻璃含有微小晶体并具有高的机械性能[28]。Denry 等[93,94]对含氟钠透闪石的微晶玻璃与氟磷灰石微晶玻璃的研究表明，最佳晶化处理能够得到最高强度，升温速率和热处理制度直接影响显微结构与结晶度。Anusavice 和 Zhang[95]研究了 $Li_2O-Al_2O_3-CaO-SiO_2$ 微晶玻璃晶体的体积分数对其力学性能的影响，当结晶度为 95%时取得最大强度与断裂韧性。Kim 等[96]利用粉煤灰制备了 $SiO_2-Al_2O_3-MgO-CaO$ 微晶玻璃，考察了其在不同热处理下的各种力学性能，从而推导出了适用于粉煤灰微晶玻璃的温度-时间-机械性能曲线。

本节采用熔融法制备了煤矸石铁尾矿微晶玻璃，并通过 DSC、XRD、SEM、TEM 等测试方法，研究了不同热处理制度对熔融法浇注制备的煤矸石铁尾矿微晶玻璃的结晶行为、微观结构和机械性能的影响。为研究煤矸石和铁尾矿制备 $CaO-MgO-Al_2O_3-SiO_2$ 系微晶玻璃提供了理论依据和技术基础。

1. 试验原料与方法

1）试验原料

试验选用的煤矸石和铁尾矿的化学成分列于表 4-13。其中，将煤矸石破碎至粒径小于 2mm 后采用球磨机粉磨，粉磨后煤矸石的细度为 0.08mm 方孔筛筛余小于 8%，而后经 800℃煅烧 2h 去除有机杂质。由表 4-13 可知，煤矸石中 SiO_2 和 Al_2O_3 分别为 62.45%和 16.90%，属高硅铝原料，原料中含有一定量的 TiO_2，为微晶玻璃晶体成核提供了条件，不需外加晶核剂。图 4-30 和图 4-31 为煤矸石和铁尾矿的 XRD 谱图，可以看出煅烧后煤矸石的矿物成分以石英和钙长石为主，伴有少量白云母、赤铁矿和磁铁矿；铁尾矿的矿物成分以石英为主，伴有普通角闪石、斜长石等。为改善微晶玻璃使用性能和工艺性能，在煤矸石和铁尾矿主要原料的基础上，加入化学分析纯的 SiO_2 与 Al_2O_3 作为成分调节剂、硝酸钠与氧化锑、少量氧化锆作为澄清剂，调质后的基础玻璃的化学成分见表 4-13。

表 4-13　原料的化学组成　（单位：%）

材料	SiO_2	Al_2O_3	Fe_xO_y	MgO	CaO	Na_2O	TiO_2	Sb_2O_3	ZrO_2	LOI
800℃煅烧煤矸石	62.45	16.90	3.31	5.87	6.29	1.40	1.45	0	0	1.19
铁尾矿	54.41	7.99	19.59	5.75	5.06	0.98	0.19	0	0	2.90
基础玻璃	48.29	12.19	4.88	14.48	15.81	1.05	0.98	0.40	0.76	1.16

注：Fe_xO_y 表示 FeO 和 Fe_2O_3。

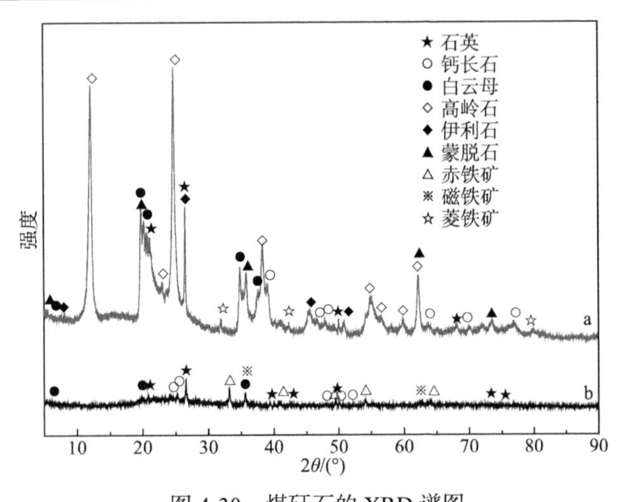

图 4-30　煤矸石的 XRD 谱图

a. 未处理煤矸石；b. 800℃煅烧 2h 煤矸石

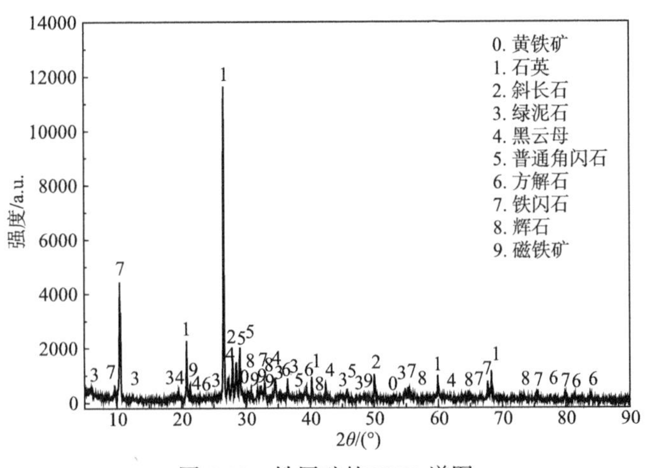

图 4-31　铁尾矿的 XRD 谱图

2）试验方法

将煤矸石破碎至粒径小于 2mm 后进行烘干处理，至含水率在 1%以下，利用 SMΦ500mm×500mm 型球磨机粉磨，磨机的装料量为 5kg，粉磨后煤矸石细度为 0.08mm 方孔筛筛余 8%以下，用 CD-1400X 型马弗炉进行煅烧（煅烧温度 800℃，恒温 3h）。

本节试验将一定配合比的煅烧后的煤矸石、铁尾矿与成分调节剂、澄清剂等原料置于刚玉坩埚，在 CD-1700X 型马弗炉内升温至 1500℃（升温速率 1℃/min），并保温 4h，使熔融浆体充分澄清、均化。首先，将少量的熔融浆体急冷水淬得到水淬玻璃颗粒，通过烘干、球磨制成玻璃粉（粒径小于 0.074mm），得到基础玻璃粉末，作为 DSC 试样。再将剩余的大部分均匀的熔浆体浇注成 120mm×120mm×40mm 的大块，并迅速放入 650℃的晶化炉保温 5h，以 1℃/min 降至室温以消除玻璃内应力。

将上述玻璃大块切磨成 6mm×10mm×40mm 的长条试块，分别置于不同的核化温度（680℃、730℃、780℃、830℃）和核化时间（10h、20h、30h）、晶化温度（930℃、980℃、1030℃、1080℃）和晶化时间（1h、2h、3h）条件下进行弯曲强度测试，每组强度测试 4 条试块得到精确的强度范围。

试验所用的强度测试方法按照《精细陶瓷弯曲强度试验方法》（GB/T 6569—2006）进行，采用电子万能试验机（GWKZ/17 型）测定。采用德国生产的综合热分析仪（STA 409C/CD Netzsch Gerätebau GmbH，Selb）测试基础玻璃粉末的 DSC 曲线，测试在氩气保护气氛下进行，温度设定为室温至 1000℃，升温速率为 10℃/min。XRD 分析采用日本理学智能 X 射线衍射仪，额定管电压 20～60kV，最大额定电流 500mA，扫描速度为 4°/min，扫描范围 10°～90°，步长 0.02°，Cu 靶。微晶玻璃的微观形貌分析采用德国蔡司 SUPRA™ 55 FE-SEM，放大倍数 6～1000000 倍，加速电压 0.02～30kV。微晶玻璃的组织结构、晶体结构分析采用 Tecnai-G2-F30 FEI 透射电子显微镜，放大倍数 60～1000000 倍，加速电压 50～300kV。

2. 结果与讨论

微晶玻璃的热处理制度包括核化处理制度与晶化处理制度。玻璃基体通过核化处理可以产生数目众多的微小晶核，这是微晶玻璃晶体生长的前提条件。图 4-32 为热处理制度对煤矸石铁尾矿微晶玻璃弯曲强度的影响关系图。试块在 980℃的晶化温度下热处理 1h 后，分别测试核化温度与核化时间对微晶玻璃弯曲强度的影响，如图 4-32（a）和（b）所示，可以得到最佳核化温度为 780℃，最佳核化时间为 20h。晶化处理的作用是为微晶玻璃晶核生长提供驱动力，最终生成数目众

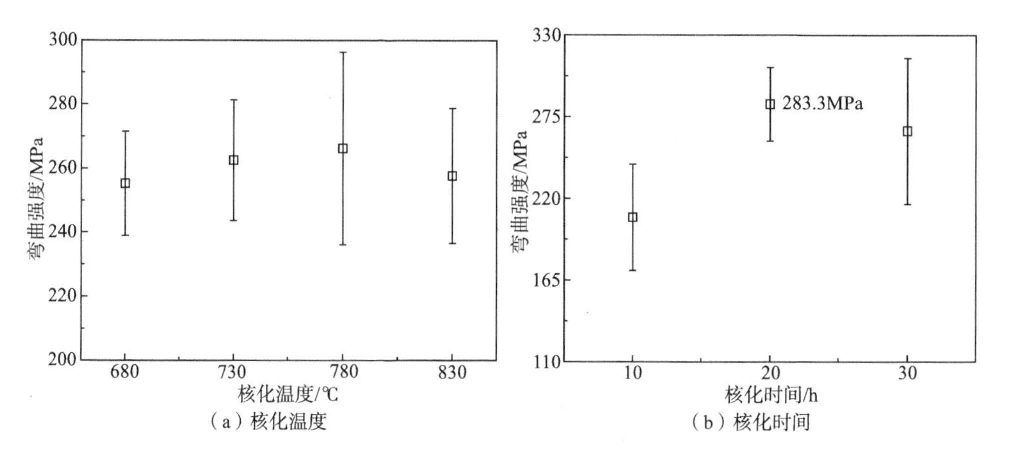

（a）核化温度　（b）核化时间

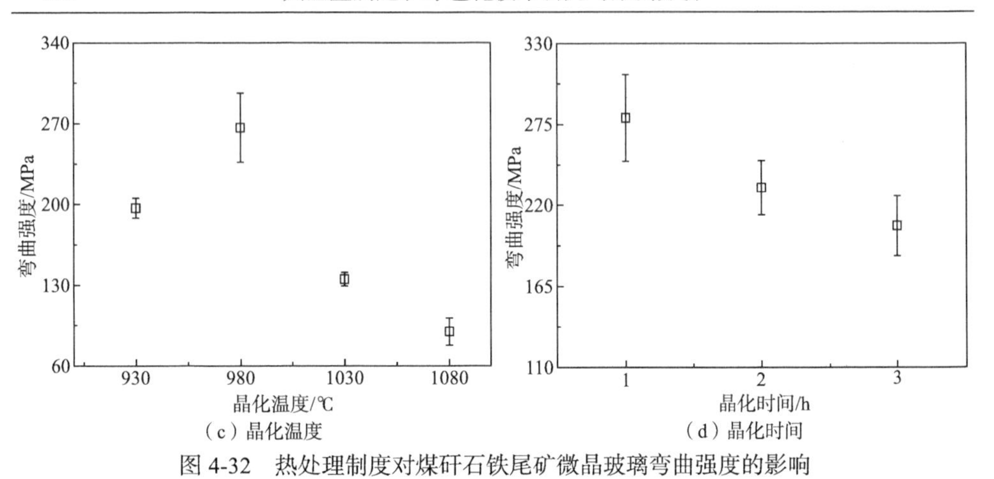

（c）晶化温度 （d）晶化时间

图 4-32 热处理制度对煤矸石铁尾矿微晶玻璃弯曲强度的影响

多的微晶玻璃晶体，产生性能优异的微晶玻璃。试块在 780℃的核化温度下热处理 20h 后，分别测试晶化温度与晶化时间对微晶玻璃弯曲强度的影响，如图 4-32（c）和（d）所示，可以得到最佳晶化温度为 980℃，最佳晶化时间为 1h。煤矸石铁尾矿微晶玻璃在最佳热处理制度下的弯曲强度可达 283.3MPa。

弯曲强度是机械强度中最主要指标之一。该方法试样容易制备，而且测试结果没有太大离散性，准确可靠，因而被广泛应用。当然，在工程中还需要考虑其他参数，如抗压强度、抗冲击强度及耐酸（碱）度等。在最佳热处理制度下，微晶玻璃的机械性能与耐腐蚀性如表 4-14 所示。

表 4-14 煤矸石铁尾矿微晶玻璃的机械性能与耐腐蚀性

指标	压缩强度/MPa	弯曲强度/MPa	冲击韧性/(kJ/m^2)	磨耗量/(g/cm^2)	耐酸（碱）度/%		
					硫酸溶液（密度 1.84g/cm^3）	硫酸溶液（20%）	氢氧化钠溶液（20%）
微晶玻璃（浇注法）	990±210	283.3±25	3.00±1.00	0.019±0.01	99.5	99.2	99.2
铸石	588	63.7	1.57	0.09	—	96	98
烧结微晶玻璃板	118～549	40～50	—	0.245	—	—	—
天然花岗岩	59～294	9～15	—	1.0～1.3	—	—	—

与铸石、烧结微晶玻璃板和天然花岗岩相似，浇注法制得的煤矸石铁尾矿微晶玻璃也属于脆性材料。由于具有更高的弹性模量以及致密无气泡等特点，煤矸石铁尾矿微晶玻璃具有更高的机械性能。利用硫酸溶液与氢氧化钠溶液测试煤矸石铁尾矿微晶玻璃的耐腐蚀性，发现可以达到 99%以上。

3. 煤矸石铁尾矿微晶玻璃的热分析与组成

1）组成成分分析

微晶玻璃预定晶相产生的关键工序是热处理，在一定程度上其核化和晶化两个阶段可同时进行，核化阶段以形成晶核为主，晶化阶段以析晶为主，同时晶体长大，此时温度较高，所以玻璃的热处理过程中热力学状态不稳定，从玻璃态转为结晶态，伴随着能量释放。DSC能反映体系吸热和放热效应的大小，它能够精确地测定物质与热量有关的物理化学反应，为微晶玻璃的核化和晶化温度的确定提供了重要依据。将煤矸石铁尾矿微晶玻璃的熔融态浆体制成的水淬渣粉末进行DSC分析，得出如图4-33所示的水淬渣热分析曲线。在DSC曲线上有两处明显的与热相关的反应：即742℃的吸热反应和912℃的放热反应。742℃的吸热现象并不是由核化吸热引起的，而是基础玻璃粉末在热处理中微观结构重排吸热发生的软化变形时的玻璃化转变温度。实际上，玻璃化转变温度为一个温度区间，即700～800℃。912℃处的放热峰对应玻璃析晶放热反应，计算放热峰面积可得析晶放热为91.26J/g。

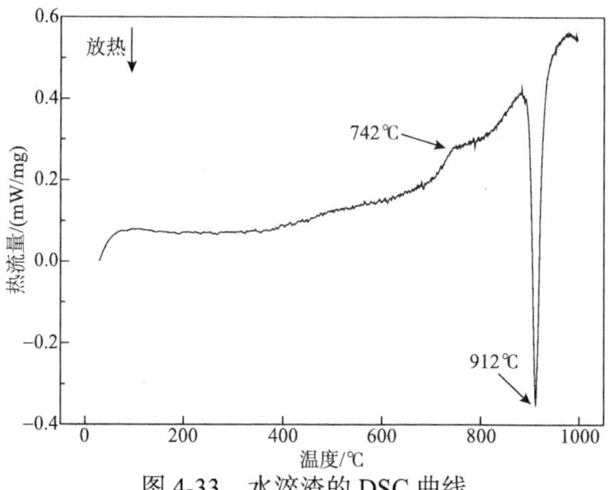

图4-33　水淬渣的DSC曲线

在最佳热处理制度条件下，通过调节原料成分制备煤矸石铁尾矿微晶玻璃，XRD测得其晶相为普通辉石，如图4-34中曲线（15）所示。其中2θ在16°～40°范围内有较明显的“馒头峰”，说明煤矸石铁尾矿微晶玻璃中含有一定量的玻璃相。通过分峰拟合[97]，分离出该玻璃相，即在2θ为27.124°处，存在一个半高宽FWHM为11.483的明显的玻璃相宽峰，计算可得：煤矸石铁尾矿微晶玻璃的结晶度为84.16%，拟合误差R为5.27%。

在图4-34中，曲线（1）为通过急冷处理得到的水淬渣XRD曲线，含有3处不同的衍射鼓包。曲线（2）～曲线（4）为不同保温处理得到的玻璃基体XRD曲线，在29°与43°处有晶体小峰。曲线（5）～曲线（16）是曲线（4）对应的玻璃基体经过不同的热处理得到的煤矸石铁尾矿微晶玻璃 XRD 曲线，其热处理制度与表 4-15 一致。曲线（10）的 XRD 分析显示，其晶相为含量接近的钙长石与透辉石。曲线（11）的 XRD 分析显示，其主晶相为钙长石，同时含有少量的透辉石。由曲线（5）～曲线（9）与曲线（12）～曲线（16）的 XRD 分析可得晶相均为普通辉石。

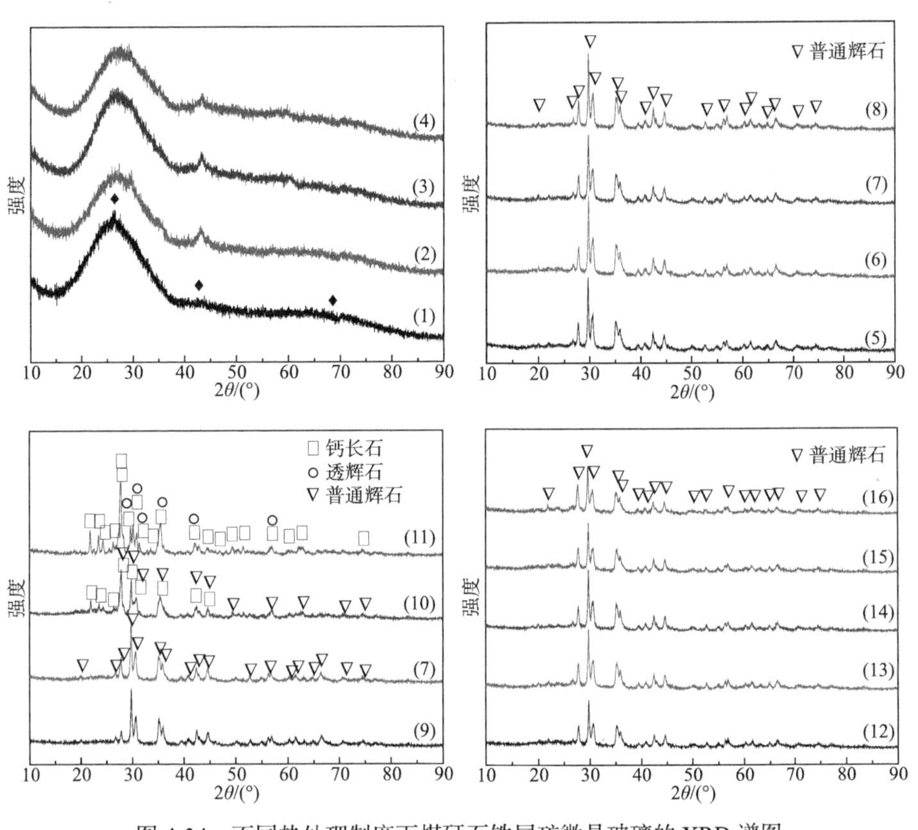

图 4-34　不同热处理制度下煤矸石铁尾矿微晶玻璃的 XRD 谱图

表 4-15　不同热处理制度下水淬渣、玻璃基体、微晶玻璃的弯曲强度、结晶度

序号	热处理制度	主晶相	次晶相	玻璃相峰 $2\theta/(°)$	弯曲强度 /MPa	结晶度 /%	拟合误差 R/%
(1)	水淬渣	—	—	26.050/42.675/70.025	—	—	4.06
(2)	玻璃基体，500℃/5h	—	—	26.752/43.061/71.752	57.1	3.06	5.16
(3)	玻璃基体，600℃/5h	—	—	26.270/58.083	68.9	3.16	5.44
(4)	玻璃基体，650℃/5h	—	—	26.614/63.409	70.3	3.55	6.30
(5)	核化 680℃/1h，晶化 980℃/1h	普通辉石	—	23.978	254.7	86.88	5.57

续表

序号	热处理制度	主晶相	次晶相	玻璃相峰 $2\theta/(°)$	弯曲强度/MPa	结晶度/%	拟合误差 R/%
(6)	核化 730℃/1h，晶化 980℃/1h	普通辉石	—	22.480	258.1	89.76	4.51
(7)	核化 780℃/1h，晶化 980℃/1h	普通辉石	—	23.834	269.2	91.17	5.43
(8)	核化 830℃/1h，晶化 980℃/1h	普通辉石	—	24.383	260.6	90.33	5.98
(9)	核化 780℃/1h，晶化 930℃/1h	普通辉石	—	24.833	198.1	76.95	5.01
(10)	核化 780℃/1h，晶化 1030℃/1h	钙长石	透辉石	20.554/59.385	134.3	82.37	5.82
(11)	核化 780℃/1h，晶化 1080℃/1h	钙长石	透辉石	59.385	88.6	93.33	5.03
(12)	核化 780℃/10h，晶化 980℃/1h	普通辉石	—	23.800	217.8	89.10	4.48
(13)	核化 780℃/20h，晶化 980℃/1h	普通辉石	—	23.768	282.3	89.19	6.54
(14)	核化 780℃/30h，晶化 980℃/1h	普通辉石	—	23.935/59.270	269.1	81.99	5.30
(15)	核化 780℃/1h，晶化 980℃/2h	普通辉石	—	22.627	226.8	79.92	4.99
(16)	核化 780℃/1h，晶化 980℃/3h	普通辉石	—	24.007/59.632	213.9	79.75	6.16

注：（10）中钙长石与透辉石比例约为 1∶1。

煤矸石铁尾矿微晶玻璃具有纳米尺寸的显微结构。将微晶玻璃断面用 1% HF 溶液腐蚀、清洗、干燥并喷碳处理。图 4-35（a）～（e）是具有粒状晶体结构的煤矸石铁尾矿微晶玻璃的 SEM 照片。其中，图 4-35（a）是晶粒为两种不同排列的普通辉石和钙长石，位于内部的 A 区域和与外部接触的 B 区域。A 区域与 B 区域有明显的界线，A 区域的晶粒排列杂乱无序且排列紧密，而 B 区的晶粒似珍珠链状排列有序。图 4-35（b）、（d）分别是 A 区域放大 10 倍和 100 倍的照片，图 4-35（c）和（e）分别是 B 区域放大 10 倍和 100 倍的照片。可以看出，普通辉石（A 区域）与钙长石（B 区域）晶体结构相似，尺寸大小相差不大，为 200～300nm。由高倍照片可知，无论是普通辉石还是钙长石，其晶体均是由数目众多的晶粒组成的。由 Rietveld 全谱拟合可知，普通辉石的晶粒尺寸为 24～32nm，而钙长石的晶粒尺寸为 24～42nm。在相同条件下，钙长石的晶粒尺寸要大于普通辉石的晶粒尺寸。

图 4-35(f)为制备微晶玻璃的玻璃基体的 SEM 照片。水淬渣中含有大量 30～40nm 的微小颗粒，由图 4-34 中 XRD 分析可以确定，微小颗粒是未发生团聚的结晶相。结晶相数目众多且分布在水淬渣内部，说明煤矸石铁尾矿微晶玻璃析晶能力强，在浇注冷却过程中已经析出大量微小晶体，且在 SEM 下能够发现若干个已经长大的晶体。

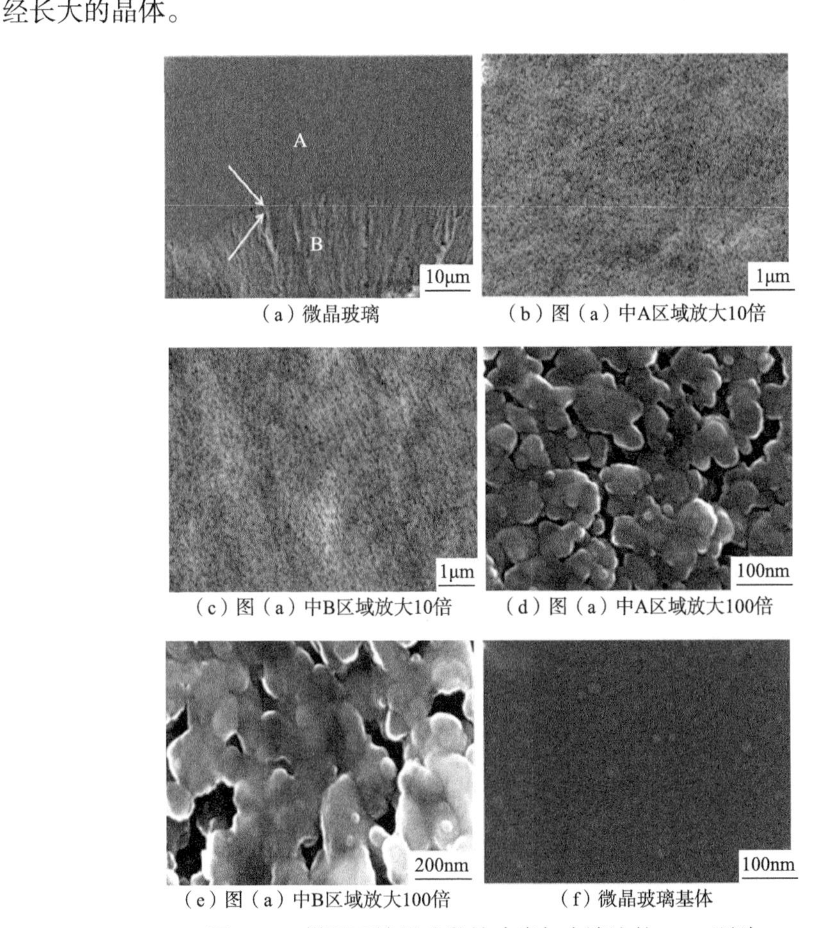

（a）微晶玻璃　（b）图（a）中A区域放大10倍
（c）图（a）中B区域放大10倍　（d）图（a）中A区域放大100倍
（e）图（a）中B区域放大100倍　（f）微晶玻璃基体

图 4-35　煤矸石铁尾矿微晶玻璃与水淬渣的 SEM 照片

通过 TEM 可以分析二次镍渣微晶玻璃的组织结构、晶体结构和化学成分等方面的信息。图 4-36 为煤矸石铁尾矿微晶玻璃的 TEM 照片。图 4-36（a）与（c）中的晶粒尺寸为 30～50nm，与 Rietveld 全谱拟合得到的结果大致相同。TEM 照片显示，煤矸石铁尾矿微晶玻璃的晶粒存在状态有两种，一种为单独分散于玻璃体中，如图 4-36（a）所示；另一种为团聚在一起，构成一般意义的晶体，如图 4-36（c）所示。图 4-36（b）为图 4-36（a）中左侧箭头选区的电子衍射花样，显示该物质为普通辉石，这与图 4-34 和图 4-35 的分析结果一致。

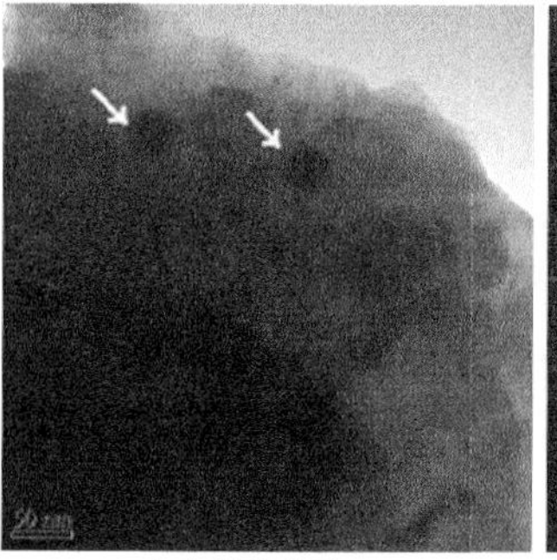

（a）单独晶粒

（b）图（a）中左侧箭头选区的电子衍射花样

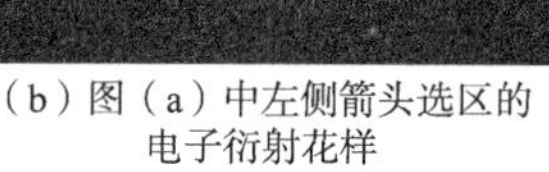

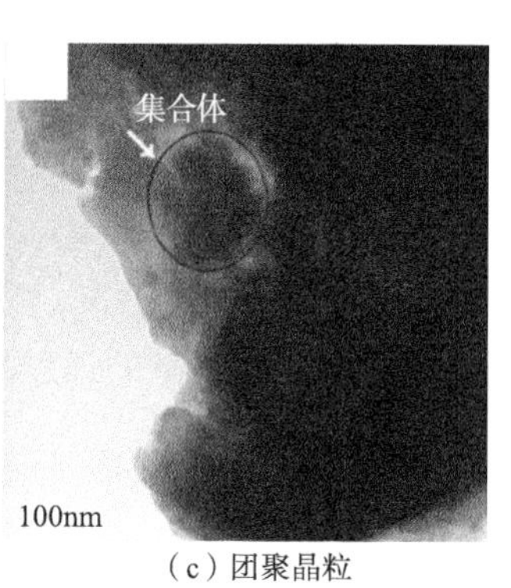

（c）团聚晶粒

图 4-36　煤矸石铁尾矿微晶玻璃的 TEM 照片

2）热处理制度与机械强度、结晶度

结晶度可以描述为某物质结晶的完整程度或完全程度。物质从完全非晶体转变为晶体的过程是连续的。理想的晶体产生衍射，理想的非晶体产生非相干散射。试样中的晶体占多数时，衍射增强而非相干散射减弱，结晶度高；反之则结晶度低[98]。

玻璃基体经过核化与晶化处理后，晶体的数量与体积不断增加，结晶度不断增大。如表 4-15 所示，玻璃基体（4）的结晶度仅为 3.55%，经过热处理制度后（13）号微晶玻璃的结晶度增大到 89.19%。另外，结晶度的增大与微晶玻璃机械强度的提高是一致的。

如表 4-15 所示，（1）号为熔融态煤矸石铁尾矿微晶玻璃通过急冷得到的水淬渣。（2）～（4）号为熔融态浆体在室温内浇注模具并分别放入 500℃、600℃与 650℃马弗炉保温 5h，以 1℃/min 降温至室温得到的玻璃基体。微晶玻璃（5）～（16）号均由玻璃基体（4）通过不同的热处理制度制备。

（2）～（4）号玻璃基体中，随着保温温度提高，弯曲强度随着结晶度增加而增大。由于结晶度较低，其弯曲强度约为 70MPa。通过改变核化与晶化制度制备的（5）～（16）号微晶玻璃，其弯曲强度如表 4-15 所示。（5）～（8）号、（12）～（14）号与（15）～（16）号的弯曲强度与结晶度变化趋势基本一致。由此可知，结晶度越大，则微晶玻璃的机械强度越高。然而，（7）号与（9）～（11）号的弯曲强度与结晶度关系不符合这一规律。尽管（11）号微晶玻璃的结晶度为 93.33%，但是弯曲强度仅为 88.6MPa。这是由于此时的晶化温度达到 1080℃，其内部主晶相已经由普通辉石转变为钙长石。综上所述，微晶玻璃的机械性能是由结晶度与主晶相的种类所决定的。

3）热处理制度曲线

Tammann 和 Mehl[98]认为在介稳区以下，晶化过程由两个因素控制：即晶核形成速度和晶体生长速度。微晶玻璃机械性能变化曲线与成核速度、晶体生长速度曲线一致，所以可以推导出该微晶玻璃的晶核形成速度曲线和晶体生长速度曲线，如图 4-37 所示。图 4-37 中虚线部分是延长曲线所得。由于玻璃基体在冷却过程中产生了大量晶核，图 4-37 中的晶核形成速度与理论晶核形成速度是有差异的。但是图 4-37 中的速度曲线对试验工程具有重要指导意义。

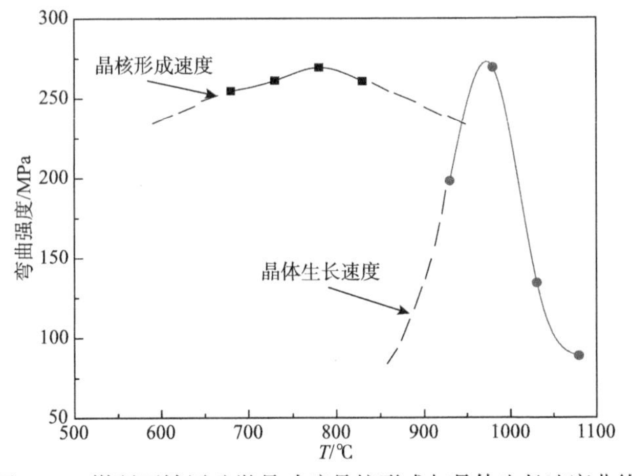

图 4-37　煤矸石铁尾矿微晶玻璃晶核形成与晶体生长速度曲线

晶核形成速度曲线峰较晶体生长速度曲线峰宽广，说明煤矸石铁尾矿微晶玻璃机械强度对核化温度不敏感。在很宽广的温度范围内改变核化温度，其机械强度仍然很高。如表 4-16 所示，相同晶化处理的玻璃基体，780℃核化处理 20h 弯曲强度最高。玻璃基体经 680℃核化处理 1h 的弯曲强度较 780℃核化处理 1h 弯曲强度略低。650℃玻璃基体以 5℃/min 恒速升温至 980℃并晶化处理 1h，弯曲强度仍然可达 240MPa。由此可知，在试验工程中宽幅地调解核化温度时仍然可以得到高强度的微晶玻璃。

表 4-16　核化时间对煤矸石铁尾矿微晶玻璃弯曲强度的影响

序号	热处理制度	弯曲强度/MPa
（7）	650℃玻璃基体，780℃核化 1h，980℃晶化 1h	270±26
（5）	650℃玻璃基体，680℃核化 1h，980℃晶化 1h	255±17
（13）	650℃玻璃基体，780℃核化 20h，980℃晶化 1h	280±25
（17）	以 5℃/min 由 650℃升温至 980℃，980℃晶化 1h	240±28

续表

序号	热处理制度	弯曲强度/MPa
(18)	(7)号微晶玻璃，去掉黑色表皮	75.14
(19)	(7)号微晶玻璃，去掉黑色表皮，并在 650℃保温 5min	147.48
(20)	(7)号微晶玻璃，去掉黑色表皮，并在 650℃保温 5h	247.08

煤矸石铁尾矿微晶玻璃晶相被珍珠链状排列的“黑皮”晶相包围。为了考察这种“黑皮”晶相对微晶玻璃机械强度的影响，如表 4-16 中（18）号所示，用抛磨机将表面的一层“黑皮”去掉，测得弯曲强度仅为 75.14MPa。然而，如果将去皮后的煤矸石铁尾矿微晶玻璃置于马弗炉，升温到 650℃分别保温 5min、5h，测得弯曲强度为 147.48MPa、247.08MPa。

尽管去除“黑皮”后的煤矸石铁尾矿微晶玻璃弯曲强度大幅下降，但这并不能说明珍珠链状排列的晶相能够提高煤矸石铁尾矿微晶玻璃整体的机械强度。这是由于在去除“黑皮”过程中，在微晶玻璃试块表面引入了大量微裂纹，从而导致强度严重降低。微晶玻璃的机械强度受表面微裂纹的分布及严重性所控制。将微晶玻璃置于 650℃环境中并同时延长保温时间，能够大大减轻微裂纹对机械强度的降低程度。表 4-16 中（20）号试样在 650℃保温 5h 的弯曲强度可以达到 247.08MPa，接近不做处理的（7）号微晶玻璃的弯曲强度[(270±26)MPa]。

4. 结论

（1）在不同的热处理制度下，通过弯曲强度测试可得到煤矸石铁尾矿微晶玻璃成核速度曲线与晶体生长速度曲线。由于熔浆在冷却形成玻璃基体时易于析晶，形成了大量微小晶核，成核速度曲线可以在较宽温度范围内变化，仍然可以得到机械强度高的微晶玻璃。

（2）结晶度与晶相的种类均是影响煤矸石铁尾矿微晶玻璃机械强度的重要因素。当微晶玻璃的晶相是普通辉石时，煤矸石铁尾矿微晶玻璃机械强度与结晶度变化趋势一致。当微晶玻璃的主晶相是钙长石时，结晶度最大的煤矸石铁尾矿微晶玻璃却具有较低的机械强度。

（3）热处理制度能够影响煤矸石铁尾矿微晶玻璃表面的微裂纹严重程度。通过在较高温度下保温一定时间，能够削弱微裂纹的危害，提高煤矸石铁尾矿微晶玻璃的机械强度。

4.4　钢渣-矿渣-脱硫石膏基全尾砂胶结充填料的性能及微观结构研究

胶结充填（CPB）是指以一定比例的胶凝材料和细砂、尾矿等惰性集料加水混合搅拌制备成的胶结充填料浆，沿钻孔、管、槽等向地下采空区输送和堆放浆体，浆体在采空区中逐渐形成具有一定强度和整体性的充填体[99]。高质量的胶结充填采矿可比无充填的采矿方法提高资源回采率30%以上。胶结充填作为深井、复杂、特殊条件矿床的一种行之有效的开采技术被日益广泛地应用[100,101]。

胶结充填成本一般占采矿总成本的25%～40%，充填成本中胶结剂成本占70%～80%[102,103]。胶结充填材料主要由骨料和胶结剂两部分组成，在选取胶结剂方面，绝大多数矿山选用普通硅酸盐水泥[104-107]，但因其价格高昂，许多矿山对胶结充填只能望而却步，此外，水泥生产是一个高能耗、高 CO_2 排放的过程。在满足充填体强度的同时，要降低胶结充填成本，寻找来源广泛、价格低廉的充填材料无疑是最佳途径。因此，许多矿山企业和研究者开始寻找一些具有胶凝性能的工业副产品来代替或者部分代替水泥，如粒化高炉矿渣（GBFS）[108-112]、钢渣（SS）[113]、粉煤灰[114-117]、赤泥[118]和其他添加剂[119-121]。而 GBFS 和 SS 是钢铁冶金过程中排放的工业废渣，在烟气脱硫石膏（FGDG）的激发下具有较好的潜在活性[122-126]。从有效利用资源、节约能源、保护环境的角度出发，选用矿渣和钢渣作为矿山充填胶结剂的主要原材料具有重要意义。本节以矿渣为胶结剂的主要原料，通过矿渣和钢渣复掺相互活化[127]，并用脱硫石膏作为激发剂，所利用的工业固体废弃物占胶结剂干基总量的100%，大幅度降低充填成本，同时实现矿渣和钢渣的高效利用。由于钢渣-粒化高炉矿渣-烟气脱硫石膏（SS-GBFS-FGDG）三元体系的水化过程复杂，本节通过 XRD、FTIR、SEM 测试手段分析鉴别出其水化产物的种类和微观结构，并在此基础上进一步讨论水化反应和生成的水化产物对宏观性能的影响。

4.4.1　试验原料

试验所用原料主要有粒化高炉矿渣、钢渣、脱硫石膏、铁尾矿（IOT），其化学成分见表4-17，原料的矿物组成见图4-38。

表 4-17　原料的化学成分　（单位：%）

材料	SiO_2	Al_2O_3	Fe_2O_3	FeO	MgO	CaO	Na_2O	K_2O	SO_2	LOI
GBFS	37.24	11.78	0.33	0.30	4.24	43.58	0.11	0.08	1.83	0.30
SS	15.71	5.86	13.58	6.22	8.59	43.69	0.10	0.06	0.64	1.67
FGDG	3.16	1.35	0.47	0.09	7.49	33.38	0.13	0.18	36.56	8.28
IOT	68.96	7.68	2.32	4.47	3.64	4.35	1.41	1.85	0.024	2.49

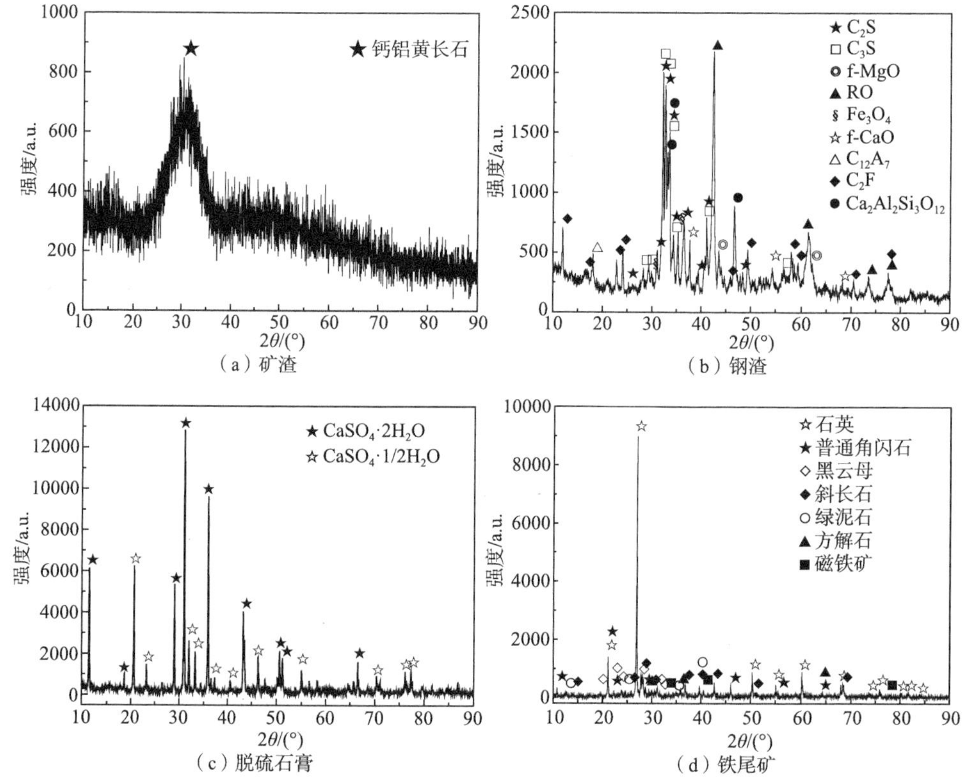

图 4-38　原料的 XRD 谱图

（1）粒化高炉矿渣：采用实验室自行制备的粒化高炉矿渣粉，其比表面积（SSA）为 600m²/kg。通过计算，矿渣粉的质量系数为 1.572，属于活性较高的矿渣粉。由矿物相分析可知[图 4-38(a)]，矿渣粉的晶体衍射峰强度较低，主要是以玻璃体形态存在。

（2）钢渣：使用的钢渣是基本氧气炉钢渣，无热封闭处理技术，符合国家标准《活性炭球盘法强度测试方法》（GB/T 20451—2006）。其主要化学成分是 CaO 为 43.69%，其次是 SiO_2 为 15.71%，按钢渣中残余铁的水平计算为 14.34%。与硅酸盐水泥相比，钢渣具有更高的铁和镁含量，硅和钙含量较低。钢渣中的 f-MgO 和 f-CaO 含量分别为 0.78%和 1.19%。它的活性可以由化学成分计算的碱度来部分反映。钢渣碱度由 Mason 方法[128]定义：$\omega(CaO)/\omega(SiO_2+P_2O_5)$，可分为三类：低碱度<1.8、中碱度 1.8～2.5 和高碱度>2.5。在本节研究使用的钢渣的碱度为 2.67，属于高碱度钢渣。钢渣的 f-CaO 含量和碱度满足《用于水泥和混凝土中的钢渣粉》（GB/T 20491—2017）的要求，即 f-CaO 含量不得超过 3%，碱度不得低于 1.8。钢渣主要矿物相见图 4-38（b），为硅酸三钙（C_3S）、硅酸二钙（C_2S）和 RO 相（FeO、MnO 和 MgO 的固溶体）。试验采用的钢渣为粉磨后的钢渣粉，其比表面积为 $580m^2/kg$。

（3）脱硫石膏：取自电厂的湿法脱硫石膏，其主要成分为二水硫酸钙（$CaSO_4·2H_2O$），如图 4-38（c）所示。由表 4-17 可知，脱硫石膏的烧失量为 8.28%，CaO 和 SO_2 的含量分别为 33.38%和 36.56%。按照 SO_3 全部来自 $CaSO_4$ 中计算，脱硫石膏中 $CaSO_4$ 的质量分数为 77.69%。脱硫石膏比表面积为 $300m^2/kg$。

（4）铁尾矿：来自首钢矿业公司开采的迁安大石河铁矿。从表 4-17 中可以看出，铁尾矿中 SiO_2 含量较高，属高硅型铁尾矿。对尾矿分级筛分，质量分数为 97%左右的尾矿颗粒粒径小于 0.63mm，21%左右的尾矿颗粒粒径小于 0.08mm，0.08～0.63mm 粒径的尾矿颗粒占到了 76%。铁尾矿的主要矿物包括：石英、普通角闪石、黑云母、斜长石和少量绿泥石、方解石和磁铁矿，见图 4-38（d）。

（5）外加剂：采用北京慕湖外加剂有限公司生产的 PC 减水剂。

4.4.2　试验方法

首先，粒化高炉矿渣、钢渣和脱硫石膏在 105°C 烘箱中干燥 24h，使水分含量分别小于 1%。然后，用 SMΦ500mm×500mm 型球磨机按转速 48r/min 分别进行粉磨，粉磨后分别得到的粒化高炉矿渣、钢渣和脱硫石膏对应比表面积为 $600m^2/kg$、$580m^2/kg$ 和 $300m^2/kg$。研磨介质由钢球和钢锻组成，装载质量应为 100kg。钢球共计 40kg，其中 Φ70mm 球占 19.7%，Φ60mm 球占 33.1%，Φ50mm 球占 29.6%，Φ40mm 球占 17.6%；Φ25mm×30mm 钢锻为 60kg。将制备好的原料按比例混合均匀后，作为胶结剂 CA，而后按胶结剂与铁尾矿比（CA/IOT）为 1∶4 加入铁尾矿作为骨料，再按 80%的料浆浓度加水搅拌。然后倒入 40mm×40mm×160mm 的水泥胶砂三联试模，24h 后脱模养护，放入温度为（20±1）℃、相对湿度为 95%以上的标准养护箱中养护，最后测定不同龄期试块的力学性能。通过测定样品的抗压强度得出一组优化配合比，对优化配合比的胶结剂 CA 进行 XRD、FTIR 和 SEM 分析。

以乙二醇为萃取剂，按《钢渣化学分析方法》（YB/T 140—2009），用 EDTA

络合滴定法测定钢渣的 f-CaO；以硝酸铵-乙醇为萃取剂，根据《粒度分析 激光衍射法》（GB/T 19077—2016），以乙醇为分散剂，用激光粒度分析仪（MASTER SIZER 2000，分析范围为 0.02～2000.00μm）分析钢渣的粒径分布。特定表面用动态比表面积分析仪（SSA-3200）测量。

试验中，流动度值和坍落度测定参照《普通混凝土拌合物性能试验方法标准》（GB/T 50080—2016）。胶结剂初凝和终凝测试参照《水泥标准稠度用水量、凝结时间、安定性检验方法》（GB/T 1346—2011）用维卡仪进行测定。样品的抗压强度试验参照《水泥胶砂强度检验方法（ISO 法）》（GB/T 17671—1999）。力学强度测试使用的 URE（YES-300）型液压机，其最大载荷 300kN，加载速率为（2.0±0.5）kN/s。用 Rigaku D/MAX-RC 12KW 旋转阳极衍射仪对 CA 样品进行了物相分析，衍射仪为 Cu 靶，工作电压为 40kV，工作电流为 150mA，2θ 扫描范围为 5°～90°。采用 NEXUS70 傅里叶定性分析仪对 CA 样品的官能团振动情况进行分析，仪器的测试范围为 350～4000cm^{-1}。采用 SUPRA^{TM}55 扫描电子显微镜对 CA 样品的微观结构进行分析。

4.4.3　试验结果分析

1. 胶结充填料的性能

本节试验的主要目的是在满足含钢渣-矿渣-脱硫石膏的全尾胶结充填料的性能的同时，最大限度地利用矿渣和钢渣。试验采用的矿渣物相组成以玻璃相为主，具有较高的活性。钢渣中的 C_3S、C_2S 含量较高，且都具有水化活性，此类钢渣具有一定的水硬性，可以用作胶凝材料。在脱硫石膏的激发下，矿渣与钢渣可以相互活化。因此，最初配合比暂定矿渣和钢渣的总掺量为 87%，脱硫石膏掺量固定为 13%，减水剂为 0.3%，料浆中胶结剂（矿渣+钢渣+脱硫石膏）和 IOT 的质量比为 1∶4，料浆浓度为 80%。本节试验中钢渣活性小于矿渣，暂定钢渣最大掺量为 59%，通过不断降低钢渣掺量，增加矿渣掺量进行配合比优化，试验配合比见表 4-18。其中矿渣、钢渣、脱硫石膏和铁尾矿为工业固体废弃物，共占干基总量的 100%，故充填成本大大降低。

表 4-18　含钢渣-矿渣-脱硫石膏的全尾砂充填材料的混合比例

序号	CA 含量/%			添加剂含量/%	CA/IOT	浆液浓度/%
	GBFS	SS	FGDG			
A-1	28	59	13	0.3	1∶4	80
A-2	38	49	13	0.3	1∶4	80
A-3	48	39	13	0.3	1∶4	80

续表

序号	CA 含量/%			添加剂含量/%	CA/IOT	浆液浓度/%
	GBFS	SS	FGDG			
A-4	58	29	13	0.3	1∶4	80
A-5	68	19	13	0.3	1∶4	80

图 4-39 是不同矿渣掺量对钢渣-矿渣-脱硫石膏基全尾砂充填料浆流动度影响的测试结果。从图 4-39 可以看出，随着矿渣掺量的增加，料浆流动度逐渐升高，矿渣掺量在 58%和 68%时料浆流动度达到 160mm，达到了膏体泵输送的要求。图 4-40 为不同矿渣掺量对钢渣-矿渣-脱硫石膏胶结全尾砂充填料试块抗压强度的

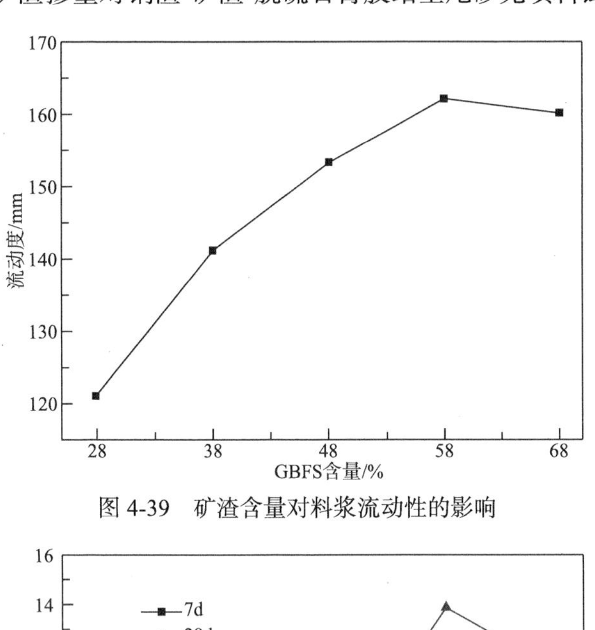

图 4-39　矿渣含量对料浆流动性的影响

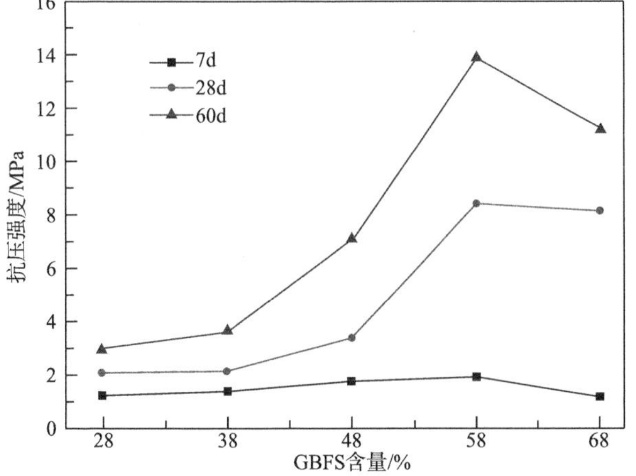

图 4-40　矿渣含量对试样抗压强度的影响

影响。从图 4-40 可以看出，随着矿渣掺量的增加，各龄期试块抗压强度逐渐增大，矿渣掺量为 58%时强度最大，矿渣掺量为 68%时强度有所减小；当矿渣掺量在 58%时，试块早期强度较低，后期强度得到较大程度的提高，28d 达到了 8.41MPa，60d 强度达到了 13.89MPa，并且其流动度达到 160mm。因此确定优化配方为 A-4，矿渣掺量 58%，钢渣 29%，脱硫石膏 13%，减水剂为胶结剂用量的 0.3%，料浆浓度为 80%，CA/IOT 为 1∶4。

将 A-4 的胶结剂配合比进行初凝、终凝和坍落度试验，按胶砂比 3∶17、水胶比 0.5 制成料浆，测试结果如表 4-19 所示。

表 4-19　含钢渣-矿渣-脱硫石膏的全尾砂充填材料的工作性能

泌水率/%	初凝时间/h	终凝时间/h	流动度/mm
0	2.5	3.8	162

从表 4-19 可以看出：A-4 充填料 CPB 材料具有良好的保水性，可保证充填过程不泌水、离析；初凝时间为 2.5h，可以使充填料的输送和充填操作具有足够的时间，而 3.8 h 的终凝时间又可以保证充填完毕后快速凝固，有利于提高胶结充填采矿的效率；流动度为 162mm 的膏体符合在管道内泵送的要求。此外，A-4 的强度相对大多数矿山充填的要求来说有富余，所以可以根据矿山对强度、泵送条件和凝结时间等的具体要求对水胶比和流动度进行更合理的选择和调整。

2. XRD 分析

图 4-41 是按 A-4 配合比制成的水胶比为 0.5 的胶结剂试样，水化 3d、7d 和 28d 的 XRD 谱图。

从 3d、7d、28d 龄期的 XRD 谱图（图 4-41）中可以看出，在 2θ 为 15.8°、22.9°和 32.4°的地方出现新的衍射峰，为钙矾石（AFt），其他衍射峰大幅度减弱，除部分未水化的 C_2S、C_3S、RO 和 C_2F 水化产物中钙矾石的衍射峰以外，观察不到明显的结晶态物质。图中 20°～50°有明显的鼓包现象，说明体系含有大量的凝胶和低结晶度的物质[129]。比较 7d 和 28d 龄期的 XRD 曲线可以看出，28d 龄期的物相中石膏衍射峰明显减弱，钙矾石的衍射峰增强。这说明在石膏硫酸盐的激发下，矿渣不断地水化。矿渣玻璃体表面的 Ca^{2+}和 Mg^{2+}等阳离子率先溶解进入溶液，剩下的 SiO_4^{4-} 与 AlO_4^{5-} 电荷不平衡加剧，导致 AlO_4^{5-} 的铝氧键（Al—O）断裂，以偏铝酸根 AlO_2^- 的形式从玻璃体表面溶出，并倾向于形成玻璃体表面与溶液之间的溶解平衡，在游离石膏参与下生成钙矾石，提高了胶凝体系的强度。随着钙矾石的不断形成，矿渣玻璃体表面与溶液之间偏铝酸根的溶解平衡被不断打破，促进

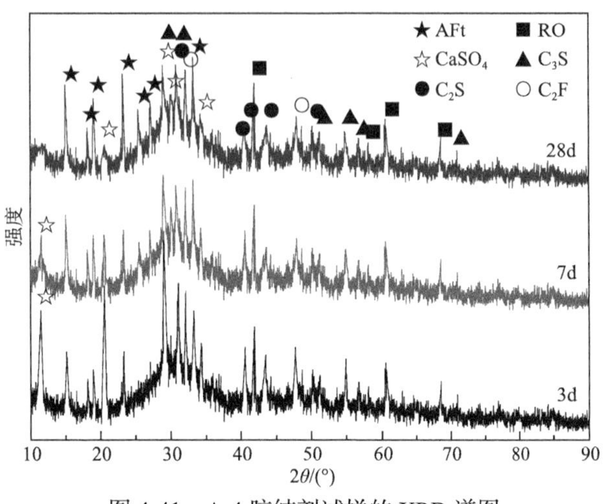

图 4-41 A-4 胶结剂试样的 XRD 谱图

AlO_4^{5-} 不断从矿渣玻璃体表面迁移出来，使矿渣二次水化不断进行。AlO_4^{5-} 从矿渣玻璃体表面的迁出，破坏了 SiO_4^{4-} 与 AlO_4^{5-} 的连接，使矿渣玻璃体表面的硅（铝）氧四面体聚合度快速下降，残余 SiO_4^{4-} 与 AlO_4^{5-} 的活性大幅度提高，在富 Ca^{2+} 的浆体溶液中不断形成 C-S-H 凝胶，C-S-H 凝胶不断沉积，使浆体逐渐变稠并硬化，宏观强度迅速增加。

3. FTIR 分析

图 4-42 是按 A-4 配合比制成的胶结剂试样的 3d、7d、28d 的 FTIR 对比图，可见不同龄期的试样的图谱比较相似，基本呈现出相同的特征吸收谱带，各吸收峰均向小波数方向移动。图中波数为 $459cm^{-1}$ 处的吸收峰归属于 Si—O 键的弯曲振动，$795cm^{-1}$ 左右为石英的振动吸收峰，这是铁尾矿中残余的石英所致。波数在 $990cm^{-1}$ 的吸收峰是由 SiO_4^{4-} 结构中 Si—O 键不对称振动引起的，此处为 C-S-H 凝胶的特征峰。波数为 $1427cm^{-1}$ 处吸收谱带为 CO_3^{2-} 的非对称伸缩振动谱带，这可能是由于试样在制备过程中发生了碳化。波数为 $1645cm^{-1}$ 处的吸收谱带归属于水中 O—H 键的弯曲振动。波数为 $3425cm^{-1}$ 左右的谱带是水化产物 C-S-H 凝胶结构水的伸缩振动带，说明随着龄期的增长不断有 C-S-H 凝胶生成。从图 4-42 中可以看出，反映 O—H 键伸缩振动的 $3635cm^{-1}$ 吸收峰并不明显，这是由于 AFt 和 C-S-H 凝胶中的羟基都不是典型的羟基，它们和结晶水中的氢键及分子键没有明确界限，因此会被 $3425cm^{-1}$ 处的结晶水峰所掩盖。然而由于 AFt 中的水大部分是结晶水，在 $3425cm^{-1}$ 处与 C-S-H 的结构水发生了吸收峰的重叠，呈较强的吸收峰。$1090cm^{-1}$ 处的强吸收带属于 Si—O 键的不对称伸缩振动，其振动峰随着养护时间的延长而增强并尖锐化，水化 3d 后已形成相当数量的 AFt，可见 AFt 的形成速度相当快，

这与图 4-41 的 XRD 分析结果相一致。

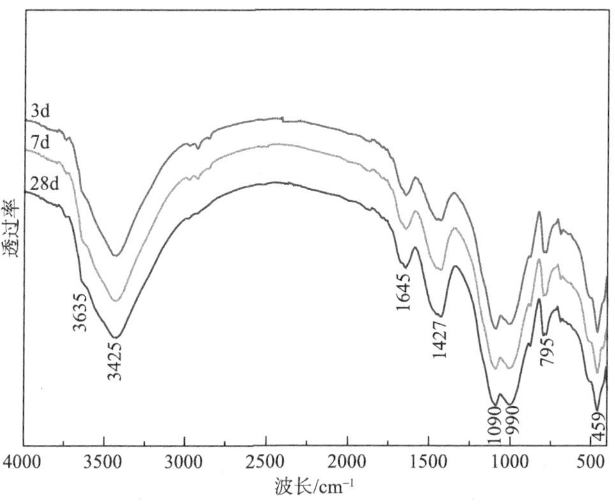
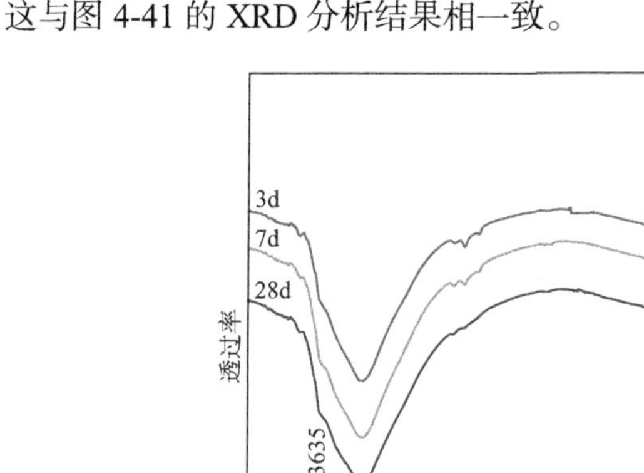

图 4-42　充填料试块的 FTIR 谱图

4. SEM 分析

图 4-43 是按 A-4 配合比制成的充填料试块的 3d、7d、28d 的 SEM 照片和 EDS 图。

（a）硬化3d　（b）3d硬化体局部放大

（c）硬化7d　（d）7d硬化体局部放大

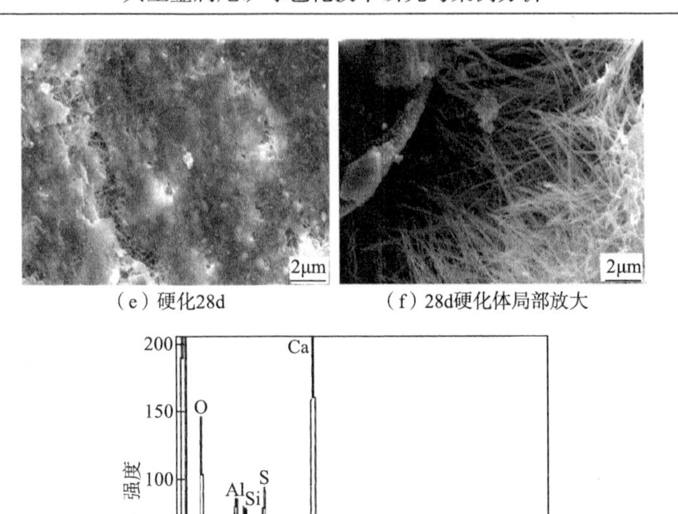

图 4-43　充填料试块的 SEM 照片和 EDS 图

从图 4-43（a）中可以观察到 2～10μm 的铁尾矿颗粒，颗粒间堆积不紧密，包埋在水化产物中，孔隙较大，孔隙间出现许多絮状 C-S-H 凝胶和棒状的 $CaSO_4·2H_2O$，它们把颗粒胶结在一起。从图 4-43（b）中可以看到，絮状和团簇状的胶体及针棒状的 $CaSO_4·2H_2O$ 团聚在一起填充在铁尾矿颗粒间，使 3d 硬化浆体具有一定的强度。

从图 4-43（c）中可以看出，水化产物大量增加，尾砂颗粒的边界模糊了，水化产物将大量的颗粒黏结在一起连成了一片，颗粒间孔隙的大大减小使浆体的密实度增加。图 4-43（d）为图 4-43（c）孔洞处的放大图片，可以看出，棒状的 $CaSO_4·2H_2O$ 与 3d 硬化浆体相比，变粗、变短，团簇状胶凝体呈现相互连接、继续聚集的趋势，与棒状 $CaSO_4·2H_2O$ 穿插连成一体。

在图 4-43（e）中已经观察不到 IOT 颗粒了，出现了许多微小细针状的物质，放大后如图 4-43（f）所示。对这些细针状物质进行能谱半定量分析，如图 4-43（g）所示，推测为 AFt，这也与 XRD（图 4-41）分析结果一致。在水化 28d 的硬化浆体中，细针状的 AFt 和凝胶交缠在一起，使结构变得十分致密，也观察不到明显的大孔洞，这使试块在宏观上具有良好的机械强度。

4.4.4 结论

（1）在矿渣掺量58%、钢渣29%和脱硫石膏13%，胶砂比为1∶4，减水剂0.3%、料浆浓度80%的条件下制成充填材料，流动度为162mm，料浆流动性满足膏体泵输送流动度要求。充填料28d和60d的抗压强度分别达到了8.41MPa和13.89MPa，满足矿山充填的要求。

（2）通过XRD、FTIR和SEM分析可知，充填料（CPB材料）水化产物主要为钙矾石和C-S-H凝胶。脱硫石膏的存在促进了钙矾石的形成，而钙矾石的形成又进一步促进了矿渣中SiO_4^{4-}和AlO_4^{5-}沿桥氧的断裂，在富Ca^{2+}的浆体溶液中不断形成C-S-H，C-S-H不断沉积，使浆体逐渐变稠并硬化，宏观强度迅速增加。针状的钙矾石与凝胶交织在一起增加了充填体的密实度，使体系具有良好的水硬胶结性能。

（3）经过超细粉磨的矿渣具有较强的活性，矿渣与钢渣复掺相互活化并在脱硫石膏的激发下可取代水泥作为地下采矿胶结充填，采用的固体原料中100%为工业废弃物，有利于降低充填成本，也为钢渣、矿渣、脱硫石膏和尾矿的资源化利用开辟了一条新的途径。

参考文献

[1] Zhou S X, Chen Y M, Zhang W S. Prediction of compressive strength of cement mortars with fly ash and activated coal gangue[J]. Journal of Southeast University (English Edition), 2006, 22(4): 549-552.

[2] Liu H B, Liu Z L. Recycling utilization patterns of coal mining waste in China[J]. Resources, Conservation & Recycling, 2010, 54(12): 1331-1340.

[3] Zhang N, Sun H H, Liu X M, et al. Early-age characteristics of red mud-coal gangue cementitious material[J]. Journal of Hazardous Materials, 2009, 167(1): 927-932.

[4] Chugh Y P, Patwardhan A. Mine-mouth power and process steam generation using fine coal waste fuel[J]. Resources, Conservation & Recycling, 2004, 40(3): 225-243.

[5] Li C, Wan J H, Sun H H, et al. Investigation on the activation of coal gangue by a new compound method[J]. Journal of Hazardous Materials, 2010, 179(1): 515-520.

[6] Li D X, Song X Y, Gong C C. Research on cementitious behavior and mechanism of pozzolanic cement with coal gangue[J]. Cement and Concrete Research, 2006, 36(9): 1752-1759.

[7] 王海霞，倪文，姜涛，等. 房山砂质煤矸石热活化的影响因素分析[J]. 化工学报，2011, 62(6): 1736-1741.

[8] Yang M, Guo Z X, Deng Y S, et al. Preparation of $CaO-Al_2O_3-SiO_2$ glass ceramics from coal gangue[J]. International Journal of Mineral Processing, 2012, 102(1): 112-115.

[9] Ma Z G, Gong P, Fan J Q, et al. Coupling mechanism of roof and supporting wall in gob-side

entry retaining in fully-mechanized mining with gangue backfilling[J]. Mining Science and Technology, 2011, 21(6): 829-833 .
[10] Buyanov R A, Molchanov V V, Boldyrev V V. Mechanochemical activation as a tool of increasing catalytic activity[J]. Catalysis Today, 2009, 144(3): 212-218.
[11] Sydorchuk V, Khalameida S, Zazhigalov V, et al. Influence of mechanochemical activation in various media on structure of porous and non-porous silicas[J]. Applied Surface Science, 2010, 257(2): 446-450.
[12] Senneca O, Salatino P, Chirone R, et al. Mechanochemical activation of high-carbon fly ash for enhanced carbon reburning[J]. Proceedings of the Combustion Institute, 2010, 33(2): 2743-2753.
[13] Kakali G, Perraki T, Tsivilis S, et al. Thermal treatment of kaolin: The effect of mineralogy on the pozzolanic activity[J]. Applied Clay Science, 2001, 20(1): 73-80.
[14] 杨南如, 岳文海. 无机非金属材料图谱手册[M]. 武汉: 武汉工业大学出版社, 2000.
[15] 李永峰, 王万绪, 杨效益. 煤矸石热活化及相变分析[J]. 硅酸盐学报, 2007, 35(9): 1258-1263.
[16] 府坤荣. 蒸压加气混凝土养护制度的探讨[J]. 新型建筑材料, 2006(12): 72-74.
[17] 阎培渝, 覃肖, 杨文言. 大体积补偿收缩混凝土中钙矾石的分解与二次生成[J]. 硅酸盐学报, 2000, 28(4): 319-324.
[18] Siauciunas R, Baltusnikas A. Influence of SiO_2 modification on hydrogarnets formation during hydrothermal synthesis[J]. Cement and Concrete Research, 2003, 33(11): 1789-1793.
[19] Meller N, Kyritsis K, Hall C. The mineralogy of the CaO-Al_2O_3-SiO_2-H_2O (CASH) hydroceramic system from 200 to 350℃[J]. Cement and Concrete research, 2008, 39(1): 45-53.
[20] 张志杰, 柯昌君, 刘平安, 等. 蒸压反应水石榴石形成与转变的分析表征及机理研究[J]. 分析测试学报, 2009, 28(9): 1008-1011.
[21] 王长龙, 倪文, 李德忠, 等. 山西灵丘低硅铁尾矿制备加气混凝土的实验研究[J]. 煤炭学报, 2012, 37(7): 1129-1134.
[22] Oh J E, Clark S M, Wenk H R, et al. Experimental determination of bulk modulus of 14Å tobermorite using high pressure synchrotron X-ray diffraction[J]. Cement and Concrete Research, 2012, 42(2): 397-403.
[23] 王长龙, 倪文, 李德忠, 等. 灵丘铁矿尾矿制备加气混凝土的实验研究[J]. 材料科学与工艺, 2012, 20(6): 7-12.
[24] 吴中伟, 廉慧珍. 高性能混凝土[M]. 北京: 中国铁道出版社, 1999.
[25] 李崇智, 冯乃谦, 李永德. 现代高性能混凝土的研究与发展[J]. 建筑技术, 2003, 34(1): 23-25.
[26] 李益进, 周士琼, 尹健, 等. 超细粉煤灰高性能混凝土的力学性能[J]. 建筑材料学报, 2005, 8(1): 23-29.
[27] Aïtcin P C. The durability characteristics of high-performance concrete: A review[J]. Cement and Concrete Research, 2003, 25(4): 409-420.
[28] Aïtcin P C. Cements of yesterday and today: Concrete of tomorrow[J]. Cement and Concrete Research, 2000, 30(9): 1349-1359.

[29] Mehta P K. Advances in concrete technology[J]. Concrete International, 1999(6): 69-76.
[30] Berry E E, Malhotra V M. Fly ash for use in concrete-acritical review[J]. ACI Journal, 1982, 2(3): 59-73.
[31] 沈旦申, 张荫济. 粉煤灰效应的探讨[J]. 硅酸盐学报, 1981, 9(1): 57-63.
[32] 阎培渝, 张庆欢. 含粉煤灰或石英粉复合胶凝材料的抗压强度发展规律[J]. 硅酸盐学报, 2007, 35(3): 263-267.
[33] 阎培渝. 粉煤灰在复合胶凝材料水化过程中的作用机理[J]. 硅酸盐学报, 2007, 35(S1): 167-171.
[34] Lam L, Wong Y L, Poon C S. Degree of hydration and gel/space ratio of high-volume fly ash/cement systems[J]. Cement and Concrete Research, 2000, 30(5): 747-756.
[35] Wang A Q, Zhang C Z, Sun W. Fly ash effects: II. The active effect of fly ash[J]. Cement and Concrete Research, 2004, 34(11): 2057-2060.
[36] Sakai E, Miyahara S, Ohsawa S, et al. Hydration of fly ash cement[J]. Cement and Concrete Research, 2005, 35(6): 1135-1140.
[37] 胡曙光, 吕林女, 何永佳, 等. 低水胶比下粉煤灰对水泥早期水化的影响[J]. 武汉理工大学学报, 2004, 18(12): 33-36.
[38] 李响, 阿茹罕, 阎培渝. 水泥粉煤灰复合胶凝材料水化程度的研究[J]. 建筑材料学报, 2010, 13(5): 584-588.
[39] 蒋林华, 林宝玉, 蔡跃波. 高掺量粉煤灰水泥胶凝材料的水化性能研究[J]. 硅酸盐学报, 1998, 26(6): 695-701.
[40] 龙广成, 谢友均, 王培铭. 粉煤灰强度效应的研究[J]. 铁道科学与工程学报, 2005, 2(1): 19-24.
[41] Metha P K. Influence of fly ash characteristics on the strength of portland fly ash mixture[J]. Cement and Concrete Research, 1985, 15(5): 669-674.
[42] Payá J, Monzo J, Peris-mora E. Early-strength development of portland cement mortars containing air classified fly ashes[J]. Cement and Concrete Research, 1995, 25(5): 449-456.
[43] 蒋永慧, 阎春霞. 粉煤灰颗粒分布对水泥强度影响的灰色系统研究[J]. 硅酸盐学报, 1998, 26(4): 194-198.
[44] 孙鑫鹏, 李益进, 尹健. 超细粉煤灰高性能混凝土耐久性实验研究[J]. 粉煤灰, 2010(1): 14-17.
[45] 黄晓燕, 倪文, 祝丽萍, 等. 齐大山铁尾矿粉磨特性[J]. 北京科技大学学报, 2010, 32(10): 1253-1257.
[46] 肖佳, 陈雷, 邢昊. 粉煤灰和矿粉对水泥胶砂自收缩的影响[J]. 建筑材料学报, 2011, 14(5): 604-609.
[47] 阎培渝, 陈志城. 含不同矿物掺合料的高强混凝土的自收缩特性[J]. 工业建筑, 2011, 41(6): 124-127.
[48] Zhou C C, Liu G J, Yan Z C, et al. Transformation behavior of mineral composition and trace elements during coal gangue combustion[J]. Fuel, 2012, 97: 644-650.
[49] 王长龙, 乔春雨, 王爽, 等. 煤矸石与铁尾矿制备加气混凝土的实验研究[J]. 煤炭学报, 2014, 39(4): 764-770.

[50] Querol X, Izquierdo M, Monfort E, et al. Environmental characterization of burnt coal gangue banks at Yangquan, Shanxi Province, China[J]. International Journal of Coal Geology, 2008, 75(2): 99-104.

[51] Stracher G B, Taylor T P. Coal fires burning out of control around the world: Thermodynamic recipe for environmental catastrophe[J]. International Journal of Coal Geology, 2003, 59(1): 7-17.

[52] Pone J D N, Hein K A, Stracher G B, et al. The spontaneous combustion of coal and its by-products in the Witbank and Sasolburg coalfields of South Africa[J]. International Journal of Coal Geology, 2007, 72(2): 124-140.

[53] Yan D H, Karstensen K H, Huang Q F, et al. Coprocessing of industrial and hazardous wastes in cement kilns: A review of current status and future needs in China[J]. Environmental Engineering Science, 2010, 27(1): 37-45.

[54] 施正伦, 骆仲泱, 林细光, 等. 尾矿作水泥矿化剂和铁质原料的实验研究[J]. 浙江大学学报(工学版), 2008, 42(3): 506-510.

[55] Zhou C C, Liu G J, Wu S C, et al. The environmental characteristics of usage of coal gangue in bricking-making: A case study at Huainan, China[J]. Chemosphere, 2014, 95: 274-280.

[56] Chen Y L, Zhang Y M, Chen T J, et al. Preparation of eco-friendly construction bricks from hematite tailings[J]. Construction and Building Materials, 2011, 25(4): 2107-2111.

[57] Yi Z L, Sun H H, Wei X Q, et al. Iron ore tailings used for the preparation of cementitious material by compound thermal activation[J]. International Journal of Minerals, Metallurgy and Materials, 2009, 16(3): 355-358.

[58] Fischer H, Hemelik M, Telle R, et al. Influence of annealing temperature on the strength of dental glass ceramic materials[J]. Dent Mater, 2005, 21(7): 61-67.

[59] Wang S H, Zhou H P. Densification and dielectric properties of CaO-B_2O_3-SiO_2 system glass ceramics[J]. Materials Science and Engineering: B, 2003, 99(1): 597-600.

[60] Ma Y G, Li X H, Xie T, et al. A study of sputtering process for nanocrystalline FeAlN soft magnetic thin films[J]. Materials Science and Engineering: B, 2003, 103(3): 233-240.

[61] 宋建军, 孙传敏, 李章大, 等. 利用阜新高硅煤矸石制备微晶玻璃材料的实验研究[J]. 煤炭学报, 2007, 32(6): 647-651.

[62] 史培阳, 姜茂发, 刘承军, 等. 用铁尾矿、硼泥和粉煤灰制备微晶玻璃[J]. 钢铁研究学报, 2005, 17(5): 22-25, 30.

[63] 陈国华. 差热分析在微晶玻璃中的应用[J]. 洛阳工业高等专科学校学报, 1999, 55(4): 5-9.

[64] 丁文金, 彭同江, 陈吉明. 核化和晶化温度对温石棉尾矿制备微晶玻璃的影响[J]. 材料热处理学报, 2012, 33(5): 28-33.

[65] Kay J F, Doremus R H. Strength and durability of a glass-ceramic containing spodumene crystals[J]. Journal of the American Ceramic Society, 1974, 57(11): 480-482.

[66] 李保卫, 邓磊波, 张雪峰. 不同热处理工艺对矿渣微晶玻璃显微结构及性能的影响[J]. 内蒙古科技大学学报, 2011, 30(2): 190-192.

[67] Avrami M. Kinetics of phase change. I. General theory[J]. The Journal of Chemical Physics, 1939, 7(12): 1103-1112.

[68] Avrami M. Granulation, phase change, and microstructure kinetics of phase change. III[J]. The Journal of Chemical Physics, 1941, 9(2): 177-184.

[69] Kissinger H E. Variation of peak temperature with heating rate in differential thermal analysis[J]. The Journal of Research of the National Bureau of Standards, 1956, 57(4): 217-221.

[70] Augis J A, Bennett J E. Calculation of the Avrami parameters for heterogeneous solid state reactions using a modification of the Kissinger method[J]. The Journal of Chemical Physics, 1978, 13: 283-292.

[71] 殷海荣, 吕承珍, 李慧, 等. 含磷零膨胀 LAS 透明微晶玻璃的相转变动力学的研究[J]. 功能材料, 2009, 40(1): 92-96.

[72] 李彬, 文丽华, 马臣. ZnO 含量对 Ag_2O-CaO-Fe_2O_3-SiO_2 玻璃析晶的影响[J]. 中国有色金属学报, 2008, 18(3): 489-493.

[73] 李化健. 煤矸石的综合利用[M]. 北京: 化学工业出版社, 2010.

[74] Wang S H, Zhou H P. Densification and dielectric properties of CaO-B_2O_3-SiO_2 system glass ceramics[J]. Materials Science and Engineering: B, 2003, 99(1-3): 597.

[75] 高术杰, 倪文, 李克庆, 等. 用水淬二次镍渣制备矿山充填材料及其水化机理[J]. 硅酸盐学报, 2013, 41(5): 612.

[76] Utsumi Y, Sakka S. Strength of glass-ceramics relative to crystal size[J]. Journal of the American Ceramic Society, 1970, 53(5): 286.

[77] Griffith A A. The phenomena of rupture and flow in solids[J]. Philosophical Transactions of the Royal Society of London, Series A, 1921, 221: 163.

[78] 程金树, 李宏, 汤李缨, 等. 微晶玻璃[M]. 北京: 化工出版社, 2006.

[79] Mcmillan P W, Phillips S V, Partridge G. The structure and properties of a lithium zinc silicate glass-ceramic[J]. Journal of Materials Science, 1966, 1(3): 269-279.

[80] Wang X L, Ren R C, Liu Y. Application of DTA in preparation of glass-ceramic made by iron tailings[J]. Procedia Earth and Planetary Science, 2009, 1(1): 750-753.

[81] Zhang S, Xue X, Liu X, et al. Current situation and comprehensive utilization of iron ore tailing resources[J]. Journal of Mining Science, 2006, 42(4): 403-408.

[82] Mcmilan P W. Glass Ceramics 60[M]. London: Academic Press, 1964.

[83] 赵东, 刘立强, 井敏, 等. 热处理温度对赤泥粉煤灰玻璃陶瓷抗折强度的影响[J]. 粉煤灰综合利用, 2013(3): 5-27.

[84] Lee S. Geochemistry and partitioning of trace metals in paddy soils affected by metal mine tailings in Korea[J]. Geoderma, 2006, 135(10): 26-37.

[85] Matschullat J, Borba R P, Deschamps E, et al. Human and environmental contamination in the Iron Quadrangle, Brazil[J]. Applied Geochemistry, 2000, 15(2): 181-190.

[86] 王长龙, 乔春雨, 王爽, 等. 煤矸石与铁尾矿制备加气混凝的试验研究[J]. 煤炭学报, 2014, 39(4): 764-770.

[87] Wang C L, Ni W, Zhang S Q, et al. Preparation and properties of autoclaved aerated concrete using coal gangue and iron ore tailings[J]. Construction and Building Materials, 2016, 104: 109-115.

[88] Li J, Wang Q, Liu J H, et al. Synthesis process of forsterite refractory by iron ore tailings[J].

Journal of Environmental Sciences, 2009, 21(Sl): 92-95.

[89] 施正伦, 骆仲泱, 林细光, 等. 尾矿作水泥矿化剂和铁质原料的实验研究[J]. 浙江大学学报, 2008, 42(3): 506-510.

[90] 王长龙, 郑永超, 刘世昌, 等. 煤矸石铁尾矿制备微晶玻璃的微观结构和力学性能[J]. 稀有金属材料与工程, 2015, 44(Sl): 234-238.

[91] 王长龙, 魏浩, 仇夏杰, 等. 利用煤矸石铁尾矿制备 $CaO-MgO-Al_2O_3-SiO_2$ 系微晶玻璃[J]. 煤炭学报, 2015, 40(5): 1181-1187.

[92] 王长龙, 梁宝瑞, 郑永超, 等. 热处理对煤矸石铁尾矿微晶玻璃微观结构和力学性能的影响[J]. 材料热处理学报, 2015, 36(11): 15-18.

[93] Denry I L, Holloway J A. Effect of crystallization heat treatment on the microstructure and biaxial strength of fluorrichterite glass-ceramics[J]. Journal of Biomedical Materials Research, Part B: Applied Biomaterials, 2007, 80(2): 454-459.

[94] Denry I, Holloway J A, Gupta P K. Effect of crystallization heat treatment on the microstructure of niobium-doped fluorapatite glass-ceramics[J]. Journal of Biomedical Materials Research, Part B: Applied Biomaterials, 2012, 100(5): 1198-1205.

[95] Anusavice K J, Zhang N. Effect of crystallinity on strength and fracture toughness of $Li_2O-Al_2O_3-CaO-SiO_2$ glass-ceramics[J]. Journal of the American Ceramic Society, 1997, 80(6): 1353-1358.

[96] Kim J M, Kim H S. Temperature-time-mechanical properties of glass-ceramics produced from coal fly ash[J]. Journal of the American Ceramic Society, 2005, 88(5): 1227-1232.

[97] 高术杰, 倪文, 林海, 等. Rietveld 全谱拟合方法在二次镍渣微晶玻璃中的应用[J]. 硅酸盐通报, 2014, 33(9): 2365-2369.

[98] Tammann G, Mehl R F. The States of Aggregation: The Changes in the State of Matter in Their Dependence upon Pressure and Temperature[M]. New York: Van Nostrand Company, 1925.

[99] Deng D Q, Liu L, Yao Z L, et al. A practice of ultra-fine tailings disposal as filling material in a gold mine[J]. Journal of Environmental Management, 2017, 196: 100-109.

[100] Ghirian A, Fall M. Strength evolution and deformation behaviour of cemented paste backfill at early ages: Effect of curing stress, filling strategy and drainage[J]. International Journal of Mining Science and Technology, 2016, 26(5): 809-817.

[101] Ghirian A. Coupled Thermo-Hydro-Mechanical-Chemical (THMC) Processes in Cemented Tailings Backfill Structures and Implications for Their Engineering Design[M]. Ottawa: University of Ottawa, 2016.

[102] Benzaazoua M, Bussière B, Demers I, et al. Integrated mine tailings management by combining environmental desulphurization and cemented paste backfill: Application to mine Doyon, Quebec, Canada[J]. Minerials Engineering, 2008, 21(4): 330-340.

[103] Peyronnard O, Benzaazoua M. Alternative by-product based binders for cemented mine backfill: Recipes optimisation using Taguchi method[J]. Minerials Engineering, 2012, 29: 28-38.

[104] Yilmaz E, Belem T, Bussière B, et al. Curing time effect on consolidation behaviour of cemented paste backfill containing different cement types and contents[J]. Construction and Building Materials, 2015, 75: 99-111.

[105] Li W C, Fall M. Sulphate effect on the early age strength and self-desiccation of cemented paste backfill[J]. Construction and Building Materials, 2016, 106: 297-304.
[106] Yılmaz T, Ercikdi B, Karaman K, et al. Assessment of strength properties of cemented paste backfill by ultrasonic pulse velocity test[J]. Ultrasonics, 2014, 54(5): 1386-1394.
[107] Ke X, Hou H B, Zhou M, et al. Effect of particle gradation on properties of fresh and hardened cemented paste backfill[J]. Construction and Building Materials, 2015, 96: 378-382.
[108] Li W C, Fall M. Strength and self-desiccation of slag-cemented paste backfill at early ages: Link to initial sulphate[J]. Cement and Concrete Composites, 2018, 89: 160-168.
[109] Jia Q, Yang Q X, Guo L J, et al. Effects of fine content, binder type and porosity on mechanical properties of cemented paste backfill with co-deposition of tailings sand and smelter slag[J]. Electronic Journal of Geotechnical Engineering, 2016, 21: 7017-7032.
[110] Yilmaz E, Belem T, Benzaazoua M. Specimen size effect on strength behavior of cemented paste backfills subjected to different placement conditions[J]. Engineering Geology, 2015, 185: 52-62.
[111] Cihangir F, Akyol Y. Mechanical, hydrological and microstructural assessment of the durability of cemented paste backfill containing alkali-activated slag[J]. International Journal of Mining, Reclamation and Environment, 2018, 32(2): 123-143.
[112] Chen Q S, Zhang Q L, Fourie A, et al. Experimental investigation on the strength characteristics of cement paste backfill in a similar stope model and its mechanism[J]. Construction and Building Materials, 2017, 154: 34-43.
[113] Zhang J W, He W D, Ni W, et al. Research on the fluidity and hydration mechanism of mine backfilling material prepared in steel slag gel system[J]. Chemical Engineering Transactions, 2016, 51: 1039-1044.
[114] Jiang H Q, Fall M. Yield stress and strength of saline cemented tailings materials in sub-zero environments: Slag-paste backfill[J]. Journal of Sustainable Cement-Based Materials, 2017, 6(5): 314-331.
[115] Deng X J, Zhang J X, Klein B, et al. Experimental characterization of the influence of solid components on the rheological and mechanical properties of cemented paste backfill[J]. International Journal of Mineral Processing, 2017, 168: 116-125.
[116] Li X B, Du J, Gao L, et al. Immobilization of phosphogypsum for cemented paste backfill and its environmental effect[J]. Journal of Cleaner Production, 2017, 156: 137-146.
[117] Wu M Y, Hu X M, Zhang Q, et al. Orthogonal experimental studies on preparation of mine-filling materials from carbide slag, granulated blast-furnace slag, fly ash, and flue-gas desulphurisation gypsum[J]. Advances in Materials Science and Engineering, 2018, 2018: 1-12.
[118] Li Y C, Min X B, Ke Y, et al. Utilization of red mud and Pb/Zn smelter waste for the synthesis of a red mud-based cementitious material[J]. Journal of Hazardous Materials, 2018, 34: 343-349.
[119] Ercikdi B, Cihangir F, Kesimal A, et al. Utilization of industrial waste products as pozzolanic material in cemented paste backfill of high sulphide mill tailings[J]. Journal of Hazardous Materials, 2009, 168: 848-856.

[120] Lee H J, Roh H S. The use of recycled tire chips to minimize dynamic earth pressure during compaction of backfill[J]. Construction and Building Materials, 2007, 21: 1016-1026.

[121] Benzaazoua M, Fiset J F, Bussière B, et al. Sludge recycling within cemented paste backfill study of the mechanical and leach ability properties[J]. Minerals Engineering, 2006, 19: 420-432.

[122] Jiang L H, Li C Z, Wang C, et al. Utilization of flue gas desulfurization gypsum as an activation agent for high-volume slag concrete[J]. Journal of Cleaner Production, 2018, 205: 589-598.

[123] Ashrit S, Chatti R V, Udpa K N, et al. An Infrared and Raman spectroscopic study of yellow Gypsum synthesized from LD Slag fines[J]. MOJ Mining and Metallurgy, 2017, 1(1): 1-4.

[124] Zhao J H, Wang D M, Yan P Y, et al. Self-cementitious property of steel slag powder blended with gypsum[J]. Construction and Building Materials, 2016, 113: 835-842.

[125] Duan S Y, Liao H Q, Cheng F Q, et al. Investigation into the synergistic effects in hydrated gelling systems containing fly ash, desulfurization gypsum and steel slag[J]. Construction and Building Materials, 2018, 187: 1113-1120.

[126] Cho B, Choi H. Physical and chemical properties of concrete using GGBFS-KR slag-gypsum binder[J]. Construction and Building Materials, 2016, 123: 436-443.

[127] Yeaua K Y, Kim E K. An experimental study on corrosion resistance of concrete with ground garanulate blast fumace slag[J]. Cement and Concrete Research, 2005, 35: 1391-1399.

[128] Mason B. The constitution of some open-heart slag[J]. Journal of Iron and Steel Research International, 1944, 1: 169-174.

[129] Wang S, Wang C L, Wang Q H, et al. Study on cementitious properties and hydration characteristics of steel slag[J]. Polish Journal of Environmental Studies, 2018, 27(1): 357-364.

第5章　尾矿综合利用基地建设案例分析

2016年11月，工业和信息化部公布了第一批12家工业资源综合利用示范基地名单，其中涉及尾矿综合利用的相关基地6家[1]。2019年11月，国家发展和改革委员会、工业和信息化部联合公布了《关于发布资源综合利用基地名单的通知》[2]，名单确定了50家大宗固体废弃物综合利用基地和48家工业资源综合利用基地。

开展固废综合利用基地建设，有助于推进大宗固体废弃物综合利用产业集聚发展，是不断提高和扩大大宗固体废弃物综合利用技术水平、装备能力、应用规模和领域、品质和效益等的有效途径和重要保障[3]。改革开放40多年来，我国经济快速发展，煤炭、电力、冶金、化工等行业迅猛发展，产业水平不断提高、规模不断扩大、能力不断增强。随之而来的环境和资源压力也在不断加大，其中，大宗固体废弃物排放已影响和制约着产业经济的高质量发展。建设固废综合利用基地，对不断提高大宗固体废弃物综合利用水平、提高资源利用效率、缓解资源瓶颈压力、培育新的经济增长点具有重要意义。

本章主要从上述110家基地中，挑选以金属尾矿为主要固废品种的基地进行分析。从基地的建设特点来看，主要可以分为：政府引导发展型、特色资源导向型和产业协同发展型。其中，政府引导发展型基地多为尾矿固废相对集中的区域，便于政府统一规划、建设产业园区、根据产业链需求引导企业入驻，减少同质化竞争，有利于尾矿的消纳；特色资源导向型基地多为当地尾矿具有特色资源，而且成分中依然含有较高品位的有价元素，以及通过技术研发和引进可以开发生产高附加值产品的区域，尾矿综合利用企业具有建设综合利用项目的积极性，有利于尾矿的消纳；产业协同推进型基地所涉及的各类固废资源包含价值链、企业链、供需链和空间链四个维度，这四个维度在相互对接的均衡过程中形成了产业链，作为一种客观规律，它像一只“无形之手”调控着产业链的形成，促进着基地的发展。

本章在分析的基础上，通过案例介绍每种类型的基地建设的主要特点和发展典型经验，为同类固废产生及堆存量大的地区建设发展提供参考和借鉴。

5.1 政府引导发展型尾矿综合利用基地

5.1.1 承德市工业资源综合利用基地

1. 基地建设基本情况

承德市位于河北省东北部，是中国北方最大的钒钛磁铁矿资源基地。丰富的矿产资源有力地支撑了承德市经济和社会发展，但也形成了大量的尾矿堆积，承德市共有尾矿库 869 座，约占全国的 1/17，全省的 1/4，累计存积量约 23 亿 t，约占全市工业固废总量的 90%，带来了巨大的环境、安全隐患。2016 年 11 月，工业和信息化部批准承德市为全国首批 12 个工业固废综合利用示范基地，主要为铁尾矿综合利用。

为有效利用丰富的尾矿资源，全力推进承德市国家级基地试点建设，承德市委、市政府将尾矿综合利用提升到资源型城市转型升级、培育新兴产业的战略高度，组建机构、出台政策、完善机制、强力推进，走出了一条“变废为宝、利国利民”的资源型城市可持续发展之路。经过几年来的快速推进，承德市尾矿综合利用取得了明显成效，年利用量超过 5000 万 t，尾矿新增储存量年均降幅 10%左右，尾矿综合利用率从最初的不足 20%上升到接近 35%，利用方式已涵盖有价元素回收、尾矿制备建筑材料和其他新型材料、尾矿干排和胶结充填、尾矿农用等各领域。目前，全市共有铁磷钛综合采选企业 71 家，尾矿制备建筑材料和其他新型材料项目 101 个，尾矿干排项目 41 个，尾矿胶结充填企业 16 家，实现综合开发利用产值 152 亿元，尾矿综合利用产业在政府的引导型培育下形成了新的经济增长点。

2. 绿色发展典型经验

1）建设产业园区，培育重点企业，规划交易市场

承德市组织编制了《尾矿综合利用专项规划》《尾矿综合利用示范基地建设实施细则》，并以县或乡为单位共建设了 6 个尾矿综合利用开放式节约集约示范区。同时以园区为载体，统筹考虑尾矿位置和交通区位，合理布局项目和产品，加强引导、强化服务，实行县区领导包保制度，即抓“外引”，又重“内育”，多措并举，全力推进项目建设。

重点产业园区如下：①宽城尾矿综合利用园区。该园区位于宽城经济开发区核心区，规划占地 1000 亩，入驻承德新通源新型环保材料有限公司、宽城金河建材构件有限公司、宽城顺通商品混凝土有限公司、河北正一建材股份有限公司等

重点企业，主要产品为微晶装饰板材、微晶发泡陶瓷、干混砂浆、尾矿烧结自保温砌块、路面砖、建筑砌块等。②隆化经济开发区尾矿建材园区。该园区位于隆化县黑水村，规划占地 1500 亩，入驻隆化金富达建材有限公司、隆化大艺新型建材制造有限公司、隆化鸿润建材有限责任公司、承德盛通混凝土建材厂等重点企业，主要产品有加气块、蒸压砖、路面砖、预制件、石膏板、装配式房屋等。③丰宁尾矿综合利用园区。该园区位于丰宁满族自治县经济开发区（大阁镇），规划占地 1000 亩，入驻炫靓集团建材有限公司、丰宁丰煊新型建筑材料有限公司等重点龙头企业，主要产品有加气块、真石漆、干混砂浆、尾矿烧结多孔砖、烧结标准砖等。④围场县尾矿综合开发利用园区。该园区位于围场县龙头山乡，规划占地 1800 亩，入驻承德振龙建筑材料集团有限公司、围场兴源保温材料有限公司等重点企业，主要产品有加气块、加气自保温砌块（B03、B04 级）、岩棉板、岩棉毯、岩棉管、复合岩棉墙板等。⑤滦平尾矿综合利用园区。该园区位于滦平县张百湾新兴产业示范区，规划占地 500 亩，入驻重点企业建设了尾矿微晶板材项目。⑥营子区金隅冀北建材基地。该基地位于营子区寿王坟镇，规划占地 895 亩。入驻重点企业实施了 60 万 m^3 加气混凝土板块生产线项目、年产 3.5 万 t 岩棉生产线项目和年产 40 万 t 干混砂浆生产线项目、金属装饰材料生产线项目、尾矿综合利用透水砖生产线项目、尾矿再回收项目和水泥纤维板项目等。项目总产值可达 150 亿元，年利用尾矿 5000 多万吨，新增就业 6000 余人，涵盖了墙体材料、路面材料、保温材料等十大系列 50 多种产品。

另外，承德市基地还专门规划了尾矿综合利用产品交易市场。该市场由滦平县人民政府承建，选址在滦平县张百湾新兴产业示范区，规划占地 200 亩，涵盖研发、展示、交易、仓储、物流五大功能区，主要面向京津冀，辐射全国，已成为承德市尾矿综合利用产品的市场载体。

2）成立技术研究院，建立管理支撑体系，实施重点项目

为推动当地尾矿综合利用技术发展，河北省工业和信息化厅、承德市政府和北京金隅集团有限责任公司共同出资 4600 万元，组建了河北睿索固废工程技术研究院有限公司，致力于共性、先进和关键使用技术的研发、引进和推广，为全省尾矿综合利用提供技术支撑，通过科技创新联盟方式，已与北京建筑材料科学研究总院、沙河玻璃技术研究院等 28 家单位建立了合作关系，共同开展研发工作，并在全市推广了尾矿高浓度浓缩干式堆存技术、尾矿胶结充填地下采空区技术、尾矿库复垦、尾矿生产蒸压灰砂砖和加气块等新型建材技术、磷铁钛综合采选技术。同时，承德市还建立了完备的尾矿综合利用工作管理系统和支撑体系，组建了“承德尾矿资源综合开发利用中心”，性质为全额事业单位，核定编制 10 人，将市县两级墙改机构划归工信部门管理，统筹负责全市黏土砖企业取缔和新型墙

材推广工作。平台建成运行后，具备实时管理、高效服务、考评稽核奖惩的能力。

项目是产业发展的基础和载体，政府部门以项目建设为核心，以园区为载体，统筹考虑尾矿位置和交通区位，合理布局项目和产品，加强引导、强化服务，实行县区领导包保制度，即抓“外引”，又重“内育”，多措并举，全力推进项目建设。在推进基地的建设过程中，全面推动建设了承德新通源新型环保材料有限公司尾矿微晶系列制品项目、承德健睿微晶新材料科技有限公司年产 40 万 m^2 微晶板材项目、围场兴源保温材料有限公司岩棉保温板及复合隔墙板技改扩能项目、承德振龙建筑材料集团有限公司年产 30 万 m^3 加气块 1.2 亿块灰砂砖项目、承德金隅水泥年产 40 万 t 干混砂浆项目、隆化金富达建材有限公司利用尾矿生产系列新型建材产品项目、炫靓集团建材有限公司尾矿综合利用项目等一大批重点项目，切实推动了当地尾矿的综合利用。

3）形成了科学完善的产业链条

经过几年的努力，承德市已形成了较完善的尾矿综合利用产业链条。在上游装备制造方面，丰宁汇江矿山机械制造有限公司、宽城丰华机械制造有限公司、承德新新机电设备制造有限公司、承德联创机电设备有限公司等主要生产干排机、压滤机、蒸压釜、散料输送在线计量装置等设备；下游应用方面，尾矿新型建材品系（墙体材料、装饰材料、保温材料、干混砂浆、路面材料等）比较齐全，已广泛应用于城市建筑、新农村建设等，此外还有承德天大钒业有限责任公司、承德万里通实业集团有限公司等生产钒铝合金、钼铝合金、钛合金、钒电池等下游应用企业。同时，随着在滦平县建设的承德市尾矿综合利用产品交易市场的投入使用，承德市将建设成为中国北方最大的新型建材生产基地和京津冀新型建材产品集散地。

承德市通过尾矿综合利用示范基地建设，尾矿引发的问题得到明显改观，矿业企业转型升级，装备制造—综合利用—建筑应用和中间合金材料制造等上中下游一体的循环经济链条形成并逐步延展，承德市被中央定位为京津冀水源涵养功能区，承德市尾矿综合开发利用得到了全社会的广泛认可。

5.1.2 河池市工业资源综合利用基地

1. 基地建设基本情况

河池市工业固废主要包括有色金属尾矿、冶炼废渣、煤矸石等。2016 年 11 月，河池市获得工业和信息化部批准，成为工业固废综合利用第一批示范基地。基地建设期间，市委、市政府高度重视基地建设工作，整合各类资源，从组织领导、资金支持、项目建设、用地保障、招商引资奖励、产业发展平台建设等方面，强力推进基地建设，取得了积极成效。基地验收时全市产生工业固废总量 760 万 t，综合利用量 534.22 万 t，综合利用率 70.29%，比建设初期提高 19.29 个百分点，固废综合利用产值 34.87 亿元，比建设初期提高 17.7 个百分点。其中水泥产业实现了新型干法水泥产能 1200 万 t，每年可利用固废 208 万 t。

河池市通过工业固废综合利用基地建设，有色金属、建材、制糖等产业基本实现了安全环保循环发展，其中有色金属产业逐步走上精细化、高附加值发展道路，已形成采、选、冶及综合利用产业链，部分采、选、冶及综合利用技术水平处于国内甚至国际领先地位。在基地服务平台方面，建设了自治区级科技创新服务平台 5 个，有色金属检验检测中心 1 个，成立中关村大学科技园联盟河池工作站、河池市-广西大学有色金属新材料开放实验室等。同时，建设有国家火炬计划有色金属新材料特色产业基地 1 个，有色金属高新技术企业 3 家，博士后科研工作站 1 个，创新型企业试点 3 家、创新型企业 1 家、工程技术研究中心 3 个、广西产业工程院（广西锡铟锑矿冶产业工程院）1 个、千亿元产业研发中心（广西有色金属研发中心）1 个。通过发挥这些平台的作用，集聚区内外专家人才，组建科技创新团队，实施重大技术攻关项目。共聚集了各类有色金属产业人才 1.81 万人，其中院士 2 人，博导 9 人，博士 33 人，硕士 14 人。形成了采矿、选矿、冶炼、地质、测量、探矿、机械、电气、热处理等比较完整的有色金属专业体系，这些都是河池市有色金属产业技术研发能力的保证。

基地建设期间，政府部门对境内的 83 座有主尾矿库按照要求进行排查，并重点对存在隐患的尾矿库进行了整顿，同时利用环保专项资金对历史遗留的含砷尾矿进行了无害化处置，使历史遗留尾矿逐步得到处置，新增尾矿和其他工业固体废弃物全部得到有效处置，基本实现工业固废减量化、再利用、资源化，基本消除河池境内病险库安全隐患和环保隐患，矿区环境综合治理取得明显成效。

2. 基地建设典型经验

1）创建新型开发利用模式，缓解生态环境压力

创建“尾矿不建库，废石不外排”的采矿—选矿—充填—体化的闭路无固废矿山开发利用模式，从根本上解决固体废弃物带来的生态环境压力问题。高峰锡矿将原地面水砂胶结系统改造为全尾砂结构流体胶结充填系统，全部利用选厂选矿尾矿经过深锥高效浓密机浓缩后对井下采空区进行充填实现全尾砂结构流体胶结充填。全尾砂结构流体充填料浆充入采场空区后不离析、不脱水，充填体整体性好、强度高，从而提高上向水平分层充填采矿法作业效率，降低矿石损失贫化，可更有效地控制采场地压，为回采作业提供良好的条件，有利于提高矿石资源回收率、降低矿石贫化，同时将污染环境的废弃尾矿作为充填骨料，变废为宝，既科学处理了环境污染物，又大大节约了生产成本。铜坑矿转变采矿方法，变崩落法为充填法开采，建立矿井废水深度处理系统和全尾砂充填工艺系统，建立和完

善井下充填排废系统，合理规划布局，实现采充填平衡。充填系统实现尾砂利用率 90%以上，废石基本不出窿，基本实现矿山低废化开采，从源头上控制了工业固体废弃物的排放。这两个项目使资源综合利用率从不到 20%提高到 90%以上。

2）加强技术合作，推广先进适用技术

依托南方有色金属集团有限公司（以下简称南方公司）成立广西千亿元产业研发中心、参与承建广西有色金属新材料研发中心，通过产学研技术创新体系的联合攻关，一批科技创新项目相继实现突破，其中，广西华锡集团股份有限公司“共伴生铟锡多金属矿高效清洁分离技术研究与应用”获广西科学技术进步奖二等奖；广西高峰矿业有限责任公司“千米深井开采高温热害治理技术研究”获广西科学技术进步奖三等奖。另外，南方公司与北京有色金属研究总院合作开发的新型电锌用铅-银-钙-锶四元合金阳极，在提高日均产锌量、电解率、降低吨锌电耗、节约阳极加工材料等方面均实现了突破和创新，技术水平达到国内领先水平，每年给企业在节能降耗、节约成本方面带来 722 万元的效益。华锡集团开发的高效胶结充填采矿技术、金属矿床无害化开采技术等已经获得国家专利，达到国际先进水平。南方公司建成了国内最大的沸腾炉焙烧及制酸系统，采用的锌冶炼渣综合回收技术达到国内领先水平。

3. 推进综合利用示范园建设

1）有色金属尾矿和冶炼渣多金属提取示范园

该园区依托河池·南丹有色金属新材料工业园区、金城江工业集中区两大平台和南方、津泰等示范企业建设。河池·南丹有色金属新材料工业园区是由河池市、南丹县两级党委政府按照河池市“四区一线”工业规划布局设置的市级工业园区，园区入驻南丹县南方有色金属有限公司、南丹县吉朗铟业有限公司、广西堂汉锌铟股份有限公司等多家规模以上民营工业企业，累计完成投资 100 多亿元，先后建成重大产业项目 20 多个，形成了以锌、铟、锡、铅、锑为主导，兼顾回收银、镓、锗等稀贵金属冶炼与初级加工为主的产业链，是有色金属冶炼和其附属产品深加工及电子焊接材料生产为主导的产业基地。基地企业建成了国内最大的沸腾炉焙烧及配套制酸系统，采用的锌冶炼渣综合回收技术达国内领先水平；建设了锑银多金属综合回收循环经济及环境治理产业升级工程；采用自主专利技术对富含有价金属的冶金废渣、复杂含锌铟烟灰的工业固废进行综合回收。园区以“打造生态环保型工业园区”为定位，走可持续发展道路，实现了“园在林中、厂在园中、人在景中、身在家中”的华丽变身。

2）尾矿胶结充填材料示范园

通过完成固体废弃物综合利用的相关研究工作，建成了全尾砂结构流充填工艺系统，完成了塌陷区综合处置实施方案总体规划，以及矿体充填回采试验采场采出矿工作。建设了尾矿胶结充填示范园后，使矿产资源得到充分回收及利用，实现尾砂利用90%以上，同时减少了固体废弃物的地表排放，形成了采选联合清洁生产工艺，尾矿废水回选厂重复利用，尾矿固体颗粒充填井下，使矿山废弃物得到充分回收利用，创建内部循环经济，不仅提高了矿山开采的经济效率，而且避免了尾矿地表堆存排放对环境的污染，保护了矿山生态环境，对矿业开发可持续发展具有积极的促进作用。每年可减少尾矿排放量 93 万 t，减少井下废石 20 万 t，基本实现充填空区，废石不出窿的建设目标。取得的经验和典型做法是转变采矿方法，变崩落法为充填法开采，建立矿井废水深度处理系统和全尾砂充填工艺系统，建立和完善井下充填排废系统，合理规划布局，实现采充填平衡。

3）尾矿研发建材产品示范园

由园区内龙头企业牵头，开展重金属尾矿及冶炼废渣资源综合利用研究，对铅锌尾矿原料进行了化学性质、物理性质和物相组成等分析，再据此设计试验，研究铅锌尾矿对水泥性能的影响和制备工艺，通过改善水泥熟料与脱水石膏的配合比、煅烧温度及重金属浸出试验，最终得到都符合要求的水泥产品。建设了两条日产 4000 t 熟料新型干法水泥生产线，两座年产 60 万 t 水泥粉磨站。水泥粉磨设计能力为 400 万 t（总部）+120 万 t（粉磨站），水泥生产过程中不产生固废，综合回收率达 100%，还可综合利用各种工业废渣 208 万 t/a。

4. 加大资金扶持和税收优惠政策落实，推动项目建设

为推动基地建设，河池市在宏观经济下行压力持续加大及有色金属价格持续低迷背景下，努力实践“逢山开路，遇水搭桥”的河池精神，克服困难，千方百计加强资金筹措。在基地建设期间，河池市从国家发展和改革委员会、工业和信息化部及生态环境部等部门渠道争取中央、自治区和市本级财政扶持资金近 6 亿元，用于支持有色金属企业和有色金属固体废弃物综合利用、治理等项目建设，有力推动了基地项目建设。一是整合市本级产业专项和节能减排专项资金，统筹支持基地项目建设。基地建设期间市本级财政对有色金属固废物综合利用企业项目的支持累计近 4000 万元。二是多渠道争取中央和自治区财政扶持，推动项目实施。从多个渠道争取到中央、自治区财政资金推动实施基地建设项目和有色金属企业结构调整、节能技术改造、废水治理回用、重金属回收治理、资源综合利用等项目超过 100 项。三是积极探索 PPP 运作模式，解决政府资金投入不足问题。河池市自 2013 年开始探索实施 PPP 模式，以特许经营授权方式吸引社会资金，并在南丹县大厂镇铜坑河道环境修复工程——固体废弃物集中堆场建设（一期）中进行应用。项目共引入社会资本 4699 万元，解决南丹县境内大量历史遗留尾矿

废渣处置无去向的问题，探索出历史遗留尾矿废渣治理新模式，为基地建设重金属污染防治项目实施提供宝贵经验。四是借助中小企业发展专项基金和企业投融资金工具平台，扶持基地建设重点企业。从财政安排政府信贷引导资金 3900 万元，开展“助保贷”“惠企贷”业务，解决基地建设重点企业等融资困难。积极引导和鼓励中小企业上市融资或挂牌进行股权交易，基地重点企业因此从中受益，获得融资帮助。五是落实国家税收优惠政策，减轻基地重点企业资金压力。加大财税政策宣传，兑现企业购买使用节能和环保设备、综合利用固废资源等方面税收优惠，助力企业发展和项目实施。

5.1.3　营口市工业资源综合利用基地

1. 基地建设基本情况

营口是一座滨海滨河的港口城市，地处渤海东岸辽东湾畔、辽东半岛中枢，沈阳、大连之间，东北亚经济圈的中心位置，是全国沿海重点开放城市之一。总面积 5415.68 km^2，人口 235.45 万，市辖区面积 981.99 km^2，城区常住人口 120.6 万。现辖“两市（县）（盖州市、大石桥市）、四区（鲅鱼圈区、站前区、西市区、老边区）”，拥有自由贸易试验区、经济技术开发区、高新技术产业开发区三个国家级先导区，国家级综合保税区、国家级保税物流中心（B 型）和三个国家级战略的功能区及一个国家级镁质材料基地。

营口市拥有丰富的矿产资源，迄今已发现各类矿产 30 种，其中，金属矿有金、银、铜、铁、铅、锌、钴、钼等；非金属矿有硼、磷、砷、石墨、水晶、玉石、普通萤石、滑石、菱镁矿、硫铁矿、重晶石、长石、云母、建筑用花岗岩、耐火黏土、砖瓦用黏土、冶金用白云岩、建筑用白云岩、水泥用大理岩、建筑用大理岩、铸型用砂岩、玻璃用石英岩、建筑用板岩等；在已探明储量的矿产中，镁质矿产总探明储量 44.56 亿 t，占全省的 66.9%，保有储量 43.63 亿 t，占全省的 67.1%，是世界“四大镁矿产地”之一。冶金用白云岩保有资源储量 9.5 亿 t；硼矿探明资源储量 90.6 万 t；金矿探明资源储量 11.34t；建筑用花岗岩可开采储量 5520 万 m^3；冶金用白云岩保有储量 5 亿 t；萤石保有储量 24 万 t；花岗岩保有储量 250 亿 m^3。菱镁石、滑石、硼石储量居全国前列，菱镁矿储量居世界首位，镁质材料产量居亚洲第一，世界上 60%的钢铁企业高炉使用的耐火砖都来自营口，故营口被誉为“中国镁都”。

营口市 2018 年生产总值 1346.7 亿元，比上年增长 5.9%。其中，第一产业增加值 102.6 亿元，增长 3.5%；第二产业增加值 597.7 亿元，增长 6.8%；第三产业增加值 646.5 亿元，增长 5.5%。2018 年，营口市全市规模以上工业完成总产值 1874.3 亿元，同比增长 21.6%，总量和增幅分列全省第 4 和第 5 位；实现增加值

456.1亿元，同比增长11.6%，总量和增幅均列全省第5位。

营口市工业固体废弃物主要为菱镁矿尾矿、黄金尾矿、铁尾矿、钢铁渣、硼泥、粉煤灰、脱硫石膏等，尾矿、冶金渣、硼泥的历史堆存量较大。据统计，营口市主要固体废弃物历史堆存量，其中铁尾矿库34个，铁尾矿储量7300万t；黄金尾矿库11个，黄金尾矿储量2000万t；硼泥尾矿库11个，硼泥储量390万t；冶金渣堆存量1210万t，建筑垃圾储量185.3万t等。2018年，营口市一般工业固体废弃物产生量为1074万t，综合利用量805万t。

营口市工业资源综合利用基地建设以营口大石桥沿海新兴产业区循环经济园为载体。园区规划总面积52.46km^2。园区内有以低品菱镁矿、菱镁矿尾矿、冶金渣等废弃物为原料制备的各类耐火材料、耐火砖、水泥、市政砖等工业辅料和建筑材料。基地内工业资源综合利用以有价元素回收，生产水泥、砖、路基填料为主，2018年，全市一般工业固体废弃物新产生量1074万t，处置量249万t，储存量20万t，综合利用新产生量805万t，综合利用历史堆存量235万t，综合利用总量为1040万t，当年综合利用率为74.95%，无害化处置率为100%。营口市尾矿主要为铁尾矿、黄金尾矿、菱镁尾矿，现有尾矿综合利用企业26家，尾矿综合利用多经磨细、磁选/浮选等工序预处理提取有价元素，得到的二次尾矿可用于水泥、混凝土掺料，用于制砖原料等。其中，菱镁矿综合利用最好，目前营口市有生产各种镁产品的企业646家，年产各种镁制品700多万吨，菱镁矿尾矿目前主要利用途径以废弃矿渣为原料，采取炉外加热技术，不仅生产出高纯轻质氧化镁，还回收高纯二氧化碳；贫化废石、尾矿等通过除硅、除铝、除铁等工艺，变低品位矿石为富矿石进行销售。目前年创造经济价值超2.9亿元，为营口市的可持续发展和循环经济发展贡献了极大的力量。

2. 绿色发展典型经验

营口市工业固废综合利用基地建设坚持以市场需求为导向，以工业资源综合利用为主线，从减量化、资源化、再利用入手，以集约化、高效化、生态化为目标，基于营口市工业固废产废种类和特点，充分发挥营口市区域优势、资源优势、政策优势，以尾矿、冶金渣、硼泥、建筑垃圾等工业固体废弃物为重点，选择废弃物利用量大、技术水平高、产品竞争力强的项目，通过资源综合利用体制机制建设、鼓励技术创新、促进科技成果转化，人才引进，招商引资，地方政策支持等方式，培育创建一批工业固体综合利用示范项目，打造营口市工业资源综合利用基地。基地的主要建设经验如下。

1）政府统一规划，强化顶层设计，优化产业布局

营口市政府按照高起点谋划、高标准建设、高质量推进的总体思路，将基地

建设方案与相关规划相互衔接、融合统一，纳入营口市城市总体规划、产业发展规划、土地利用总体规划等，形成“一盘棋”格局，全面推进。根据营口市产业特点和固废产生情况，制定合理的工业固废综合利用发展规划，围绕尾矿、冶金渣、硼泥、粉煤灰、建筑垃圾等典型固废，以有价组分回收、制备新型建材、生态利用为主线，构建工业固废综合利用全产业链发展格局，实现产业聚集，突出培植主导产业、主导产品、龙头骨干企业和区域品牌，以现代化、科技化、专业化为产业发展导向，合理布局、突出特色，明确功能定位，形成产业集聚度高、竞争力强的产业集群和企业集群，提高基地整体竞争力。

2）突出工业固废前端分类，政府牵头建立技术研发支撑体系

建立固废预处理中心，回收有价组分，消除危害性，为基地建设的固废综合利用布局项目提供优质原料；建设营口市固废综合利用技术研发中心，组建技术研发中心专家组和院士工作站，配置国内外先进的试验设备，支持技术创新，引进和培养技术装备研发人才，搭建技术创新研发平台，立足市场，以技术创新带动产业发展，推动经济增长；成立营口市“固废综合利用科技研发专项基金”，以市财政资金牵头，鼓励产废企业内部设立固废综合利用科技研发基金，促进科技成果转化，推动工业固废综合利用向高效、高值、规模化利用方向发展。

3）加强落实项目建设，完善配套政策措施

突出营口特色，以完善和延伸低品位和废弃菱镁矿石综合利用为核心，加强黄金尾矿、铁尾矿在农林业、渔业、绿色建材、装配式建筑等方面的结合，配置多家以尾矿制装配式建筑、微晶玻璃等制备建筑建材类的骨干企业，打造从轻骨料、绿色水泥、绿色建材产业链的高值化消纳路径。制定营口市固废综合利用产业发展的相关政策保障措施，出台招商引资、招商引智激励办法，优化基地发展环境，确保项目落地，同时制定工业固废综合利用产业制品推广应用和管理的相关政策措施，由政府强化推广，并出台相应措施，鼓励使用相关产品，开拓固废综合利用产品市场，解决固废综合利用企业的后顾之忧。

4）构建产业服务平台，完善标准服务体系

完善基地建设配套设施，依托互联网技术，构建营口市固废大数据平台和产业服务平台，包括基础信息集成和分析平台、技术和知识产权交易平台、产品交易和供应链管理平台、综合服务平台，为固废综合利用产业健康发展提供有力支持，为基地项目引进、项目建设创造有利条件；加快制修订一批企业、团体标准，主要针对尾矿、冶金渣、硼泥等本地典型固废，围绕固废的管理技术、环境技术、利用技术、综合利用产品等制定一系列固体废弃物综合利用的标准和规范。积极为企业参与固废综合利用行业标准、地方标准、团体标准制修订创造条件，逐步

提高企业的标准制定能力。

5）实施生产者责任延伸制度

由政府统一规划，专业化企业集中规范处置运营，实现二次资源的高效利用和资源化堆存。坚持谁排放谁付费原则，依据《中华人民共和国环境保护税法》收取排污费，重点突出工业固废的前端资源化分选分类和就近资源化处理的原则。根据当地固废的成分结合行业内成熟的高新技术应用，结合生态治理和污染治理及循环利用的理念进行科学合理的资源化预处理工作。

5.2　特色资源导向型尾矿综合利用基地

5.2.1　金昌市工业资源综合利用基地

1. 基地建设基本情况

金昌缘矿建企，因企设市，是典型的资源型工矿城市，境内有色金属资源丰富，镍储量居世界同类矿床第三、亚洲第一，铜储量仅次于江西德兴，钴储量仅次于四川攀枝花，与镍铜伴生的铂、钯、锇、铱、钌、铑等稀贵金属储量居全国之首，被誉为“祖国的镍都”，2016 年被确定为全国工业固废综合利用建设示范基地。

金昌市抓住有利契机，遵循“减量化、再利用、资源化”的原则，通过项目引领、科技支撑和产业先行，培育引进了一批优势明显、竞争力强的企业，大力发展有色金属渣、高炉渣、粉煤灰、尾矿、废石等固废资源综合利用产业，重点实施了 110 万 t 铜渣再选、镍阳极泥综合利用、电石渣水泥熟料、1 万 t 白烟灰综合利用、磷石膏综合利用、10 万 t 无机纤维、金川国家矿山公园项目等一批工业固废综合利用重点项目，使全市工业固废产业链进一步延伸，固废综合利用率出现大幅度增长。基地验收时，全市工业固废综合利用量 993.71 万 t，比建设初期增长了 781.23 万 t，增长了近四倍；工业固废资源综合利用率为 75.08%，较建设初期增长了 56.58 个百分点。

通过固废综合利用基地建设，推动了全市固废综合利用和循环经济的发展，补充完善、延伸了金昌十大循环经济产业链；促进了产业可持续发展，推动了全市社会经济发展；解决就业 8600 多人，增加了职工收入并辐射带动了一批产业，促进了区域和谐社会。

2. 绿色发展典型经验

1）坚持规划先行，明确固废综合利用方向

金昌市委、市政府坚持把工业固废综合利用工作纳入全市工业发展大局，坚持高起点规划，全方位推进，可持续发展，先后编制完成了《金昌市工业发展规划》《金昌市循环经济发展规划》《金昌市中长期化工产业发展规划》《金昌新材料国家高技术产业基地发展规划》《金昌开发区总体发展规划》等，进一步明确了产业发展方向、空间布局和重点实施的项目。在此基础上编制完成了《金昌市建设工业固废资源综合利用试点基地实施方案》，摸清了全市工业固废资源的类别、行业及分布特点，明确了工业固废综合利用基地建设的基本思路、目标要求、重点任务及实施项目，为全面推进工业固废资源综合利用工作和招商引资奠定了坚实的基础。

2）坚持循环发展，延伸固废利用产业链

以实现资源利用效益最大化为目标，以园区循环化改造为载体，大力转变资源利用方式，促进资源的循环利用和优势转化。一方面，着力在“减量化”上做文章。积极引导企业转变发展方式，推行清洁生产，改进生产工艺和流程控制，从源头上减少一次资源的使用，控制废弃物的产生和排放。金川集团股份有限公司（以下简称金川集团公司）大力实施贫矿开采工程，盘活金川矿山低品位矿资源储量，提高低品位矿开发利用水平，解决生产规模不断扩大对原料的需求，矿产资源总回收率达到35%以上，促进了资源的高效利用；金泥集团公司充分利用电石渣、粉煤灰、炉渣等固废资源，替代部分石灰石、黏土等自然资源，年消耗各类固废 200 万 t，一次资源投入减少 70%，成为全国清洁生产样板企业，并不断延伸固废产业链。充分利用有色金属生产过程中产生的副产品，横向拓展产业共生领域，配套发展化工、建材、再生资源利用等关联产业，着力延伸“吃干榨尽”的循环经济产业链。加快推进“尾矿-再选、冶炼-有色金属；镍、铜弃渣-再选、冶炼-有色金属、还原提铁、新型建材；电石渣-水泥、氯化钙-利用水泥进行矿山回填；高炉渣、铜渣-无机纤维材料；磷石膏-新型建材、抗旱石；粉煤灰-新型建材、白炭黑”等工业固废综合利用产业链，实现了固废资源的多级利用。例如，金川集团公司铜阳极泥项目，利用先进技术在阳极泥中提取金、银等稀贵金属，提高了有价金属的回收率；金川集团公司冶炼产生的铜渣，通过实施 110 万 t 铜渣再选项目，每年回收铜金属约 1 万 t，再选后的废渣部分用于生产无机纤维材料，部分用于还原提铁，提铁后的渣又用于生产水泥，提高了固废的利用效率。金昌市固废综合利用及循环经济产业链见图 5-1。

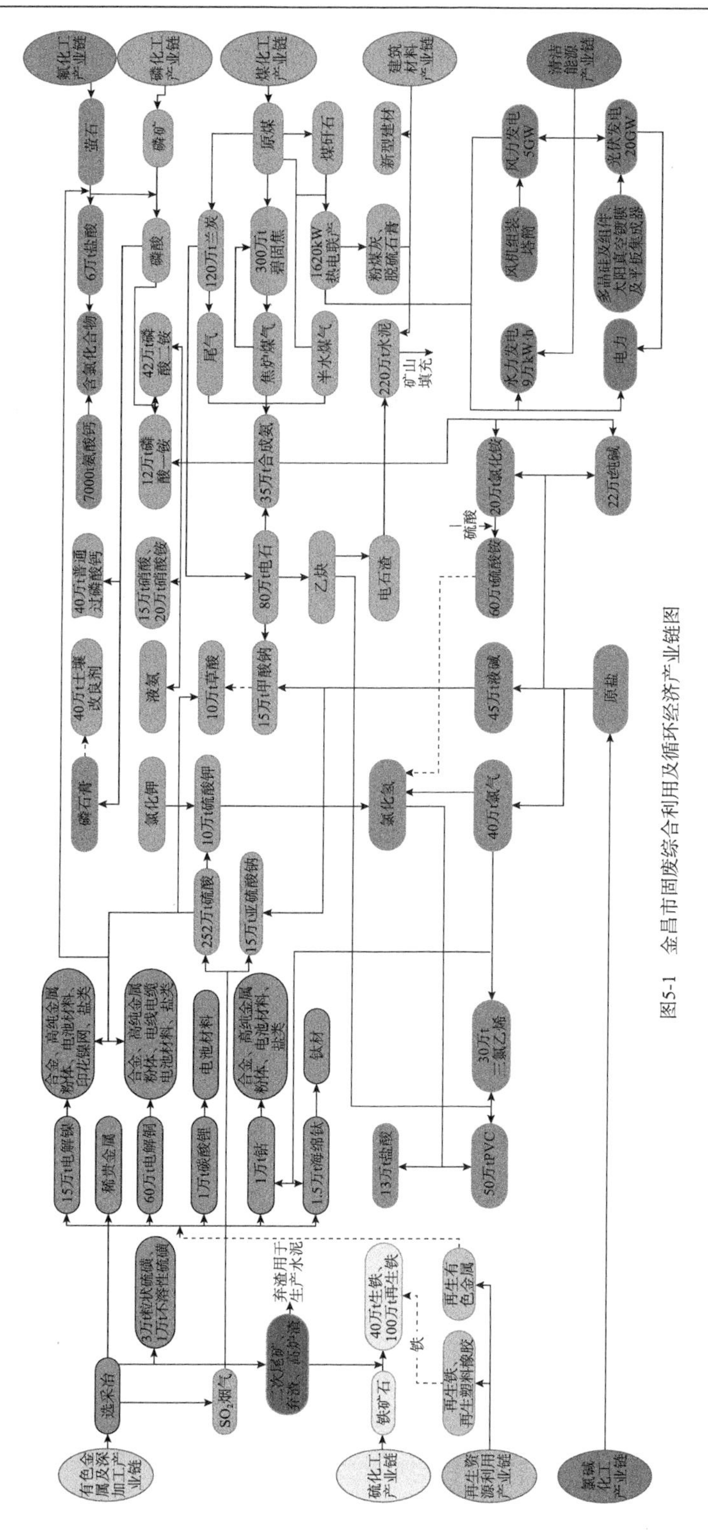

图5-1　金昌市固废综合利用及循环经济产业链图

3）坚持科技引领，提高资源利用效率

注重发挥政府的主导作用，引导重点企业先后与北京矿冶研究总院、钢铁研究总院、北京有色金属冶金研究总院、四川大学等70多家院校建立了长期稳定的合作关系，积极开展新技术、新工艺、新产品的自主研发和引进推广，鼓励企业走产学研联合攻关的自主创新之路，不断推进固废资源的科技成果转化应用率，基地建设期间，全市共取得科技成果125项，申请专利2143件，授权1229件。例如，已建成的10万t无机纤维材料产业化项目，采用中国科学院自主知识产权的沸腾熔炼技术和设备，利用金川集团公司冶炼铜渣、金铁集团高炉水淬铁渣和尾矿，生产低成本、高附加值的轻型环保无机纤维材料，使产品成本降低30%。

4）坚持园区承载，实现固废项目集聚发展

在金昌国家级经济技术开发区专门开辟固废综合利用功能区，不断完善功能区基础设施建设，在水、电、路、气等各方面加大配套力度，引导固废企业向功能区集聚。实施了园区生活污水、工业废水、建筑垃圾集中处理；实施了热电联产集中供热、给排水工程；建设完成了园区信息化平台。同时，紧紧依托园区，大力培育优势骨干企业。鼓励企业采取相互参股、产权重组等模式，开展固废资源综合利用项目的合作，加大技术创新投入和科技攻关力度，打造固废资源综合利用示范企业，实现了固废综合利用工作的有序发展。

5）坚持环境优化，实现固废利用支撑体系

基地建设期间，金昌市结合创建全国文明城市和国家卫生城市，切实加大城市基础设施建设和环境综合整治力度，先后实施了城市道路、城市供水、垃圾处理和给排水管网改造等重大项目建设，建成了金水湖景区、紫金花基地等一批城市环保景观工程及市文化中心等一批公共设施，城市道路绿化普及率达到98%，城市功能逐步完善，环境质量显著改善，形成了区域环境的良性循环。同时，随着金昌支线机场、金永高速公路、金阿铁路等交通基础设施重点项目的建成投运，交通条件进一步改善，为固废综合利用产业提供了更加优越的发展环境。

5.2.2　招远市工业资源综合利用基地

1. 基地建设基本情况

山东招远是著名的中国金都，位于山东省东北部、烟台市境西北部，西北临渤海莱州湾；地处胶东低山丘陵地带，山丘连绵，沟壑纵横，全市总面积1433.18km^2，总人口56.58万。

2016年，招远市被工业和信息化部列入全国工业固废综合利用基地示范区。基地验收时，招远市利用工业固废总量达到1300万t，比建设初期提高102%，综合利用率达到95%，比建设初期提高31%；其中尾矿利用总量增长了43.86%，粉煤灰（含炉底渣）利用总量增长了 118.18%，氰化尾渣利用总量增长了 8.33%，石材锯泥利用总量增长了 53.85%。综合利用产值和利税分别达到 32 亿元和 6 亿元，综合利用企业达到 30 个，比检核初期增加 17 个，新增就业人数达到 5500 人。招远市的工业固废中，尾矿主要用于充填采空区、生产建材和复垦绿化。粉煤灰和石材锯泥主要用于生产建材，氰化尾渣主要用于提取有价组分，经无害化处理后的尾渣用于生产建材。

招远市被列入基地以来，成立了工业固废综合利用基地建设工作领导小组，按照“减量化、资源化、无害化”原则，积极推进工业固废综合利用，拓宽综合利用途径，延伸循环经济链条。先后出台了《工业固废综合利用实施方案》《工业固废综合利用专项资金管理办法》《可持续发展准备金制度》《支持黄金企业转型发展意见》《加快发展绿色建筑的意见》等指导政策，同时做好了争取专项资金扶持和税费减免争取工作，并对全市资源综合利用认定企业和综合利用产品加强管理督导服务。

2. 绿色发展典型经验

1）实施五大工程，拓宽利用途径，延伸循环经济链条

招远市围绕黄金开采和粉丝生产，在综合利用方面，主要实施了“五大工程”，取得了明显效果。①实施“以废换金”工程，利用选矿尾渣进行充填开采，有效减少了地表尾矿库堆存，使采空塌陷问题得到有效治理，增加采矿安全性，2015 年，招远市井下充填量达 680 万 t，占尾矿产出量 60%，同时每年可增加出矿量 180 万 t，生产黄金 3900kg。②实施“以废制材”工程，利用选矿尾矿和石材加工工所产生的锯泥生产建筑用材，生产混凝土砌块、新型墙板、EPC 复合保温板等产品，已广泛用于楼房、广场、停车场、露天娱乐场所等。③实施“以废提金”工程，利用氰化尾渣多次回收利用，一是成功研发了从氰化尾渣中高效回收多元素的技术，能够回收铜、铁、锌、硫等有价元素 20 多种。二是通过焙烧氰化制酸和浮选提硫制酸技术，对氰化尾渣提取硫精矿后生产硫酸。三是制酸尾渣有价元素再提取。每年可处理制酸尾渣和烟道灰等工业废弃物 6000t，实现销售收入 1.2 亿元。④实施“变废为美”工程，利用废弃矿库进行绿化美化。其中中矿集团利用废弃矿井和尾矿库兴建以黄金文化为主题的黄金实景博览苑、淘金小镇及架旗山游乐园；招金集团所属多家金矿利用生产厂区开辟了黄金工业生态游景点，年接待游客超过 40 万人次，实现营业收入 3200 万元。⑤实施“变废为宝”工程，利用粉丝废弃物延伸价值链，开发提取淀粉、粉丝加工、分离蛋白、提取膳食纤维、废水沼化发电、沼气提纯天然气、废渣提取乙醇、粉渣培养食用菌、菌渣生产有机肥、沼液灌溉有机菜等 10 个产品，带动了粉丝行业进入综合利用和循环经济的全产业化链条。

2）打造完整产业链，实现产业、环境和社会的良性循环

招远市在黄金生产方面已形成了“地质勘探—采矿选矿—尾沙充填—废石废渣生产新型建材—氰化冶炼及黄金精炼—多元素回收—硫精矿富硫制酸—硫酸余热发电—有价元素再提取—尾矿库绿化美化—黄金工业游”立体产业链和全面综合利用的循环经济发展新模式。在利用选矿尾矿进行井下充填方面，招远市依托尾矿综合利用企业形成了集探、采、选、冶、黄金制品深加工、矿山机械制造配套为一体的完整产业化链条。在回收利用氰化尾渣方面，招金集团和中国科学院过程工程研究所研发了“氰化尾渣硫铁资源高效利用产业化技术”，从氰化尾渣中高效回收多元素，并通过焙烧氰化制酸和浮选提硫制酸技术，对氰化尾渣提取硫精矿后生产硫酸，再对制造硫酸后的剩余尾渣进行再处理再利用，生产含铅、铜、铁等金属锭，构建了氰化尾渣利用的产业链。

3）实施科技创新驱动，努力实现综合利用“质”的飞跃

将尾矿综合利用技术研发列入科技计划，引导和鼓励企业与大中专院校和科研机构合作，设立黄金尾矿综合利用研究工作站进行技术攻关，解决制约黄金尾矿综合利用的重大共性问题和关键技术瓶颈，促进黄金尾矿综合利用技术的提升。招金集团成立了山东省贵金属分离与综合利用重点实验室，中矿金业股份有限公司、山东国大黄金股份有限公司、山东九曲圣基新型建材有限公司也成立了专门的黄金尾矿综合利用技术中心。已有 26 项技术获得国家科技成果奖和发明奖、69 项技术获得省级科技成果奖和发明奖，其中“含砷难处理金银精矿的催化氧化酸浸湿法冶金新工艺体系及工业开发”获国家发明奖二等奖；“复杂含金矿物无废料提取多种元素新工艺体系研究与应用”获国家科技进步奖二等奖；“湿法冶炼、选矿尾矿金属综合回收技术”获得中国生态小康建设“十大重点推荐生态技术”；“黄金矿山循环经济及生态工业系统技术集成工程”被评为国家环境保护示范工程；“氰化尾渣硫铁资源高效利用技术体系”通过中国科学院科技成果鉴定，达到了国际领先水平。

4）营造固废综合利用绿色低碳发展的全民文化

招远市把发展循环经济，固废综合利用，建设资源节约型社会的宣传教育作为一项长期工作，充分借助互联网、报刊、电视和手机、动漫等手段和载体普及公众对循环经济的认识，增强全民可持续发展观念、绿色消费理念。在教育系统广泛开展了“节能宣传教育进校园活动”“我为低碳做贡献活动”“节能宣传周活动”“节能减排、收旧利废活动”等丰富多彩的活动。各部门、各企事业单位通过举办循环经济报告会、节能环保展览会、节能技术产品推介会等主题宣传活动。在广场、汽车站、公交车站等人口密集的地方张贴或分发循环经济宣传资料。利用电子屏、政务内网、公共交通媒体、社区宣传栏普及低碳常识，举办循环经

济知识讲座、参观展览等方式，进一步提高干部职工对开展循环经济的责任意识和知识水平。营造循环经济发展的浓厚氛围，逐步形成节约资源和保护环境的生活方式和消费模式，引导全民树立循环经济的新理念、新思维，建设资源节约型、环境友好型社会。

5.2.3　个旧市工业资源综合利用基地

1. 基地建设基本情况

个旧市是中国云南省红河哈尼族彝族自治州下辖市，城市建成区面积 $12km^2$，市区常住人口 18 万人。个旧是以生产锡为主并产铅、 锌、铜等多种有色金属的冶金工业城市，是中外闻名的“锡都” 。当地以产锡著名，开采锡矿的历史有约 2000 年，是中国最大的产锡基地，同时是世界上最早的产锡基地。

2016 年，工业和信息化部将个旧市评为全国工业固体废物综合利用示范基地。个旧市工业固废综合利用基地依托其在锡采选冶、资源综合利用、提取多金属等方面的工艺技术与装备优势，结合锡尾矿和有色金属冶炼废渣的特性，着力建设了一个以锡尾矿和有色金属冶炼废渣为主的工业固废综合利用产业体系，建设锡尾矿综合利用、有色金属冶炼废渣综合利用、炼铁高炉烟尘综合利用和工业固废综合利用四大工程，打造锡尾矿选冶结合综合利用、高铁低锡尾矿综合利用、硫化锡铜尾矿综合利用、低品位难选复杂共伴生矿综合利用、有色金属废渣综合利用、炼铁高炉烟尘综合利用六条产业链。

基地验收时，个旧市综合利用工业固废实物量达到 724.98 万 t，工业固废综合利用率达到 38.13%，比建设初期提高了 19 个百分点；实现工业总产值 59.6 亿元，利税 2.16 亿元；培育和创建了省级企业技术中心 7 个、州级企业技术中心 8 个、院士专家工作站 6 个、创新型企业试点 5 个、省级工程技术中心 6 个、科技小巨人 1 个，获得省、州、市级科技项目 102 项，国家级高新技术企业累计达 11 家。

2. 绿色发展典型经验

1）以核心企业为依托，突破固废资源综合利用关键技术

在推进基地建设过程中，基地攻克了一批尾矿、废渣等工业固废综合利用重大关键技术，3 项技术入选《工业和信息化部金属尾矿综合利用先进适用技术目录》、《工业固体废物综合利用先进适用技术目录（第一批）》和《尾矿综合利用示范工程名单（第一批）》，在工业固废综合利用重点领域建成云南锡业集团（控股）有限责任公司（以下简称“云锡公司”）“选冶结合高效回收锡尾矿中有价金属项目”、云南乘风有色金属股份有限公司“含锡固废中综合回收有价金属项目”、鑫联环保科技股份有限公司（原红河锌联科技发展有限公司）“炼铁烟

尘资源化综合利用工程”、云锡集团创源实业有限公司“锡铜尾矿综合利用项目”、个旧市锡隆矿冶有限公司“锡尾矿提铁回收锡铅锌项目”、个旧市富祥工贸有限责任公司“有色金属固废资源化综合利用项目”等一批具有带动效应的示范项目，形成一批技术装备水平高、工业固废利用率较高的规模化工业固废综合利用企业，建立了锡尾矿综合利用和有色金属冶炼废渣综合利用产业体系，使以尾矿、有色金属废渣为主体的工业固废成为个旧市可持续发展的重要资源。

2）实施四大工程，构建尾矿废渣综合利用产业体系

通过鼓励核心企业纵向延伸产业链，建成四大工程构成的锡尾矿和有色金属废渣等工业固废综合利用产业体系。①锡尾矿综合利用工程：以云锡公司为龙头，通过进一步积极探索利用尾矿生产的新工艺、新技术、新模式，提高技术装备水平，为锡尾矿资源的大规模利用提供生产技术经验，2015 年锡尾矿利用率达到 39.21%。②有色金属冶炼废渣综合利用工程：以云锡公司为龙头，通过“锡烟化炉系统节能环保技术改造及应用”“低锡物料烟化炉富氧侧吹烟化挥发技术的开发与应用”“稀氧燃烧技术及透气砖技术的稀贵金属火法回收生产线的改建”“电炉炼锡烟尘多金属回收方法”等科技成果和集成创新，实现了含锡废渣、含铅锌废渣、含铜废渣等有色冶炼废渣中多种有价金属的回收，2015 年锡废渣等有色冶炼废渣利用率达到 56.72%以上。③炼铁高炉烟尘综合利用工程：通过鑫联环保科技股份有限公司“固废物炼铁烟尘资源化综合利用项目”的实施，利用其核心专利技术——“钢铁烟尘火法富集-湿法萃取多段集成耦合处理技术”，通过在多个关键技术点上的自主创新，形成了多项发明专利，可对以高炉炼铁瓦斯灰（泥）及电炉炼钢灰两种钢铁烟尘为代表的含锌含铁尘泥进行彻底的无害化处理。经过该技术处理，能从钢铁烟尘中回收出锌、铟、铋、锡等有色金属，转化出铁精矿、工业粗盐等工业原料，去除有害杂质后的废渣可用于生产新型墙体材料产品，火法生产流程的余热可供湿法系统利用以实现充分节能。项目固废利用率达 100%。④工业固废综合利用循环经济产业工程：为消纳含锡铅工业固废综合利用后产生的冶炼弃渣，培育发展新型墙材生产认定企业 8 家，以冶炼弃渣配料生产以混凝土标砖、混凝土砌块、混凝土多孔砖、混凝土空心砖、轻质隔墙条板为主的多种新型墙体材料产品和水泥，形成拥有年生产能力 3.2 亿块标砖和 30 万 m^2 建筑用轻质隔墙条板的规模，扶持壮大了建材产业，开辟了工业固废利用新途径。

3）推动产业协同发展，构建完善六大产业链条

①锡尾矿选冶结合综合利用产业链：将“粗细分离，载体富集，磁重分选，浓缩分级，窄级别分选”的工艺用于锡尾矿的选矿生产，产出贫中矿和锡富中矿产品。推广云锡公司拥有的专利技术“锡尾矿中有价金属矿物回收的方法”，锡富中矿通过烟化炉高温硫化挥发，使其中的锡伴随硫化物挥发出来，富集于烟尘

中，再进入电炉熔炼和精炼系统，回收锡和其他金属，锡综合回收率得到提高。②高铁低锡尾矿综合利用产业链：个旧锡矿锡铁致密共生，可选性较差，经磁选之后产生一部分高铁含锡尾矿，在个旧被形象地称为“磁选渣”，应用两种处理工艺：一种工艺是先进行氯化挥发提取有色金属后，得到含铁为 55%左右的非标铁精粉；另一种工艺是先进行磁化焙烧，然后通过磁重选获得锡中矿和铁精粉，并从烟尘中提取有色金属。③硫化锡铜尾矿综合利用产业链：改进传统工艺，首先进行尾矿再选，分离锡铜砷氟，综合回收尾矿中的锡、铜等有价金属、提高铁硫品位后再进入硫酸生产流程，硫酸烧渣通过焙烧脱杂，脱除杂质，提高铁的品位，生产合格铁精粉以满足炼铁要求；在制酸过程中利用烟气余热发电，实现能源资源的循环利用。④低品位难选复杂共伴生矿综合利用产业链：共伴生矿有价金属品位低、成分复杂、选矿工艺分离技术复杂，金属收率低，成本较高，采用“低锡物料烟化炉富氧侧吹烟化挥发技术”，金属回收率高，有利于提高个旧地区共伴生矿资源的综合利用率。⑤有色金属废渣综合利用产业链：发挥个旧在含锡冶炼废渣综合利用工艺方面具有的独特技术，在利用本地冶炼废渣为主的同时，继续引进国内的含锡工业固废，积极参与国内工业固废综合利用大循环，把基地建设成为国内最大的以锡为主的工业固废综合利用产业集聚区、云南省重要的稀贵金属高新技术特色产业基地。⑥炼铁高炉烟尘综合利用产业链：应用“钢铁烟尘火法富集-湿法萃取多段耦合集成处理技术”，该工艺首先利用新型回转窑将钢铁含锌烟尘和有色冶金固废进行协同处理，将物料中的锌、铟、铅、铋、锡等有价金属进行富集，产出高品质次氧化锌粉，同时回收利用烟气中的余热副产蒸汽。火法富集回转窑技术综合处理能耗低、还原铁效果好，并可实现余热回收利用。配套的窑渣选铁工艺，直接回收产出还原铁粉供冶金化工使用。将原本的钢铁含锌烟尘和有色冶金固废变成了多金属资源。湿法冶炼 4 项专利解决硫酸锌溶液脱氟氯，并投入生产使用，效果稳定。铟铋锡分步回收，得到高价值的富集物产品，是综合回收和实现高附加值的关键技术。稀贵金属富集，火法富集后的次氧化锌粉进入湿法后，各种稀贵金属得到富集，综合价值高。含氟氯液的处理回收钾钠盐，使用三效蒸发结晶含氟氯液，生产稳定，技术成熟，是废水零排放的关键技术。

4）培育龙头企业，持续推进基地建设

鑫联环保科技股份有限公司是基地的龙头企业，为持续推进云南个旧工业固废综合利用基地建设，培育固废资源化利用领域的龙头企业，将固废利用融入全国资源综合利用大循环，促进节能减排，红河州人民政府授予该公司“云南个旧工业固废综合利用基地-红河州重金属固体废物集中资源化利用示范中心”称号。

5.2.4 白银市工业资源综合利用基地

1. 基地建设基本情况

白银市是典型的“因矿建企，因企设市”的资源型城市，是国家重要的有色金属工业基地，具有良好的工业资源综合利用产业基础，在城市发展过程中产生的工业固废种类多、历史堆存量大、利用方式及产品多样化，2019 年被评为工业资源综合利用基地。白银市矿产资源丰富，境内发现矿产 45 种，金属矿藏有铜、铅、锌、金、银等 30 多种，煤炭储量 16 亿 t，凹凸棒资源探明储量 50 亿 t，初步探明储量居世界第一，占世界的 70%，陶土储量 40 亿 t，被列为国家级地质找矿整装勘察区。

2018 年，白银市累计产生主要工业固体废弃物 1389.12 万 t，累计堆存各种剥离矿石、废料 4 亿多 t，综合利用量达到 1092.42 万 t，综合利用率 78.64%，产值 57.18 亿元，利润 7.53 亿元，从业人数达 5600 余人。其中尾矿（共伴生矿、废石）产生 580 万 t，主要来源于白银有色集团股份有限公司采矿系统（小铁山矿、深部矿业）采场剥离矿石及共伴生矿，白银公司选矿系统产生的选矿尾矿，与原露天矿采场堆存废矿石合计堆存量达 4.54 亿 t。尾矿（共伴生矿、废石）资源的综合利用方式主要是利用复杂多金属难选硫化矿选矿关键技术、复杂低品位混合铅锌矿选矿技术等先进技术开展再选矿，对选矿尾渣开展尾砂综合利用技术回收铁粉，尾渣用于建材生产。部分废石和尾矿主要采用尾砂胶结复合材料及充填工艺等技术用于充填，主要产品是铜精矿、锌精矿、硫精砂、铁粉等。铜精矿和锌精矿主要用于白银公司冶炼系统有色金属生产，硫精砂、铁粉、尾渣等外售。

在白银市开展工业资源的综合利用不仅有助于完善循环经济产业链，带动就业增加职工收入，还可以有效规避环境风险，促进产业可持续发展，具有良好的社会效益和环境效益。

2. 绿色发展典型经验

1）强化现有产业基础，构建资源综合利用产业基地

依托园区资源禀赋，以科技为支撑，延长产业链，增加产品附加值，建设机制创新、体制创新和技术创新的工业固废综合利用基地，重点扶持白银高新技术产业开发区、银东工业园、银西工业园、平川工业园、刘川工业园、正路工业园等工业资源综合利用产业园区，明确各工业园区的功能定位和产业分工，重点延伸有色金属、冶金、煤化工、电力等产业链，通过构建资源循环型发展模式，构建区域大循环，实现经济、社会与环境的协调发展，形成资源综合利用新格局。

2）大力发展工业领域循环经济，实现工业固废物减量化

①严格项目准入，控制工业固体废弃物增量。按照“控制增量，削减存量”原则，把工业固体废弃物排放作为新建项目环保审批前置条件，提高准入门槛，严格新增工业固体废弃物的建设项目审批。严格项目准入政策，防止高耗能、高污染、高排放企业和项目落户白银。②加快供给侧结构性改革，推动生产工艺变革。大力淘汰落后产能。淘汰技术工艺落后、资源消耗高、严重污染环境的生产工艺设备，重点发展能源和原材料消耗低、技术含量高、清洁无污染、附加值高的技术密集型产业。加大有色冶炼行业、化工行业、矿产行业、电力行业等环保和固废排放监管，引进第三方服务机构，为企业实施技术改造提供诊断、设计、融资、改造、运行、管理一条龙服务。③完善循环经济链条，推动工业固废减量化。围绕白银“一区六园”（以白银高新技术产业开发区为龙头，银东工业园、银西工业园、平川工业园、刘川工业园、正路工业园、会宁工业园等 6 个工业园协同发展的白银工业集中区）产业布局，明确各工业园区的功能定位和资源综合利用产业分工，进一步优化完善煤电化工循环经济产业链、有色金属采选冶—深加工—再生—再加工循环经济产业链、精细化工一体化循环经济产业链、有色与精细化工循环经济产业链、煤电建材综合利用循环经济产业链、资源高效利用—节能环保产品—新型材料循环经济产业链、设备制造—回收—再制造循环经济产业链等 7 条产业链，延伸有色金属、冶金、煤化工、电力等产业链。④着重提高“四率一综”（矿石回收率、选矿回收率、冶炼回收率、加工材成品率和综合利用率），实现集约化生产。依托白银有色集团股份有限公司等有色冶炼企业，以资源循环利用、产业链条延伸为目标，着重提高“四率一综”水平，开发有色金属合金材料、功能材料和粉体材料，发展新型高精度铜板带材、管材和高档电解铜箔等材料。

3）培育尾矿综合利用产业，优化资源利用工业结构

加强伴共生矿产的综合利用，尤其是要加强低品位贫矿资源的综合开发利用，切实发挥白银公司院士专家工作站、国家级企业技术创新中心等创新平台作用，通过引进新技术、新设备和自主研发，加强共伴生矿种的综合利用的技术研究，开展露天剥离废石、选矿尾砂、有色废旧金属再生利用，加快尾矿浆及冶金渣综合利用研究，以资源循环利用、产业链条延伸为目标，着重提高“四率一综”，开展稀土工艺改造，解决尾气废水排放问题；加大“白银炉”铜冶炼工艺改造力度，开展技术改造项目，回收副产物；加大尾矿和矿渣回收利用，解决历史堆存的尾矿、废渣等问题，拓展资源来源；拓宽冶炼过程对原料的适应性，对伴生矿产出的中间产品回收利用；做好甘肃中瑞铝业有限公司电解铝项目前期工作，督促企业提高电解铝废渣的综合利用水平；发挥铜、铅、锌三种有色金属主产品生产工艺的互补优势，对有色冶炼系统烟灰及渣料进行工艺交叉处理，实现固体废

弃物资源化。加强奥斯麦特顶吹处理铅锌渣技术、MF 三井炉处理冶炼烟灰等综合利用技术引进、吸收，采用铜渣高效磨浮、磁选回收技术建设铜冶炼渣资源化集成技术工程、湿法炼锌渣综合回收及无害化处理，使有用元素在选矿、冶炼过程中得到回收，提高资源综合利用水平和企业经济效益。

4）完善资源综合利用标准体系，引领综合利用产品的规范化

建立完善工业资源综合利用标准规范体系。针对资源综合利用产业，分行业、分领域落实好技术、能耗、水耗和污染排放等政策性标准，配合相关部门适时修订用水定额，建立健全资源节约标准体系。结合国家、省法规，探索符合全市地方需求的资源综合利用专项政策标准体系。对区域内工业资源综合利用产品（有色金属、建材、再生资源等）探索技术标准和应用标准，提高资源综合利用产品的质量，扩大应用范围，发挥标准的带动引领作用，带动基地产业整体水平的提升。

5）强化资源利用项目策划建设，完善配套公共服务平台能力

依托白银科技企业孵化器有限公司、西北矿冶研究院等省内外科研结构，搭建工业资源综合利用的成果转化、技术推广、检验检测、信息咨询、人才培训、融资服务等公共服务平台，形成一批综合利用产品标准。提升工业固废综合利用服务和管理水平，打造集综合利用信息交流、技术推广、产业咨询和在线交易四大功能为一体的综合利用服务平台，将废弃物产业利用信息交流、技术成果发布和推广、政策技术咨询、综合利用产品供需交易等功能有机结合，重点为企业提供相关政策发布、科技研发及成果转化、技术产品推广、项目策划、信息咨询、合作交流、人员培训、在线交易等服务，形成工业固废综合利用信息化服务平台，为白银工业资源综合利用水平的提升贡献力量。

5.3 产业协同发展型尾矿综合利用基地

5.3.1 本溪市工业资源综合利用基地

1. 基地建设基本情况

本溪市位于辽宁省东南部，东与吉林省通化市为邻，西与辽阳市接壤，南临丹东，北靠沈阳，总面积 8413 km^2，是一座“城依山建，山在城中”的美丽城市。本溪为资源型地区，一直以来以采矿和钢铁工业为主导，多年来产生和堆积了大量的工业固废。

本溪市依托溪湖区大力开展工业固废综合利用，溪湖区委、区政府充分利用国家发改委、工业和信息化部、生态环境部、科技部等部门给予的相关政策建设

本溪湖经济开发区，实现工业固废、废钢铁等在园区的集中处理，并着力构建了工业固废综合利用三大产业链，即铁矿及相关行业资源综合利用产业链、煤炭及相关行业资源综合利用产业链、再生资源回收利用产业链，已初步形成了资源综合利用循环经济发展的新型产业模式，不仅有效地利用了二次资源，也培育了新的经济增长点。同时，又减少了固废排放占用的土地和对环境的污染，取得了显著的经济效益和社会效益。

基地验收当年，本溪市产生工业固废总计为 1581.7 万 t，综合利用量为 1067 万 t，综合利用率为 67.46%。其中，尾矿产生量 1250 万 t，综合利用量 834 万 t，综合利用率 66.72%；钢渣产生量 280 万 t，综合利用量 181 万 t，综合利用率 64.64%；煤矸石产生量 50 万 t，综合利用量 50 万 t，综合利用率达到 100%；粉煤灰产生量 1.7 万 t，综合利用量 2.03 万 t，综合利用率 119.41%，年消纳历史堆存量 0.33 万 t。另外，溪湖区还从铁尾矿中再提铁精粉 105 万 t，消纳废石 755 万 t，处理洗煤厂污泥 5 万 t，废钢回收利用量达到 80 万 t，废旧轮胎回收利用量达到 10 万套等。现有资源综合利用支撑企业 53 家，年产值 58.14 亿元，占工业总产值的 57%。

2. 绿色发展典型经验

1）着力构建工业固废综合利用三大产业链

（1）钢铁产业资源综合利用产业链。本溪市钢铁产业资源综合利用产业链构建围绕本钢集团有限公司展开，针对上游铁矿石采选产生的尾矿构建尾矿综合利用产业链条，一方面通过尾矿再提铁精粉进一步提高矿石的资源产出率，另一方面，二次选铁后含铁量极低的尾砂进入建材领域，成为绿色建材的重要原料；炼钢过程中产生的冶炼渣、炉渣、含铁尘泥等，通过粉磨、再选后用于生产水泥、砖等建材；炼铁过程中产生的高炉粉尘锌含量较高，通过火法富集，湿法冶炼得到金属锌，是钢铁产业综合利用链条中高值化利用的重要体现；钢铁的粗加工产品进入制造业、基础设施建设等行业进行使用，产生的废钢经过回收加工后返回钢铁生产环节，作为炼钢原料进行使用。本溪钢铁产业综合利用产业链构建如图 5-2 所示。

（2）煤炭产业资源综合利用产业链。本溪是我国重要的焦煤生产基地，焦煤的热值较高，是生产球团的重要原料，市场价值较高，为了提高可采储量，本溪煤矿采用煤矸石不上井置换煤柱技术，一方面，可充分利用煤矿开采产生的煤矸石，另一方面，置换技术所用的胶凝材料采用由本钢集团有限公司产生的矿渣、钢渣等固废，是本溪固废综合利用高值化项目之一。洗煤环节产生的污泥，通过

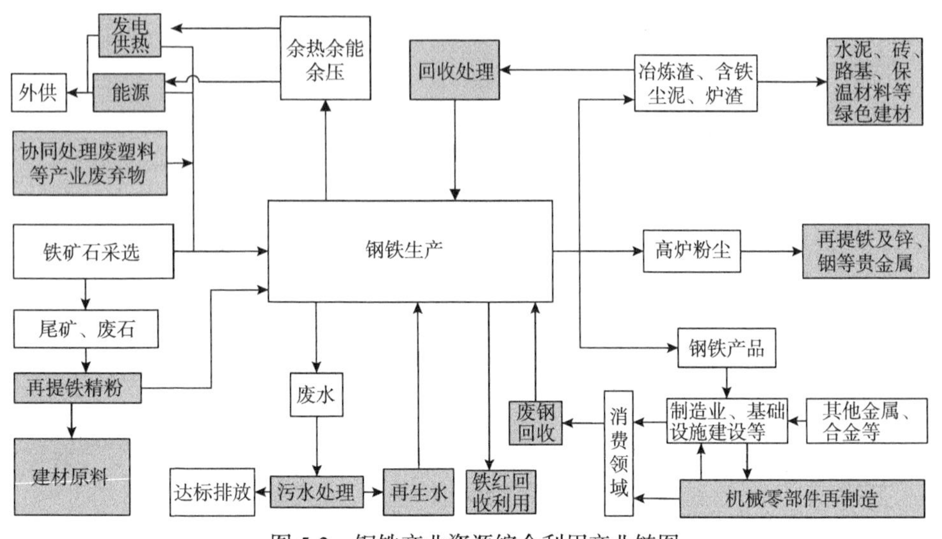

图 5-2　钢铁产业资源综合利用产业链图

处理后进入建材行业，剩余的煤含量较高的部分供应电厂使用。本溪煤炭综合利用产业链构建如图5-3所示。

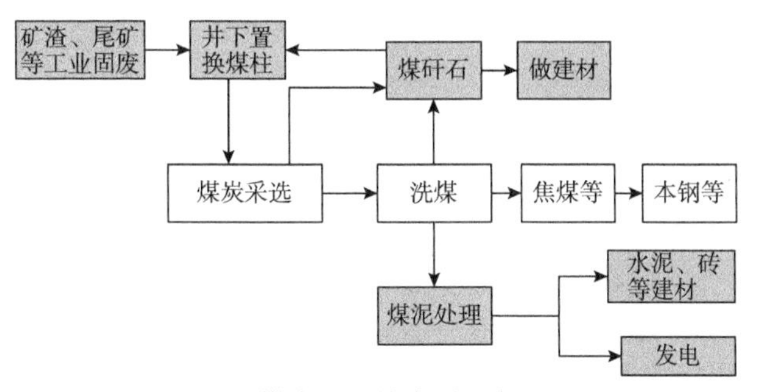

图 5-3　煤炭工业综合利用产业链图

（3）再生资源综合利用产业链。本溪依托本溪湖资源综合利用产业园建立再生资源回收物流基地，主要回收利用的再生资源品种为废钢和废旧轮胎，通过分拣、加工使废旧物资重新进入生产环节或者消费领域，再次实现其价值。本溪再生资源综合利用产业链构建如图 5-4 所示。

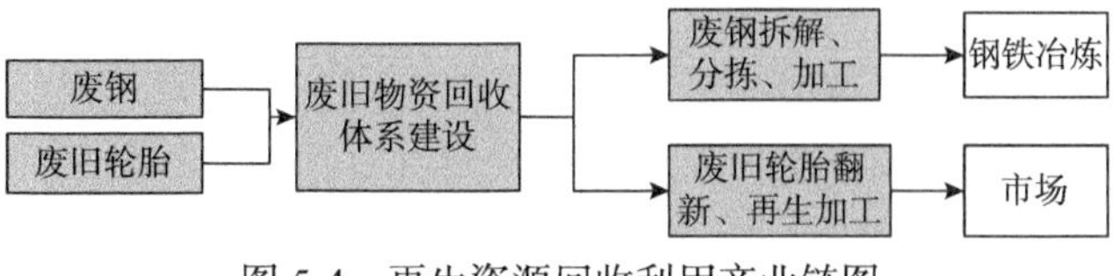

图 5-4　再生资源回收利用产业链图

2）加强技术自主创新、引进及推广

为了推动工业固废综合利用产业的发展，加快完成工业固废综合利用试点基地建设任务，本溪市建立了以市场为导向，产、学、研相结合的资源综合利用技术创新体系，充分利用高等院校和科研机构的专业优势，提高技术支撑能力和创新能力。同时鼓励企业充分利用国内外先进科学技术，注重对现有产品、工艺、设备的技术改造，对在资源综合利用过程中已经形成的先进、成熟新技术、新工艺、新设备和新材料应大力推广，使先进适用的科技成果尽快在本区转化为生产力，依靠不断提高资源综合利用的科技含量，进一步提高资源综合利用的效益和水平。

通过五年的建设，逐步建立以市场为导向，产、学、研相结合的资源综合利用技术创新体系，充分利用高等院校和科研机构的专业优势，提高技术支撑能力和创新能力。积极发掘它们在科技攻关上的潜能，组织开发、拓宽资源综合利用的新领域，特别是在延长产业链等方面的技术攻关，促进科研成果尽快转化为生产力。

3）加大政策扶持力度，保障基地建设稳步推进

为加快推进本溪湖资源利用产业园建设，本溪市建立了“四位一体”的包扶制度，从项目的立项、注册、规划选址、环保审批、土地出让及工程建设、安全施工、融资用工等所有环节均有专人专职跟踪服务，直到企业建成投产。并出台优惠政策，对新建项目区本级收取的土地出让金，返还园区用于基础设施建设，园区协助入园企业争取相关产业扶持资金，有效促进本溪及周边地区再生资源产业项目进入园区。

5.3.2　洛阳市工业资源综合利用基地

1. 基地建设基本情况

洛阳市是中原城市群副中心城市，别称洛邑、洛京，位于河南西部、黄河中游、欧亚大陆桥东段，属河南省地级市，有 5000 多年文明史、4000 多年城市史、1500 多年建都史。洛阳市是典型的工业城市，三次产业比例为 5.1：44.6：50.3。2019 年 11 月，洛阳市被评为工业资源综合利用基地。

2018 年全市完成地区生产总值 4640.8 亿元，同比增长 7.9%，分别高于全国、全省增速 1.3 个百分点、0.3 个百分点。洛阳市是一座工业基础雄厚、科技实力突出的现代化工业城市。“一五”时期全国 156 项重点工程有 7 项在此建设，工业对经济增长的贡献率达 70%左右，是中国制造业名城。2018 年，全市规模以上工业主营业务收入达到 7468.8 亿元，同比增长 8%；利润总额 473.3 亿元，同比增长 25.5%；利税 710 亿元，同比增长 24.3%。工业利润率达到 3.85%，同比提高 0.54

个百分点。

“十三五”期间，洛阳市工业固废主要包括：尾矿、粉煤灰、煤矸石、冶炼渣、电石渣等，2018 年产生量约为 4279.23 万 t，占全市工业固废总量的 90%以上。洛阳市工业固废堆存量约 32355.30 万 t，主要是以尾矿、粉煤灰、煤矸石等为主，冶炼渣、电石渣等其他工业固废也有部分堆存量。2018 年，洛阳市工业固废利用总量为 2827.20 万 t，占总量的 66.07%，生产工业固废源综合利用产品 3100 多万吨，实现产值 60 多亿元，利润 15 亿元，带动就业 10550 人。工业固废主要的利用方式如下。①尾矿再选。开展尾矿再选，从尾矿中回收有价成分，是提高资源利用率的重要措施。一些大型矿山企业在尾矿再选技术开发方面已经进行了一定探索，不仅提高了资源回收率，也给企业带来一定的经济效益。洛阳栾川钼业集团通过和俄罗斯国家技术中心合作，采用常温浮选、精选加温的方法对栾川钼尾矿中的白钨矿进行综合回收利用，突破了细粒白钨矿选矿技术难题，使白钨矿回收率达到 70%以上，钨产业已成为该集团的重要经济增长点之一。②生产建筑材料。一是工业副产石膏生产纸面板及其他新型建材。泰山石膏（河南）有限公司利用工业废料——脱硫石膏为主要材料，辅以纸面石膏板专用护面纸，掺加适量淀粉、促凝剂等制成的轻质装饰板材，具有轻质、防火、抗震、保温、隔热、加工性能良好等优点，而且施工方便，可拆装性能好，可以增大建筑使用面积，装饰效果较好，广泛用于各种工业建筑和民用建筑，具有许多优点。二是粉煤灰、冶炼渣生产建筑材料。粉煤灰主要用来生产粉煤灰水泥、粉煤灰砖、粉煤灰硅酸盐砌块、粉煤灰加气混凝土及其他建筑材料。生产水泥过程中一定比例的粉煤灰代替黏土，可以降低水泥生产中的电耗能和碳排放，提高水泥的产量，降低生产成本。三是尾矿生产建筑材料。尾矿的主要组分是富含 SiO_2、Al_2O_3、$CaCO_3$ 等资源的非金属矿物，可以通过现有的成熟工艺生产一种或若干种建筑材料。洛阳矿业发展中心、洛阳有色矿业集团有限公司与洛阳理工学院共建固体废弃物开发利用工程实验室，开展矿渣、尾矿、粉煤灰等固体废弃物的综合利用开发研究工作。③冶炼渣无害化处理提纯。洛阳市有 40 余家有色金属冶炼企业，生产过程中产生大量的冶炼工业废渣。通过对冶炼工业废渣的无害化处理，可以回收有价金属，剩余废渣可以做建筑材料。

2. 绿色发展典型经验

洛阳市工业资源综合利用基地重点依托偃师市、汝阳县、洛宁县和涧西区。基地建设主要聚焦尾矿等综合利用薄弱环节，持续推进粉煤灰、煤矸石、冶炼渣等综合利用，补齐短板、巩固基础，坚持科技引领、市场导向，着力发展主流综合利用模式，积极探索高附加值综合利用模式，科学布局建设一批重点项目，形成多层次利用、产业化发展格局，全面提升大宗工业固废综合利用水平。

一是稳妥有序推进尾矿综合利用。大力推广尾矿在金属回收、建材生产、矿山回采等领域的应用，主要是二次利用尾矿提取金、钼、钨、铁等有价金属，生产蒸压尾矿标砖、建筑石料、搅拌砂浆等，用作矿山回采矿柱及露天回采项目的充填体。以栾川县、嵩县、汝阳县、洛宁县为重点区域，实施金、钨、钼、萤石等尾矿二次利用提取有价组分项目，利用钨钼、萤石等尾矿渣生产标砖项目，利用金矿废石充填回采矿柱及露天回采项目。

二是提升粉煤灰规模化利用水平。持续推进粉煤灰在全市新型城镇化基础设施建设、道路交通建设、生态环境保护等领域的应用。依托位于偃师市、新安县、伊川县等县（市）的大型火电企业，大力发展粉煤灰生产蒸压砖、加气混凝土砌块、新型无机保温防火集装饰一体化材料等新型绿色建材，积极研发粉煤灰70%以上掺量粉煤灰混凝土胶凝材料。

三是推广煤矸石高附加值利用。进一步推进煤矸石在建材生产领域的应用。大力发展煤矸石代替黏土烧制透水砖、多孔砖等产业。以伊川县、新安县等煤炭产地为重点，实施煤矸石烧结砖项目。积极拓展煤矸石综合利用新领域，提升煤矸石高附加值利用水平，如发展煤矸石生产聚苯乙烯微粒复合保温砌块、硅酸铝陶瓷纤维、煅烧高岭土等。

四是因地制宜推进其他工业固废综合利用。结合我市产业结构特征和大宗工业固废类型、数量，积极创新综合利用方式，坚持规模化、全量化利用，进一步提高大宗工业固废综合利用率。冶炼渣：加强冶炼渣深度整体利用，完善冶炼渣综合利用循环产业链条。重点提取分离有色冶炼渣中金、银、铜、锌等稀贵金属元素，依托栾川县的有色金属冶炼企业，重点实施有色金属冶炼废渣集中安全处置渣场等项目。电石渣：立足现有常规资源化途径和成熟技术，大力开拓更具商业价值、高附加值、市场前景广阔的新型资源化途径，推广电石渣制作墙体建材和环境治理中和酸性物质、脱硫剂等技术。以嵩县为重点区域，实施电石渣中和处理废酸堆存项目。

五是加强矿山采空区的充填利用。矿山采空区回填是直接利用尾矿最行之有效的途径之一。尤其对于无处设置尾矿库的矿山企业，利用尾矿回填采空区就具有更大的环境和经济意义。胶结充填采矿法目前已属于成熟技术，可以提高地下采矿回采率，并使原来根本无法开采的位于水体下面、重要交通干线下面和居民区下的矿体能够被开采出来。理想的胶结充填采矿法可完全避免地表塌陷和基本避免破坏地下水平衡造成重大危害。

六是加大政策扶持，完善配套政策。加大政策扶持力度，优先推荐基地项目争取中央预算内资金、省市相关财政资金的支持。拓宽融资渠道，支持基地企业发行绿色债券，降低融资成本，引导金融机构、社会资本向基地工业资源综合利用项目倾斜。落实好资源综合利用产品有关税收减免及优惠政策，积极争取将符合条件的工业资源综合利用产品纳入节能、环境标志等产品政府采购清单。加快制定实施《洛阳市工业资源综合利用基地管理办法》，规范基地的建设和运营。基地管理办法要把贯彻落实《洛阳市土壤污染防治工作方案》《洛阳市大宗工业固废综合利用实施方案》等规范性文件的重点任务作为其核心内容之一，切实发挥基地的支撑性作用。

七是抓好项目落实，实现动态管理。以基地重点项目建设为抓手，着力提升基地综合利用能力。基地重点项目要聚焦洛阳地区工业资源综合利用的重难点和薄弱环节，持续推进赤泥、粉煤灰、煤矸石、冶炼渣、新能源动力电池等综合利用，补齐现有短板、巩固原有基础，着力发展主流综合利用模式，积极探索高附加值综合利用模式，实行基地重点项目库动态调整机制，适时对无法开工建设及进展缓慢的项目进行调整，确保重点项目按期建成投产，确保基地土地、基础设施、优惠政策等资源要素的高效配置和有效利用。

八是鼓励技术创新，推进技术进步。加大科技投入，鼓励技术创新，积极推荐先进技术争取国家、省、市科技创新专项。加强与国内行业龙头企业、重点高校和科研院所合作，积极引进国内外实用新型技术和高端人才。支持基地企业主持或参与“产学研”一体的协同创新组织或机构的建设，加大科研投入，聚焦适合本地区工业资源综合利用先进实用技术的研发和推广应用。加强基地先进技术的示范和推广，及时将成熟技术推荐纳入省节能减排技术推广目录。鼓励基地企业加强技术研发，支持企业建设和申报国家级、省级和市级工程技术研究中心、工程研究中心、企业技术中心等科研平台。支持基地企业发挥自身科研平台的作用，重点开展清洁生产、节能降耗、固废减排等领域的研究开发和技术创新，促进源头减排和高效利用。

洛阳市大宗工业固废综合利用产品总体上还比较初级，随着产业规模的扩大和先进实用技术的广泛应用，大宗工业固废综合利用产业效益还有较大的提升空间。

5.3.3　鞍山市工业资源综合利用基地

1. 基地建设基本情况

鞍山是我国最大的钢铁工业基地，也是“首批老工业城市和资源型城市产业转型升级示范区”辽宁中部（沈阳-鞍山-抚顺）的重要城市。2018 年，鞍山市地区生产总值 1751.1 亿元，同比增长 5.2%；规模以上工业增加值 473.0 亿元，主营业务收入增长 35%。鞍山矿产资源丰富，境内已探明的矿产资源有 51 种。其中，铁矿探明储量 100 亿 t，占全国的 1/4，主要分布在鞍山市区周围及辽阳市的弓长岭，除海城、岫岩的小部分中小型铁矿由乡、镇开采外，东鞍山、大孤山、齐大山、眼前山、弓长岭等大型铁矿均由国家开采；菱镁矿保有资源储量 36.85 亿 t，居全国之首，探明储量 23 亿 t，占全国的 80%，占世界储量的 1/4，其中，海城菱镁矿资源保有储量 26.4 亿 t，含镁 46%以上的高品位矿石占总储量的一半以上，是世界最大的菱镁矿石集中产地，不仅资源密集、矿床巨大，而且品位高，杂质少，矿石生成条件优越，大多是裸露岩体，具有埋藏浅、便于剥离和开采等特点。

鞍山市大宗固体废弃物主要包括尾矿、冶金渣、粉煤灰、脱硫石膏等工业固体废弃物，主要来源于钢铁、菱镁新材料等产业生产过程；2018 年，鞍山市共产生大宗固体废弃物 6935 万 t，综合利用 4688 万 t，综合利用率达 67.6%。其中，尾矿产生量 5600 万 t，综合利用量 3340 万 t；冶金渣 827 万 t，粉煤灰 21 万 t，脱硫石膏 11.2 万 t，其他冶炼废渣等固体废弃物 400 万 t。

在尾矿综合利用方面，鞍山市重点采用的资源综合利用技术如下。

1）“预富集—流态化磁化焙烧—磁选”铁矿尾矿再选技术

鞍钢集团矿业有限公司（以下简称“鞍钢集团”）磁铁矿选矿厂的尾矿再选工艺已取得成功并得到广泛的推广应用。在此基础上，为充分利用赤铁矿选矿厂的外排尾矿资源，近年来鞍钢集团联合中国科学院、东北大学等国内科研院所对尾矿再选技术进行了研发，经反复试验研究，开发了“预富集—流态化磁化焙烧—磁选”尾矿再选技术。该流程的创新之处在于采用磁化焙烧技术将尾矿物料中微细粒的赤铁矿、菱铁矿和褐铁矿转化为磁性铁矿物，从而实现了尾矿中铁的磁选高效回收。试验结果表明：东部矿区尾矿采用“预富集—流态化磁化焙烧—磁选（弱磁—强磁—混合磁选精矿磨矿—弱磁—强磁—粗精矿流态化磁化焙烧—再磨—弱磁选—精选）”工艺流程，原矿品位 11.48%，获得了精矿品位 65.69%、尾矿品位 5.68%、金属回收率 55.33%的良好指标。该技术实现了尾矿中铁的有效回收。这为赤铁矿尾矿回收工艺的实施奠定了坚实的技术支撑。

在此基础上，针对“预富集—流态化磁化焙烧—磁选”的尾矿回收工艺粒径超细、悬浮焙烧产品剩磁矫顽力大等特点，为了保证设备选型的先进、实用、可靠，鞍钢集团及鞍钢集团矿业设计研究院与国内外知名供货商合作，分别进行了塔磨、磁选、过滤、旋流器分级等设备试验，以及精、尾矿静态及动态沉降试验等，得到了较翔实的试验数据，寻找到了适用的设备及工艺参数，为设计提供了可靠的基础依据。

2）铁矿尾制新型建筑材料技术

鞍钢集团与大连理工大学协作，利用尾矿在常温或者水热养护条件下能够与氢氧化钙溶液反应形成水硬胶结性能良好化合物的特点，将尾矿粉、水泥、粉煤灰、石灰四种物质分别以 7∶1∶1∶1 配料，加入石膏作为激发剂干拌混匀，加入水和复合外加剂湿混搅拌，经陈化、成型养护 1 个月后制成了免蒸、免压、免烧的“三免砖”。该砖坯成型后结构致密强度高，并具有良好的抗冻性、耐水性等优良特点，在水中的强度比在空气中高 20%～30%，尤其适宜在寒冷地区使用。

3）菱镁矿尾矿综合利用技术

菱镁矿尾矿综合利用技术由中国工程院与中国科学院过程工程研究所联合研发。菱镁矿尾矿综合利用示范项目以浮选废粉为主要原料，七水硫酸镁、无水硫酸镁、高纯氧化镁等高附加值产品，已竣工投产；二期利用低品位菱镁矿尾矿，年产七水硫酸镁 30 万 t、无水硫酸镁 10 万 t，高纯氧化镁 15 万 t，镁肥 10 万 t。该项目变废为宝，消纳了大宗固体废弃物，腾出了宝贵土地资源，提高了空间利用率，并实现了三废零排放。

4）气态悬浮炉技术

该技术主要可实现废弃菱镁矿及低品位矿石高附加值产出，技术投资 18 亿元，引进了浮选选矿、悬浮炉、污水处理、轻烧粉水化 4 项专利技术设备，主要建设 350 万 t 浮选装置、150 万 t 气态悬浮炉焙烧及 100 万 t 特种高纯镁砂。项目建成后年可实现产值 32 亿元，利税 3.5 亿元。生产工艺为利用废弃碎菱镁矿及低品位矿石，使用煤气、天然气作为能源，增加环保除尘设施、物料输送封闭设施，生产特种高纯镁砂，从而实现节能减排、循环利用、生态环保目标。由于悬浮炉加工镁粉用的是煤气，污染物排放比传统老式轻烧窑用煤量要低很多，甚至可以逐步实现零排放。其引进的先进设备可将劣质煤通过技术手段转化为煤气，并采取脱硫处理办法，每年可减少二氧化硫排放量 480t，且每座悬浮炉生产量是老式轻烧窑的 60 倍。原本价值 1600 元/t 的菱镁矿渣能升值到 4000 元/t，而且精选后的菱镁矿品质也达到了老式轻烧窑不能企及的程度。该技术产品与园区内燃煤消耗后的副产品——炉渣和粉烧灰按照一定比例进行混合，可生成新型泡沫水泥、新型墙体材料和新型建筑装饰材料，不仅低碳、节能、隔热、环保，而且价格相比传统材料降低 30%以上。

5）矿山生态修复治理技术

目前海城菱镁矿山占地总面积 83 km^2，矿山环境问题相对比较突出和集中的地段为英落-牌楼-马风地区，该地区为菱镁、滑石矿的重要成矿区带，矿山集中连片，破坏土地面积 22km^2，废石堆积量 1.95 亿 m^3。近年来，海城菱镁新材料产业基地按照谁破坏、谁治理的原则，深入开展了矿山复垦和植被恢复工作，落实企业复垦和植被恢复任务。通过实施青山工程，植树 1000 多万株，恢复植被面积 20km^2，矿山地区植被破坏问题得到初步遏制，矿山周边地区生态环境有了明显改善。同时，海城已规划按开采企业开采量收取生态补偿资金，资金主要用于动态监测、环保生态恢复等，制定生态恢复近期和中长期规划，统一组织实施，对现有菱镁矿山周边区域及历史遗留的废弃矿山采矿区进行生态恢复治理，计划每年治理面积约 100 万 m^2。

2. 绿色发展典型经验

1）形成多元化、协同化发展新格局

根据鞍山市主体功能区划、城市空间发展框架结构及基地相关规划，统筹布局各类大宗固体废弃物综合利用项目，科学设置技术标准门槛，严防“二次污染”，着力发挥项目间的协同效应，实现资源能源的高效利用。基地将充分利用好环保产业的各项政策法规，发挥基地固废处理产业优势，突破原有功能，尝试引进和开发新的环保节能项目，由纵向发展转向横向延伸，朝大宗固体废弃物领域进军，形成多元化、协同化发展的新格局，持续领跑行业发展。

在强化固废处理主业的同时，基地要突破自身功能，大力引进循环经济产业高端要素，吸引环保龙头企业入驻基地，打造集总部办公、环境监测、技术研发、展览展示、金融功能为一体的环保总部新区，为商务办公、科技创新、咨询服务、经营创新等企事业单位构建一个适合发展的经营平台，实现筑巢引凤，发挥明显的产业集聚功能和扩散功能，推进产业升级和产业价值链向高端延展，促进基地向高端领域快速发展。

加快规划布局循环经济、环保项目，瞄准循环经济产业发展需求，培育和发展创新能力强、科技含量和附加值高、资源能源消耗少、污染排放低、辐射带动作用强的战略性新兴产业，为入驻企业提供快捷交通条件、强力的政府政策支持、特别的税收优惠、可靠的人力资源保障、完善的配套综合功能，为区域发展起到招商引资、产业优化、扩大经营、资本增加、增加税收、解决就业的多重作用。

2）推动基地与周边区域的耦合发展

推动基地形成一套独具特色和成熟的发展模式，并随着产业不断扩大、提升，与其他地区、行业形成“联动发展”。基地不断强化与其他地区的战略合作，把在建设、招商、管理、运营、服务上的全套经验“复制”到其他地方和行业，促进基地建设模式的输出，创新拓展基地的经营范围，发挥基地的辐射带动作用，引领行业发展，推动循环经济产业的大繁荣。

3）提升菱镁资源产业循环经济链

围绕打造辽宁（海城）菱镁新材料产业基地，大力发展镁合金及制成品、镁建材、镁化工等菱镁精深加工新材料产业集群，促进菱镁资源的回收再利用。同时，积极引导菱镁、滑石企业等引进推广低耗能、低污染、高科技、高效益的循环经济项目，淘汰落后产能，构建循环型产业发展模式。构建结构合理、组合优化、配置高效的循环经济产业群，实现投资集中、企业集聚、资源集约、产业集群的新型工业经济发展模式。产业园区内以各自功能定位和发展规划，科学摆布企业发展及项目建设，注重各产业链之间的纵向连接和横向融合，以资源最大化综合循环利用为原则，实现低碳生产、高效产出，向新能源经济迈进。

（1）强化菱镁资源综合利用。通过中低品位菱镁矿提质降杂技术、不同产品梯级利用不同原料等方式，实现中低品位菱镁矿的高附加值产出。利用高品位菱镁矿生产镁金属、镁耐火材料；利用中低品位菱镁矿生产镁化工产品。通过菱镁资源的综合利用，可以把占总储量一半以上的闲置菱镁矿石利用起来，创造更高的价值。

同时，注重菱镁资源再生利用，包括菱镁石尾矿再利用和废弃耐火材料的再生利用，将菱镁石矿石磨细、提纯后所排放的废弃物及废弃的镁质耐火材料加以调配，制造高附加值产品和工艺技术，最大限度地减少资源和能源消耗，开发再生利用技术以减轻环境负荷，实现可持续发展。如钢铁行业中钢包、转炉使用过后废弃的耐火材料，可作为再生镁碳砖原料，从而提高废弃镁质耐火材料的回收和循环使用比例，产生良好的经济社会循环效益。

（2）延伸菱镁资源产业链条。以菱镁矿为源头，解决利用菱镁矿生产金属镁的技术工艺问题，采用电解法生产金属镁，并对废渣进行回收利用，如利用镁渣制作高效肥料、用于水泥生产的添加剂、用于烟气脱硫的脱硫剂等，使之变废为宝。其次，利用上游生产的金属镁开发下游产品，生产镁合金、镁合金铸件产品、挤压及轧制产品、各种深加工制品，并带动配套企业的发展，从采矿到最终产品，形成一条完整的镁金属及制品产业链。

（3）打造尾矿再选及尾矿制新型建材产业链。根据鞍山老工业基地及其“因钢而兴”的特点，大力发展铁矿尾矿资源综合利用。一是推广应用“预富集—流态化磁化焙烧—磁选”尾矿再选技术，实现尾矿中铁的磁选高效回收。二是充分利用尾矿的复合矿物原料属性，结合建筑功能性需求，研发制成具备结构致密强度高，并具有良好的抗冻性、耐水性等优良特点的“三免砖”（免蒸、免压、免烧）。同时，基地内产生的废耐火材料，除企业经处理返回自用外，重点推广以废耐火材料、尾矿粉、炉渣等工业废弃物为主要原料的新型建材等产品，形成固废—新型建材产品链。

参 考 文 献

[1] 中华人民共和国工业和信息化部. 关于公布工业节能与绿色发展评价中心名单(第一批)的通告[EB/OL]. http://www.miit.gov.cn/n1146295/n1652858/n1652930/n4509627/c5377211/content.ht. [2016-11-16].

[2] 中华人民共和国国家发展改革和改革委员会. 中华人民共和国工业和信息化部. 关于发布资源综合利用基地名单的通知[EB/OL]. http://zfxxgk.ndrc.gov.cn/web/iteminfo.jspid=16569. [2019-10-28].

[3] 李鹏梅. 我国区域工业固废综合利用典型模式研究[J]. 中国工业评论, 2016(11): 70-78.